北京工业大学研究生创新教育系列教材

# 工程传热学

## ——基础理论与专题应用

苑中显　陈永昌　编著

科 学 出 版 社

北 京

## 内 容 简 介

热量传递是工程技术领域常见现象，传热学因此成为许多工程类学科专业的重要技术基础课程. 本书是在大学本科传热学基础上的深入与拓展，除介绍高等传热学的主要内容外，重点对某些代表性的传热学的工程应用进行分析讨论. 全书共分为 8 章，前 3 章为基础理论部分，内容涉及导热问题分析求解的基本方法，对流换热过程的特点与规律性，以及辐射传热原理与计算方法. 第 4~8 章为传热学的专题应用部分，包括建筑环境传热与建筑节能技术，相变传热与蓄热，航天器热控制基础知识，多孔介质中的传热与传质，以及微/纳米尺度下的传热问题等内容. 整体编排上既考虑在本科基础上专业知识面的拓宽，同时也尽量兼顾到对学科前沿技术理论的认知.

本书可作为能源动力、化工、冶金等相关专业的硕士生教材，也可作为相关领域工程技术人员的参考书.

**图书在版编目(CIP)数据**

工程传热学：基础理论与专题应用/苑中显，陈永昌编著. —北京：科学出版社，2012

北京工业大学研究生创新教育系列教材

ISBN 978-7-03-035609-3

Ⅰ. ①工… Ⅱ. ①苑… ②陈… Ⅲ. ①工程传热学-研究生-教材
Ⅳ. ①TK124

中国版本图书馆 CIP 数据核字(2012) 第 223464 号

责任编辑：钱　俊 / 责任校对：刘小梅
责任印制：徐晓晨 / 封面设计：陈　敬

科 学 出 版 社 出版
北京东黄城根北街 16 号
邮政编码：100717
http://www.sciencep.com

北京厚诚则铭印刷科技有限公司 印刷
科学出版社发行　各地新华书店经销
\*
2012 年 9 月第 一 版　开本：B5(720×1000)
2018 年 4 月第二次印刷　印张：14 3/4
字数：281 000

**定价：98.00元**
(如有印装质量问题，我社负责调换)

# 序

　　热量传递现象广泛地发生在我们的日常生活、各种工程领域及各门类的科学问题中. 可以说在各种物理现象中热量传递是与人类关系最为密切的基本现象. 在笔者协助杨世铭教授编著的《传热学》的绪论中曾经这样描述热传递现象的普遍性："从现代楼宇的暖通空调到自然界的风霜雨雪的形成, 从航天飞机重返大气层时壳体的热防护到电子器件的有效冷却, 从一年四季人们穿着的变化到人类器官的冷冻储存, 都无不与热量的传递过程密切相关." 由于传热现象及传热学应用如此之广泛, 关于传热学的教学和教材编著也就引起国内外学者的高度关注.

　　随着近十余年来世界范围内科学技术的不断进步和我国经济的快速发展, 传热学的研究范围不断扩大, 研究深度不断更新, 先后出版了一批传热学的新教材. 但纵观国内外的传热学教材, 可以发现对本科教材的关注度显著高于对研究生教材的关注度. 国外适用于本科的教材, 如 Holmann 的传热学已经出版了第 10 版, 出版较晚的 Cengel 传热学教材也不断更新, 而适用于研究生的教材的发展、更新则没有那样迅速. 国内针对研究生层次的传热学教材, 虽然已经出版了几种, 但还不能适应各类专业面的需要. 毋庸置疑, 近年来我国学者在传热学的研究深度和广度上都远非以前的情况可比, 但由于本科生的教材需要保持相对的稳定性与基础性, 不少新的研究成果无法在其中得到及时反映. 然而, 研究生教材除了在介绍热量传递的基本规律方面做进一步深化外, 还可在反映传热学的最新研究成果以及其在高新技术等诸多领域中的应用方面发挥作用. 在这种情况下北京工业大学的两位中青年教师, 在多年教授研究生传热学课程的基础上写出了这本书, 这是值得称道的.

　　本书区别于常见教材的一大特色是其涉及面特别广, 除了常见教材中的导热, 对流与辐射三大部分外, 作者还更根据自己的研究实践增加了诸如建筑环境传热、蓄热及航天器热控制中的传热问题等内容, 同时作者也对传热学的近代重要发展——微/纳米尺度传热方面进行了简要的介绍. 笔者相信这样的努力会对传热学更加结合实际应用起到促进作用, 同时也为教材适应不同工程技术类型的专业选用提供了条件.

　　看到我国传热学领域的广大中青年学者在积极进行科学研究的同时, 也对传热学的教学方法和教材编著进行有益的尝试, 感到十分高兴, 于是写下了以上这些话, 爰为之序.


陶文铨

西安交通大学能源与动力工程学院

热流科学与工程教育部重点实验室

2012 年 9 月 10 日

# 前　　言

在工程技术领域中经常会遇到热量的传递、存储与转换问题,这些问题的解决,依赖于工程热物理学科的专门知识,其中包括传热学. 传热学所涉及的内容,涵盖各种不同的传热方式及其相应的规律性. 学习传热学的目的在于掌握解决相关工程问题的基本理论知识. 因此,作为能源动力类各学科的主干课程之一,从本科生到研究生,不同深度的传热学通常都作为必修课程讲授. 与本科生的学习内容不同,研究生阶段所教授的 "高等传热学",是在普通传热学基础上的拓宽和深入,以满足培养 "系统而深入" 地掌握专门知识人才的要求.

进入 21 世纪以来,科学技术的发展日新月异,人类对未知世界的探索以及自身发展需求所导致的技术革新都为知识的更新注入了新的活力. 从以深空探索为代表的航天工程,到高密度超大规模的电子模块的集成技术,再到太阳能利用中的小空间内高能流光热转换等,都使人类的知识能力面临新的挑战. 新的工程领域的兴起,客观上对同时具备坚实的理论知识和高超的应用能力的专业人员提出了要求. 相应地,高级专门人才的培养模式也需要作出适当的调整. 近年来,我国教育部启动 "卓越工程师计划",更加注重高级应用型人才的培养. 我国各高校开始执行 "学术型" 和 "专业型" 硕士研究生分流培养计划,其中在专业型硕士生的培养方面,更强调解决具体工程实际问题的能力.

多年以来,本书作者为北京工业大学动力工程及工程热物理学科的硕士生讲授 "高等传热学"、"强化传热" 和 "相变传热" 等课程. 随着研究生培养计划的调整,迫切需要一种针对专业型硕士生的特种教材,它既和以往强调基础理论的 "高等传热学" 相联系,又能够兼顾到学科前沿的工程应用,从而起到从基础理论到工程实践的桥梁作用. 基于此目的,作者在汇总以往的教案材料,并广泛参阅各主要工程应用分支的最新进展的基础上,着手编撰本 "工程传热学" 教材. 内容架构上,既考虑到比较系统的传热学基础理论知识,也充分兼顾到较多的工程应用. 书中所涉及的内容大致可满足 40~60 学时的 "工程传热学" 课程的教学要求.

全书共分为 8 章,第 1~3 章为基础理论部分,是在本科传热学基础上的深入与拓展,属于 "高等传热学" 的主体内容. 这一部分内容,涉及导热理论基础、分离变量法、格林函数法和杜哈美尔定理法等导热问题的常用分析解法,和对流换热微分方程、边界层换热、通道内流动换热、自然对流换热、高速流动换热,以及辐射传热中的黑体辐射、表面辐射特性和封闭腔内诸表面之间的辐射换热计算等内容. 从第 4 章开始,分别讨论不同工程领域中的传热学应用,是从基础传热学向专门问题的拓展和深入. 这些专题应用涉及建筑环境传热与建筑节能技术、相变传热与蓄热、航天器热控制基础知识、多孔介质中的传热与传质, 以及微/纳米尺度下的传热问题等内容. 专题应用各部分内容的选择, 一方面考虑了学生专业知识面的拓宽, 同时也考虑了难度的适度性, 整体上处于从基础知识向专业前沿知识过渡的水平. 希冀在修完本门课程之后, 学生能够较顺利地进入下一个针对学位论文的专题研究阶段.

涉及基础理论的第 1~3 章, 以及第 4 章 (建筑环境传热)、第 5 章 (相变传热与蓄热)、第 6 章 (航天器热控制基础) 由苑中显编写, 第 7 章 (多孔介质中的传热与传质) 和第 8 章 (微/纳米尺度传热简介) 由陈永昌编写, 最后由苑中显进行统稿.

本书除作为能源动力类专业硕士生教材外, 也可作为建筑环境设备工程、化学工程、冶金工程、航天器热控制以及材料科学与工程等专业的高年级本科生、研究生或相关领域工程技术人员的参考书.

在本书的编撰与出版过程中, 作者得到了许多人的关心、支持和帮助, 我们在此表示真心的感谢. 需要特别提及的是, 北京工业大学环境与能源工程学院院长刘中良教授在书稿编撰过程中给予了鼓励与帮助, 并提供了部分资料. 本书能够顺利出版, 得益于北京工业大学研究生院常务副院长乔俊飞教授、副院长刘赵淼教授的鼎力支持, 他们曾经给予作者热诚的关心与指导, 表达了对环境与能源工程学院能源动力学科研究生培养工作发展的鼓励与希望. 研究生院负责教材出版工作的纪登梅老师为本书的出版做了大量的对外协调工作, 作者的同事王焱工程师在相关图表的编辑过程中付出了艰辛的劳动, 作者在此一并表示深深的谢意. 最后, 感谢科学出版社钱俊编辑对本书出版的大力支持.

由于作者水平所限, 尽管在编撰过程中力争做到严谨与完善, 但是也深知书中的不妥之处仍然在所难免. 如能承蒙读者提出中肯的批评与指正, 我们将不胜感激.

作 者

2012 年 3 月 28 日

# 目　　录

# 第1章　热传导理论分析

导热是依靠物体内部微观粒子的热运动, 包括原子、分子、电子的平动和转动, 以及晶格的振动等来传递热量的物理现象, 它是自然界中热量传递的基本方式之一. 导热可发生在固体、液体或气体中, 与物体有没有宏观运动无关. 导热问题往往归结为求解物体内部的温度场以及相应的热流分布.

## 1.1　导热理论基础

### 1.1.1　傅里叶定律

傅里叶 (Fourier) 定律是对热量以传导方式进行传递时的基本规律的描述, 它表述为: 物体在导热过程中其内部某处的热流密度 $q$ 与该处的温度降度 $-\partial \vec{T}/\partial n$ 成正比. 比例系数 $k$ 称为导热系数, 单位 W/(m·K), 它是材料的基本热物性之一. 温度降度是一个矢量, 它表示该处温度变化率的最大值, 但指向是温度降低的方向. 傅里叶定律的数学表达式为

$$q(x, y, z, t) = -k\frac{\partial \vec{T}}{\partial n} \quad (\text{W/m}^2) \tag{1-1}$$

傅里叶定律将某一点的热流密度和其温度变化率联系起来, 一旦温度场求得, 热流密度就可确定. 另外, 从傅里叶定律也可了解导热系数 $k$ 的物理含义, 其含义是: 单位厚度的平板材料, 当它两侧温差保持 1°C 时, 稳态下所能传递的热流密度值. 事实上, 根据这种原理所设计的测试方法, 正是实验测定材料导热系数的最常用方法. 不同材料的导热系数差别很大, 常温下空气的 $k$ 值约为 0.024W/(m·K), 水的 $k$ 值约为 0.6W/(m·K), 纯铜的 $k$ 值约为 398W/(m·K).

### 1.1.2　导热微分方程

处于静止状态的各向同性的均匀物体, 内部含有热源, 单位时间单位体积内的产热量用 $g(\vec{r}, t)$ 表示, 则描述其内部各点温度随时间 $t$ 变化规律的热传导微分方程为

$$\nabla[k\nabla T(\vec{r}, t)] + g(\vec{r}, t) = \rho c_{\text{p}}\frac{\partial T(\vec{r}, t)}{\partial t} \tag{1-2}$$

式中, $\rho$ 代表材料密度, $c_{\text{p}}$ 为材料的定压比热. 导热微分方程是能量守恒与转换定律在导热问题中的具体体现. 它所代表的含义是: 物体内部在单位时间内传入和传出某微元体的热量之差, 加上微元体自身的产热量, 等于其内能随时间的变化率.

导热微分方程在不同情况下可以得到简化, 下面给出一些常用的简化形式.

当导热系数 $k$ 为常数, 也即物体是各向同性时, 导热系数 $k$ 可以提到梯度算子符号外, 方程化为

$$\nabla^2 T(\vec{r}, t) + \frac{1}{k} g(\vec{r}, t) = \frac{1}{\alpha} \frac{\partial T(\vec{r}, t)}{\partial t} \tag{1-3}$$

式中, $\alpha = k/(\rho\, c_{\mathrm{p}})$, 称为材料的导温系数, 单位 $\mathrm{m^2/s}$.

$k$ 为常数, 又无内热源时, 方程化为傅里叶方程

$$\nabla^2 T(\vec{r}, t) = \frac{1}{\alpha} \frac{\partial T(\vec{r}, t)}{\partial t} \tag{1-4}$$

稳态条件下, 温度场与时间无关, 式 (1-4) 进一步简化成 Laplace 方程

$$\nabla^2 T(\vec{r}, t) = 0 \tag{1-5}$$

如果所涉及的问题是含有内热源的稳态导热问题, 则式 (1-3) 转化成泊松方程

$$\nabla^2 T(\vec{r}, t) + \frac{1}{k} g(\vec{r}, t) = 0 \tag{1-6}$$

### 1.1.3　不同正交坐标系中的热传导方程

现在进一步讨论在不同正交坐标系中热传导方程的展开形式. 在直角坐标系中, $k \neq$ 常数和 $k =$ 常数时热传导方程分别为

$$\frac{\partial}{\partial x}\left(k\frac{\partial T}{\partial x}\right) + \frac{\partial}{\partial y}\left(k\frac{\partial T}{\partial y}\right) + \frac{\partial}{\partial z}\left(k\frac{\partial T}{\partial z}\right) + g(\vec{r}, t) = \rho c_{\mathrm{p}}\frac{\partial T}{\partial t} \tag{1-7}$$

$$\frac{\partial^2 T}{\partial x^2} + \frac{\partial^2 T}{\partial y^2} + \frac{\partial^2 T}{\partial z^2} + \frac{1}{k} g = \frac{1}{\alpha}\frac{\partial T}{\partial t} \tag{1-8}$$

在圆柱坐标系内, $k \neq$ 常数和 $k =$ 常数时方程的形式为

$$\frac{1}{r}\frac{\partial}{\partial r}\left(kr\frac{\partial T}{\partial r}\right) + \frac{1}{r^2}\frac{\partial}{\partial \phi}\left(k\frac{\partial T}{\partial \phi}\right) + \frac{\partial}{\partial z}\left(k\frac{\partial T}{\partial z}\right) + g = \rho c_{\mathrm{p}}\frac{\partial T}{\partial t} \tag{1-9}$$

$$\frac{1}{r}\frac{\partial}{\partial r}\left(r\frac{\partial T}{\partial r}\right) + \frac{1}{r^2}\frac{\partial^2 T}{\partial \phi^2} + \frac{\partial^2 T}{\partial z^2} + \frac{1}{k} g = \frac{1}{\alpha}\frac{\partial T}{\partial t} \tag{1-10}$$

工程上有时会遇到另外两类圆柱坐标系中的特殊问题, 一类称为轴对称问题, 温度场不随轴向角变化, $\partial T/\partial \phi = 0$, 则方程化为

$$\frac{1}{r}\frac{\partial}{\partial r}\left(r\frac{\partial T}{\partial r}\right) + \frac{\partial^2 T}{\partial z^2} + \frac{1}{k} g = \frac{1}{\alpha}\frac{\partial T}{\partial t} \tag{1-11}$$

第二类特殊问题称为极坐标问题, 温度场沿轴向无变化, $\partial T/\partial z = 0$, 方程化为

$$\frac{1}{r}\frac{\partial}{\partial r}\left(r\frac{\partial T}{\partial r}\right) + \frac{1}{r^2}\frac{\partial^2 T}{\partial \phi^2} + \frac{1}{k} g = \frac{1}{\alpha}\frac{\partial T}{\partial t} \tag{1-12}$$

常物性物体在球坐标系中的热传导微分方程式为

$$\frac{1}{r^2}\frac{\partial}{\partial r}\left(r^2\frac{\partial T}{\partial r}\right) + \frac{1}{r^2\sin^2\theta}\frac{\partial^2 T}{\partial \phi^2} + \frac{1}{r^2\sin\theta}\frac{\partial}{\partial \theta}\left(\sin\theta\frac{\partial T}{\partial \theta}\right) + \frac{1}{k}g = \frac{1}{\alpha}\frac{\partial T}{\partial t} \qquad (1\text{-}13)$$

### 1.1.4 边界条件

热传导微分方程式是描述物体内部导热共性规律的数学表达式, 要能够求解还必须配合以对问题的特殊性进行描述的内容, 这就是 "边界条件". 边界条件的物理含义是指, 在时刻大于零之后, 作用在求解区域边界上的、从而引起区域内部热响应的边界热状况. 边界条件划分为三类, 分别表述被求解的区域边界上温度分布情况、热流密度分布情况以及边界与相邻流体之间的对流换热情况.

第一类边界条件是已知边界处的温度分布. 设被求解区域有 $m$ 个边界, 在边界 $S_i$ 处 $(i=1, 2, \cdots, m)$, 已知的温度分布表示为

$$T = f_i(\vec{r}, t) \qquad (1\text{-}14)$$

若边界上的温度为零, 即在边界 $S_i$ 处, 有

$$T = 0 \qquad (1\text{-}15)$$

则称为该边界有 "第一类齐次边界条件". 此外, 边界温度保持恒定温度 $T_0$ 的边界也满足第一类齐次边界条件, 只不过此时被求解的温度场需要以对 $T_0$ 的过余温度来表示.

第二类边界条件是已知边界面上温度的法向导数. 由于热流密度与法向导数直接相关, 所以第二类边界条件就相当于给定了边界上热流密度的分布情况. 在边界面 $S_i$ 处第二类边界条件的表达式为

$$\frac{\partial T}{\partial n_i} = f_i(\vec{r}, t) \qquad (1\text{-}16)$$

这里的法向导数的取向以求解区域向外为正, 向内为负; 相应地, 从边界处流入求解区域的热流为正, 流出为负. 如果某个边界处的导数为零, 即

$$\frac{\partial T}{\partial n_i} = 0 \qquad (1\text{-}17)$$

则称为 "第二类齐次边界条件", 即通常所说的绝热边界条件.

第三类边界条件是边界上的温度和它的法向导数的线性组合等于某一已知函数, 即

$$k_i\frac{\partial T}{\partial n_i} + h_i T = f_i(\vec{r}, t) \qquad (1\text{-}18)$$

这里 $k_i$ 和 $h_i$ 都是已知的常数, 且二者不能同时为零. 式 (1-18) 本质上反映了温度随时间变化的流体与固体边界之间的对流换热关系, 流体通过对流方式传给边界的热量边界再以导热的方式传给物体内部. 如果

$$k_i \frac{\partial T}{\partial n_i} + h_i T = 0 \tag{1-19}$$

则称为 "第三类齐次边界条件", 相当于壁面以对流形式向温度为零的流体环境放热.

对于非稳态导热问题, 除了需要知道边界条件之外, 还需要知道 "初始条件". 初始条件是指在问题开始算起的零时刻, 整个求解区域内的温度分布情况, 也即

$$T(\vec{r}, t = 0) = f(\vec{r}) \tag{1-20}$$

### 1.1.5    齐次与非齐次问题

在正式讨论导热微分方程的求解方法之前, 有必要先明确一下非稳态导热边值问题的齐次性与非齐次性, 因为下面将要讨论的基本求解方法是建立在齐次问题之上的. 首先介绍导热微分方程的齐次性. 微分方程齐次是指方程本身由温度 $T$ 及其各阶导数的线性组合构成, 对于非稳态导热, 齐次方程形式为

$$\nabla^2 T = \frac{1}{\alpha} \frac{\partial T}{\partial t} \tag{1-21}$$

而带热源项的完整导热微分方程式 (1-3) 则是非齐次的. 如果热物性是随温度变化的, 则线性组合的条件不能满足, 方程也是非齐次的.

若微分方程和边界条件都是齐次的, 则该问题属于齐次问题. 齐次边界条件不论是第一类、第二类、第三类均可.

若微分方程和边界条件都是非齐次的, 或者两者中有一方是非齐次的, 则这类问题称为非齐次问题. 非齐次问题构成非线性的导热问题.

## 1.2    分离变量法

### 1.2.1    直角坐标系中的分离变量法

分离变量法是求解偏微分方程的一种有效方法, 其基本思路是将求解的多元函数表示成多个单元函数的乘积形式, 从而将一个多元函数的求解问题化为多个有相互联系的单元函数问题的求解. 所得到的最终解通常是级数求和形式. 对于直角坐标系中三维齐次热传导方程

$$\frac{\partial^2 T}{\partial x^2} + \frac{\partial^2 T}{\partial y^2} + \frac{\partial^2 T}{\partial z^2} = \frac{1}{a} \frac{\partial T}{\partial t} \tag{1-22}$$

假定温度变量 $T$ 能分离成如下形式:

$$T(x, y, z, t) = \psi(x, y, z)\Gamma(t) \tag{1-23}$$

代入方程 (1-22), 有

$$\frac{1}{\psi}\left(\frac{\partial^2 \psi}{\partial x^2} + \frac{\partial^2 \psi}{\partial y^2} + \frac{\partial^2 \psi}{\partial z^2}\right) = \frac{1}{a\Gamma(t)}\frac{\mathrm{d}\Gamma(t)}{\mathrm{d}t} = -\lambda^2 \tag{1-24}$$

式 (1-24) 是分离变量之后, 空间变量函数 $\Psi$ 的组合式与时间变量函数 $\Gamma$ 的组合式相等, 因此二者必然同时等于某一常数, 令此常数为 $-\lambda^2$. 分离函数 $\Gamma(t)$ 与 $\psi(x, y, z)$ 分别满足方程

$$\frac{\mathrm{d}\Gamma(t)}{\mathrm{d}t} + a\lambda^2\Gamma(t) = 0 \tag{1-25}$$

$$\frac{\partial^2 \psi}{\partial x^2} + \frac{\partial^2 \psi}{\partial y^2} + \frac{\partial^2 \psi}{\partial z^2} + \lambda^2\psi = 0 \tag{1-26}$$

此式称为亥姆霍兹方程. 假定它可进一步分离成如下形式:

$$\psi(x, y, z) = X(x)Y(y)Z(z) \tag{1-27}$$

代入式 (1-26), 得

$$\frac{1}{X}\frac{\mathrm{d}^2 X}{\mathrm{d}x^2} + \frac{1}{Y}\frac{\mathrm{d}^2 Y}{\mathrm{d}y^2} + \frac{1}{Z}\frac{\mathrm{d}^2 Z}{\mathrm{d}z^2} + \lambda^2 = 0 \tag{1-28}$$

由于 $x$、$y$、$z$ 都是独立的自变量, 因此式 (1-28) 中每一项必等于某一分离常数才能保证等式成立, 令

$$\frac{1}{X}\frac{\mathrm{d}^2 T}{\mathrm{d}x^2} = -\beta^2, \quad \frac{1}{Y}\frac{\mathrm{d}^2 Y}{\mathrm{d}y^2} = -\gamma^2, \quad \frac{1}{Z}\frac{\mathrm{d}^2 Z}{\mathrm{d}z^2} = -\eta^2$$

则相应的方程分离为

$$\frac{\mathrm{d}^2 X}{\mathrm{d}x^2} + \beta^2 X = 0, \quad \frac{\mathrm{d}^2 Y}{\mathrm{d}y^2} + \gamma^2 Y = 0, \quad \frac{\mathrm{d}^2 Z}{\mathrm{d}z^2} + \eta^2 Z = 0$$

且有

$$\beta^2 + \gamma^2 + \eta^2 = \lambda^2$$

函数 $X, Y, Z$ 的解是正弦和余弦函数, 而时间函数 $\Gamma(t)$ 的解为

$$\Gamma(t) = \mathrm{e}^{-a(\beta^2 + \gamma^2 + \eta^2)t} \tag{1-29}$$

温度 $T(x, y, z, t)$ 的完全解由分离解 $X, Y, Z$ 和 $\Gamma(t)$ 的线性叠加构成.

### 1.2.2　一维问题的分离变量法

分离变量法对齐次问题处理起来尤为方便. 对多维问题, 如果是不含热源的稳态导热, 并且只有一个非齐次边界条件时, 也可用分离变量法; 当超过一个非齐次边界条件时, 可以分解为几个简单的问题, 使每一个简单问题只包含一个非齐次边界条件.

为了进一步了解分离变量法求解导热问题的具体步骤, 本小节对有限厚度的平板导热问题进行分析, 该齐次问题的数学描述为

$$\frac{\partial^2 T(x,t)}{\partial x^2} = \frac{1}{\alpha}\frac{\partial T(x,t)}{\partial t}, \quad 0 < x < L, \quad t > 0 \tag{1-30}$$

边界处

$$k_i\frac{\partial T}{\partial x} + h_i T = 0, \quad i = 1 \text{ 或 } 2, \quad t > 0$$

$$T(x,0) = F(x), \quad 0 \leqslant x \leqslant L, \quad t = 0 \tag{1-31}$$

设函数 $T(x,t)$ 可表示成

$$T(x,t) = X(x)\Gamma(t) \tag{1-32}$$

代入式 (1-30) 得

$$\frac{1}{X(x)}\frac{\mathrm{d}^2 X(x)}{\mathrm{d}x^2} = \frac{1}{\alpha\Gamma(t)}\frac{\mathrm{d}\Gamma(t)}{\mathrm{d}t} = -\beta^2 \tag{1-33}$$

则 $\Gamma(t)$ 满足微分方程

$$\frac{\mathrm{d}\Gamma(t)}{\mathrm{d}t} + \alpha\beta^2\Gamma(t) = 0 \tag{1-34}$$

其解为

$$\Gamma(t) = \mathrm{e}^{-\alpha\beta^2 t} \tag{1-35}$$

空间变量函数 $X(x)$ 满足微分方程

$$\frac{\mathrm{d}^2 X(x)}{\mathrm{d}x^2} + \beta^2 X(x) = 0 \tag{1-36}$$

边界条件

$$k_i\frac{\mathrm{d}X(x)}{\mathrm{d}x} + h_i X = 0 \tag{1-37}$$

上两式构成特征值问题, 其特点是在此常微分方程的求解过程中得到一系列满足边界条件的 $\beta$ 值, $\beta = \beta_m$, $m=1, 2, 3, \cdots$, 它们称为该方程的特征值, 相应的解 $X(\beta_m, x)$ 称为问题的特征函数, 通常 $X(\beta_m, x)$ 是正弦或余弦函数.

原问题的完全解 $T(x,t)$ 通过将基本解进行线性叠加而得到

$$T(x,t) = \sum_{m=1}^{\infty} c_m X(\beta_m, x)\mathrm{e}^{-\alpha\beta_m^2 t} \tag{1-38}$$

式中, $c_m$ 为线性组合系数, 它可以利用初始条件求得. 将式 (1-38) 与初始条件结合, 有

$$F(x) = \sum_{m=1}^{\infty} c_m X(\beta_m, x) \tag{1-39}$$

特征函数 $X(\beta_m, x)$ 的基本性质之一就是它在其自身的定义域内具有正交性, 即

$$\int_0^L X(\beta_m, x) X(\beta_n, x) \mathrm{d}x = \begin{cases} 0, & m \neq n \\ N(\beta_m), & m = n \end{cases}$$

$N(\beta_m)$ 是一个与 $\beta_m$ 有关的正数, 称为该特征问题的范数. 将式 (1-39) 两边各乘以 $X(\beta_m, x)$, 然后从 0 到 $L$ 积分有

$$\int_0^L F(x') X(\beta_m, x') \mathrm{d}x' = c_m \int_0^L \left[ X(\beta_m, x') \right]^2 \mathrm{d}x' = c_m N(\beta_m)$$

得

$$c_m = \frac{1}{N(\beta_m)} \int_0^L X(\beta_m, x') F(x') \mathrm{d}x'$$

将 $c_m$ 代入式 (1-38), 得到原问题的解为

$$T(x, t) = \sum_{m=1}^{\infty} \mathrm{e}^{-\alpha \beta_m^2 t} \frac{1}{N(\beta_m)} X(\beta_m, x) \int_0^L X(\beta_m, x') F(x') \mathrm{d}x' \tag{1-40}$$

**例题 1-1** 为了清楚看到特征值、特征函数及范数的具体形式, 讨论如图 1-1 所示的双侧有齐次对流换热边界条件的一维导热问题.

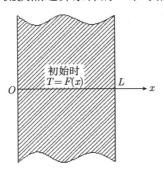

初始时
$T = F(x)$

图 1-1 平壁导热示意图

如图 1-1 所示的一维齐次问题, 数学描述为

$$\frac{\partial^2 T(x,t)}{\partial x^2} = \frac{1}{\alpha} \frac{\partial T(x,t)}{\partial t}, \quad 0 < x < L, \quad t > 0$$

$$-k_1 \frac{\partial T}{\partial x} + h_1 T = 0, \quad x = 0, \quad t > 0$$

$$k_2 \frac{\partial T}{\partial x} + h_2 T = 0, \quad x = L, \quad t > 0$$
$$T = F(x), \quad 0 \leqslant x \leqslant L, \quad t = 0$$

假定函数 $T(x,t)$ 分离为

$$T(x,t) = X(x)\Gamma(t)$$

则 $\Gamma(t)$ 的解为

$$\Gamma(t) = e^{-\alpha\beta^2 t}$$

空间变量 $X(x)$ 满足如下特征值问题:

$$\frac{\mathrm{d}^2 X(x)}{\mathrm{d}x^2} + \beta^2 X(x) = 0, \quad 0 < x < L$$
$$-k_1 \frac{\mathrm{d}X}{\mathrm{d}x} + h_1 X = 0, \quad x = 0$$
$$k_2 \frac{\mathrm{d}X}{\mathrm{d}x} + h_2 X = 0, \quad x = L$$

特征方程的解的形式为

$$X(x) = c_1 \cos \beta x + c_2 \sin \beta x$$

由 $x = 0$ 的边界条件得

$$\frac{c_1}{c_2} = \frac{k_1}{h_1} \beta = \frac{\beta}{H_1}$$

式中 $H_1 = h_1/k_1$. 由 $x = L$ 的边界条件得

$$\tan\beta_m L = \frac{\beta_m(H_1 + H_2)}{\beta_m^2 - H_1 H_2}$$

$\beta_m$ 由此方程决定有无穷多个. 相应地, 特征函数为

$$X(\beta_m, x) = \beta_m \cos \beta_m x + H_1 \sin \beta_m x$$

原问题的解由基本解的线性叠加构成

$$T(x,t) = \sum_{m=1}^{\infty} c_m X(\beta_m, x) e^{-\alpha\beta_m^2 t}, \quad m = 1, 2, \cdots$$

前已述及, 线性组合系数 $c_m$ 根据 $X(\beta_m, x)$ 的正交性, 并结合初始条件 $F(x)$ 求得, 可表示为

$$c_m = \frac{1}{N(\beta_m)} \int_0^L X(\beta_m, x')F(x')\mathrm{d}x'$$

于是原问题的解 $T(x,t)$ 最终可表示为

$$T(x,t) = \sum_{m=1}^{\infty} \mathrm{e}^{-\alpha\beta_m^2 t} \frac{1}{N(\beta_m)} X(\beta_m, x) \int_0^L X(\beta_m, x') F(x') \mathrm{d}x'$$

如果 $F(x) = T_0$(常数), 且平壁两侧对称地换热, 坐标原点设在平壁□心, 用 $\delta$ 表示半壁厚, 则解的具体形式为

$$\frac{T(x,t)}{T_0} = \sum_{m=1}^{\infty} \frac{2\sin\beta_m}{\beta_m + \sin\beta_m \cos\beta_m} \cos\left(\beta_m \frac{x}{\delta}\right) \exp\left(-\beta_m^2 \frac{at}{\delta^2}\right)$$

式中, $\beta_m$ 由方程 $\beta/\left(\dfrac{h\delta}{k}\right) = \cot\beta$ 决定.

无限大平板的齐次边界条件可以是三种边界条件中的任意两两组合, 共有九种组合, 各种组合所对应的特征函数 $X(\beta_m, x)$、范数 $N(\beta_m)$ 和特征方程见表 1-1.

### 1.2.3 半无限大物体的导热

如图 1-2 所示的半无限大物体, 初始温度分布为 $F(x)$, 当 $t > 0$ 时, $x = 0$ 边界上以对流方式和温度为零的介质进行传热. 其数学描述为

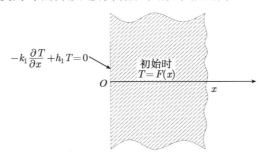

图 1-2 半无限大物体导热示意图

$$\frac{\partial^2 T(x,t)}{\partial x^2} = \frac{1}{a} \frac{\partial T(x,t)}{\partial t}, \quad 0 < x < \infty, \quad t > 0 \tag{1-41}$$

$$-k_1 \frac{\partial T}{\partial x} + h_1 T = 0, \quad x = 0, \quad t > 0$$

$$T = F(x), \quad 0 \leqslant x < \infty, \quad t = 0$$

假定温度变量可分离成

$$T(x,t) = X(x)\Gamma(t)$$

如 1.2.2 节的讨论, $\Gamma(t)$ 的解为

$$\Gamma(t) = \mathrm{e}^{-\alpha\beta^2 t} \tag{1-42}$$

表 1-1　不同边界条件下 $\dfrac{\mathrm{d}^2 X(x)}{\mathrm{d}x^2} + \beta^2 X(x) = 0$ 的特征函数 $X(\beta_m, x)$、范数 $N(\beta_m)$ 和特征值 $\beta_m$

| 序号 | $x=0$ 处的边界条件 | $x=L$ 处的边界条件 | $X(\beta_m, x)$ | $1/N(\beta_m)$ | $\beta_m$ 是下面方程的正根 |
|---|---|---|---|---|---|
| 1 | $-\dfrac{\mathrm{d}X}{\mathrm{d}x} + H_1 X = 0$ | $\dfrac{\mathrm{d}X}{\mathrm{d}x} + H_2 X = 0$ | $\beta_m \cos\beta_m x + H_1 \sin\beta_m x$ | $2\left[(\beta_m^2 + H_1^2)\left(L + \dfrac{H_2}{\beta_m^2 + H_2^2}\right) + H_1\right]^{-1}$ | $\tan\beta_m L = \dfrac{\beta_m(H_1 + H_2)}{\beta_m^2 - H_1 H_2}$ |
| 2 | $-\dfrac{\mathrm{d}X}{\mathrm{d}x} + H_1 X = 0$ | $\dfrac{\mathrm{d}X}{\mathrm{d}x} = 0$ | $\cos\beta_m(L - x)$ | $2\dfrac{\beta_m^2 + H_1^2}{L(\beta_m^2 + H_1^2) + H_1}$ | $\beta_m \tan\beta_m L = H_1$ |
| 3 | $-\dfrac{\mathrm{d}X}{\mathrm{d}x} + H_1 X = 0$ | $X = 0$ | $\sin\beta_m(L - x)$ | $2\dfrac{\beta_m^2 + H_1^2}{L(\beta_m^2 + H_1^2) + H_1}$ | $\beta_m \cot\beta_m L = -H_1$ |
| 4 | $\dfrac{\mathrm{d}X}{\mathrm{d}x} = 0$ | $\dfrac{\mathrm{d}X}{\mathrm{d}x} + H_2 X = 0$ | $\cos\beta_m x$ | $2\dfrac{\beta_m^2 + H_2^2}{L(\beta_m^2 + H_2^2) + H_2}$ | $\beta_m \tan\beta_m L = H_2$ |
| 5 | $\dfrac{\mathrm{d}X}{\mathrm{d}x} = 0$ | $\dfrac{\mathrm{d}X}{\mathrm{d}x} = 0$ | $*\cos\beta_m x$ | $\beta_m \neq 0; \dfrac{2}{L}; \beta_0 = 0^*; \dfrac{1}{L}$ | $\sin\beta_m L = 0^*$ |
| 6 | $\dfrac{\mathrm{d}X}{\mathrm{d}x} = 0$ | $X = 0$ | $\cos\beta_m x$ | $\dfrac{2}{L}$ | $\cos\beta_m L = 0$ |
| 7 | $X = 0$ | $\dfrac{\mathrm{d}X}{\mathrm{d}x} + H_2 X = 0$ | $\sin\beta_m x$ | $2\dfrac{\beta_m^2 + H_2^2}{L(\beta_m^2 + H_2^2) + H_2}$ | $\beta_m \cot\beta_m L = -H_2$ |
| 8 | $X = 0$ | $\dfrac{\mathrm{d}X}{\mathrm{d}x} = 0$ | $\sin\beta_m x$ | $\dfrac{2}{L}$ | $\cos\beta_m L = 0$ |
| 9 | $X = 0$ | $X = 0$ | $\sin\beta_m x$ | $\dfrac{2}{L}$ | $\sin\beta_m L = 0$ |

* 对于这种特殊情况，$\beta_0 = 0$ 也是一个特征值，它对应于 $X = 1$

$X(\beta,x)$ 满足如下特征值问题:

$$\frac{\mathrm{d}^2 X(x,t)}{\mathrm{d}x^2} + \beta^2 X(x) = 0, \quad 0 < x < \infty \tag{1-43}$$

$$-k_1 \frac{\mathrm{d}X(x)}{\mathrm{d}x} + h_1 X(x) = 0, \quad x = 0 \tag{1-44}$$

$X(\beta,x)$ 的解可取为

$$X(\beta,x) = \beta \cos \beta x + H_1 \sin \beta x$$

式中 $H_1 = \dfrac{h_1}{k_1}$.

与前述有限厚度的平壁导热不同, 本问题只有一个边界条件, 因此对 $\beta$ 的取值无限制, 从零到无穷大范围内可以连续取值. 这样, 原问题的完全解由 $X$ 的基本解对 $\beta$ 积分得到,

$$T(x,t) = \int_{\beta=0}^{\infty} c(\beta) \mathrm{e}^{-\alpha \beta^2 t} (\beta \cos \beta x + H_1 \sin \beta x) \mathrm{d}\beta \tag{1-45}$$

将初始条件 $T(x,0) = F(x)$ 代入式 (1-45), 得

$$F(x) = \int_0^{\infty} c(\beta)(\beta \cos \beta x + H_1 \sin \beta x) \mathrm{d}\beta \tag{1-46}$$

根据傅里叶积分变换, 上式积分中的两个系数应为

$$c(\beta)\beta = \frac{2}{\pi} \int_0^{\infty} F(x') \cos \beta x' \mathrm{d}x' \tag{1-47}$$

$$c(\beta)H_1 = \frac{2}{\pi} \int_0^{\infty} F(x') \sin \beta x' \mathrm{d}x' \tag{1-48}$$

式 (1-47)$\times\beta$ ＋式 (1-48)$\times H_1$ 得

$$c(\beta) = \frac{2}{(\beta^2 + H_1^2)\pi} \int_0^{\infty} F(x')(\beta \cos \beta x' + H_1 \sin \beta x') \mathrm{d}x'$$

$$= \frac{1}{N(\beta)} \int_0^{\infty} X(\beta,x') F(x') \mathrm{d}x'$$

$N(\beta)$ 为范数. 从而原问题的解为

$$T(x,t) = \int_{\beta=0}^{\infty} \mathrm{e}^{-\alpha \beta^2 t} \frac{1}{N(\beta)} X(\beta,x) \cdot \int_{x'=0}^{\infty} X(\beta,x') F(x') \mathrm{d}x' \mathrm{d}\beta \tag{1-49}$$

半无限大物体的齐次边界条件只能有三种, 各种边界条件所对应的特征函数 $X(\beta,x)$ 及范数 $N(\beta)$ 见表 1-2.

**表 1-2** 半无限大物体 $\dfrac{\mathrm{d}^2 X(x)}{\mathrm{d}x^2} + \beta^2 X(x) = 0$ 的解 $X(\beta, x)$ 及相应范数 $N(\beta)$

| 序号 | $x = 0$ 处的边界条件 | $X(\beta, x)$ | $1/N(\beta)$ |
|---|---|---|---|
| 1 | $-\dfrac{\mathrm{d}X(x)}{\mathrm{d}x} + H_1 X = 0$ | $\beta \cos \beta x + H_1 \sin \beta x$ | $\dfrac{2}{\pi} \dfrac{1}{\beta^2 + H_1^2}$ |
| 2 | $\dfrac{\mathrm{d}X}{\mathrm{d}x} = 0$ | $\cos \beta x$ | $\dfrac{2}{\pi}$ |
| 3 | $X = 0$ | $\sin \beta x$ | $\dfrac{2}{\pi}$ |

**例题 1-2** 一半无限大物体, $0 \leqslant x < \infty$, 初始温度为 $F(x)$, 当 $t > 0$ 时, $x = 0$ 边界处的温度始终为零度. 试求物体内温度分布 $T(x,t)$ 的表达式, 并讨论 $F(x) = T_0$(常数) 的情形.

**解** 该问题的边界条件对应于表 1-2 中的第三条, 从表中查得 $X(\beta, x) = \sin \beta x$, $\dfrac{1}{N(\beta)} = \dfrac{2}{\pi}$, 代入式 (1-49), 有

$$T(x,t) = \frac{2}{\pi} \int_{x'=0}^{\infty} F(x') \int_{\beta=0}^{\infty} \mathrm{e}^{-\alpha \beta^2 t} \sin \beta x \sin \beta x' \mathrm{d}\beta \mathrm{d}x'$$

对 $\beta$ 的积分可利用如下积化和差三角函数关系式:

$$2 \sin \beta x \sin \beta x' = \cos \beta(x - x') - \cos \beta(x + x')$$

以及如下积分求得

$$\int_{\beta=0}^{\infty} \mathrm{e}^{-\alpha \beta^2 t} \cos \beta(x - x') \mathrm{d}\beta = \sqrt{\frac{\pi}{4at}} \exp\left[-\frac{(x - x')^2}{4at}\right]$$

$$\int_{\beta=0}^{\infty} \mathrm{e}^{-\alpha \beta^2 t} \cos \beta(x + x') \mathrm{d}\beta = \sqrt{\frac{\pi}{4at}} \exp\left[-\frac{(x + x')^2}{4at}\right]$$

则

$$\frac{2}{\pi} \int_{\beta=0}^{\infty} \mathrm{e}^{-\alpha \beta^2 t} \sin \beta x \sin \beta x' \mathrm{d}\beta = \frac{1}{(4\pi at)^{1/2}} \left\{ \exp\left[-\frac{(x - x')^2}{4at}\right] - \exp\left[-\frac{(x + x')^2}{4at}\right] \right\}$$

最后的解可以写为

$$T(x,t) = \frac{1}{(4\pi at)^{1/2}} \int_0^{\infty} F(x') \left\{ \exp\left[-\frac{(x - x')^2}{4at}\right] - \exp\left[-\frac{(x + x')^2}{4at}\right] \right\} \mathrm{d}x'$$

当 $F(x) = T_0$(常数) 时, 温度分布可以积分求出

$$\frac{T(x,t)}{T_0} = \frac{1}{(4\pi at)^{1/2}} \left[ \int_0^{\infty} \exp\left(-\frac{(x - x')^2}{4at}\right) \mathrm{d}x' - \int_0^{\infty} \exp\left(-\frac{(x + x')^2}{4at}\right) \mathrm{d}x' \right]$$

引进变量

$$-\eta = \frac{x - x'}{\sqrt{4at}}, \quad \mathrm{d}x' = \sqrt{4at}\mathrm{d}\eta \qquad 对应第一项积分$$

$$\eta = \frac{x + x'}{\sqrt{4at}}, \quad \mathrm{d}x' = \sqrt{4at}\mathrm{d}\eta \qquad 对应第二项积分$$

$$\frac{T(x,t)}{T_0} = \frac{1}{\sqrt{\pi}} \left( \int_{-x/\sqrt{4at}}^{\infty} \mathrm{e}^{-\eta^2} \mathrm{d}\eta - \int_{x/\sqrt{4at}}^{\infty} \mathrm{e}^{-\eta^2} \mathrm{d}\eta \right)$$

$$= \frac{1}{\sqrt{\pi}} \int_{-x/\sqrt{4at}}^{x/\sqrt{4at}} \mathrm{e}^{-\eta^2} \mathrm{d}\eta = \frac{2}{\sqrt{\pi}} \int_{0}^{x/\sqrt{4at}} \mathrm{e}^{-\eta^2} \mathrm{d}\eta = \mathrm{erf} \left( \frac{x}{\sqrt{4at}} \right) \quad (1\text{-}50)$$

erf $(u)$ 称为关于变量 $u$ 的高斯误差函数, 属于特殊函数的一种, 其函数性质见附录.

当半无限大物体的初始温度分布 $F(x) = 0$, 其边界条件为恒壁面热流情况, 即 $q_w = c$ 时, 按照上述步骤所得到的温度场的解为

$$T(x,t) = \frac{2q_w}{k} \sqrt{at} \cdot \mathrm{ierfc} \left( \frac{x}{2\sqrt{at}} \right) \qquad (1\text{-}51)$$

ierfc $(u)$ 称为高斯误差补函数的一次积分值, 它与 erf$(u)$ 的关系为

$$\mathrm{erfc}(u) = 1 - \mathrm{erf}(u)$$

$$\mathrm{ierfc}(u) = \frac{1}{\sqrt{\pi}} \mathrm{e}^{-u^2} - u \cdot \mathrm{erfc}(u)$$

### 1.2.4 乘积解

多维的热传导齐次边值问题可简单地写成一维问题解的乘积, 条件是: 物体内的初始温度分布可表示为单个空间变量函数的乘积, 如 $F(x,y) = F_1(x)F_2(y)$. 显然, 温度均匀分布的初始条件也可以表示成乘积的形式. 利用乘积解的求解方法通过下面的例题说明.

**例题 1-3** 一个半无限大的角域, $0 \leqslant x < \infty$, $0 \leqslant y < \infty$, 初始温度 $T_0$ 为常数, 当 $t > 0$ 时, $x = 0$, $y = 0$ 边界处温度始终为零度, 求 $t > 0$ 时的 $T(x,y,t)$.

**解** 该问题的数学描述为

$$\begin{cases} \dfrac{\partial^2 T}{\partial x^2} + \dfrac{\partial^2 T}{\partial y^2} = \dfrac{1}{\alpha} \dfrac{\partial T}{\partial t}, & 0 < x < \infty, \quad 0 < y < \infty, \quad t > 0 \\ T = 0, \quad x = 0, \quad T = 0, \quad y = 0, \quad t > 0 \\ T = T_0, \quad 0 \leqslant x < \infty, \quad 0 \leqslant y < \infty, \quad t = 0, \end{cases} \qquad (1\text{-}52)$$

由于满足乘积解的条件, 该问题可分解为两个一维问题的乘积, 即

$$T(x, y, t) = T_1(x, t) \cdot T_2(y, t)$$

有关 $T_1$ 的数学描述为

$$\begin{cases} \dfrac{\partial^2 T_1}{\partial x^2} = \dfrac{1}{\alpha} \dfrac{\partial T_1}{\partial t}, & 0 < x < \infty, \quad t > 0 \\ T_1 = 0, & x = 0, \quad t > 0 \\ T_1 = 1, & 0 \leqslant x < \infty, \quad t = 0 \end{cases} \tag{1-53}$$

有关 $T_2$ 的数学描述为

$$\begin{cases} \dfrac{\partial^2 T_2}{\partial y^2} = \dfrac{1}{\alpha} \dfrac{\partial T_2}{\partial t}, & 0 < y < \infty, \quad t > 0 \\ T_2 = 0, & y = 0, \quad t > 0 \\ T_2 = T_0, & 0 \leqslant y < \infty, \quad t = 0 \end{cases} \tag{1-54}$$

$T_1$ 的解为

$$T_1(x, t) = \operatorname{erf}\left(\frac{x}{\sqrt{4at}}\right)$$

$T_2$ 的解为

$$T_2(y, t) = T_0 \operatorname{erf}\left(\frac{y}{\sqrt{4at}}\right)$$

则原二维问题的解为

$$T(x, y, t) = T_0 \operatorname{erf}\left(\frac{x}{\sqrt{4at}}\right) \operatorname{erf}\left(\frac{y}{\sqrt{4at}}\right) \tag{1-55}$$

### 1.2.5 圆柱坐标系中的分离变量法

圆柱坐标系中的三维齐次热传导微分方程的形式为

$$\frac{\partial^2 T}{\partial r^2} + \frac{1}{r} \frac{\partial T}{\partial r} + \frac{1}{r^2} \frac{\partial^2 T}{\partial \phi^2} + \frac{\partial^2 T}{\partial z^2} = \frac{1}{\alpha} \frac{\partial T}{\partial t} \tag{1-56}$$

式中 $T = T(r, \phi, z, t)$, 设被求温度变量可分离成以下形式:

$$T(r, \phi, z, t) = \psi(r, \phi, z) \Gamma(t) \tag{1-57}$$

则方程 (1-56) 变为

$$\frac{1}{\psi}\left(\frac{\partial^2 \psi}{\partial r^2} + \frac{1}{r} \frac{\partial \psi}{\partial r} + \frac{1}{r^2} \frac{\partial^2 \psi}{\partial \phi^2} + \frac{\partial^2 \psi}{\partial z^2}\right)$$

$$= \frac{1}{\alpha \Gamma(t)} \frac{\mathrm{d}\Gamma(t)}{\mathrm{d}t}$$
$$= -\lambda^2 \tag{1-58}$$

于是分离方程为

$$\frac{\mathrm{d}\Gamma(t)}{\mathrm{d}t} + \alpha\lambda^2 \Gamma(t) = 0 \tag{1-59}$$

$$\frac{\partial^2 \psi}{\partial r^2} + \frac{1}{r}\frac{\partial \psi}{\partial r} + \frac{1}{r^2}\frac{\partial^2 \psi}{\partial \phi^2} + \frac{\partial^2 \psi}{\partial z^2} + \lambda^2 \psi = 0 \tag{1-60}$$

上式称为圆柱坐标系下的亥姆霍兹方程. 设 $\psi$ 能够进一步分离成以下形式:

$$\psi(r, \phi, z) = R(r)\Phi(\phi)Z(z) \tag{1-61}$$

则方程 (1-60) 变为

$$\frac{1}{R}\left(\frac{\mathrm{d}^2 R}{\mathrm{d}r^2} + \frac{1}{r}\frac{\mathrm{d}R}{\mathrm{d}r}\right) + \frac{1}{r^2}\frac{1}{\Phi}\frac{\mathrm{d}^2\Phi}{\mathrm{d}\phi^2} + \frac{1}{Z}\frac{\mathrm{d}^2 Z}{\mathrm{d}z^2} + \lambda^2 = 0 \tag{1-62}$$

使该等式成立的唯一方法, 是使其中包含各子函数的每一项等于一分离常数, 亦即

$$\begin{cases} \dfrac{1}{Z}\dfrac{\mathrm{d}^2 Z}{\mathrm{d}z^2} = -\eta^2, \quad \dfrac{1}{\Phi}\dfrac{\mathrm{d}^2\Phi}{\mathrm{d}\phi^2} = -\nu^2 \\[2mm] \dfrac{1}{R_\nu}\left(\dfrac{\mathrm{d}^2 R_\nu}{\mathrm{d}r^2} + \dfrac{1}{r}\dfrac{\mathrm{d}R_\nu}{\mathrm{d}r}\right) - \dfrac{\nu^2}{r^2} = -\beta^2 \end{cases} \tag{1-63}$$

于是, 分离方程和它们的基本解为

$$\frac{\mathrm{d}^2 Z}{\mathrm{d}z^2} + \eta^2 Z = 0, \quad Z(\eta, z) : \sin \eta z \text{ 和 } \cos \eta z \tag{1-64a}$$

$$\frac{\mathrm{d}^2 \Phi}{\mathrm{d}\phi^2} + \nu^2 \Phi = 0, \quad \Phi(\nu, \phi) : \sin \nu\phi \text{ 和 } \cos \nu\phi \tag{1-64b}$$

$$\frac{\mathrm{d}^2 R_\nu}{\mathrm{d}r^2} + \frac{1}{r}\frac{\mathrm{d}R_\nu}{\mathrm{d}r} + \left(\beta^2 - \frac{\nu^2}{r^2}\right)R_\nu = 0, \quad R_\nu(\beta, r) : J_\nu(\beta r) \text{ 和 } Y_\nu(\beta r) \tag{1-64c}$$

$$\frac{\mathrm{d}\Gamma}{\mathrm{d}t} + \alpha\lambda^2 \Gamma = 0, \quad \Gamma(t) : \mathrm{e}^{-\alpha\lambda^2 t} \tag{1-64d}$$

式中

$$\lambda^2 = \eta^2 + \beta^2$$

方程 (1-64c) 叫做 $\nu$ 阶贝塞尔微分方程, 它的解 $J_\nu(\beta r)$ 和 $Y_\nu(\beta r)$ 分别是第一类和第二类 $\nu$ 阶贝塞尔函数, 属于特殊函数的一种, 其图像如图 1-3 所示. 当 $x$ 为零时, 函数 $J_\nu(\beta r)$ 为有限值, 但 $Y_\nu(\beta r)$ 变为无限大. $J_\nu(\beta r)$ 和 $Y_\nu(\beta r)$ 像三角函数一样具有振荡性.

　　原方程 (1-56) 的完全解 $T(r, \phi, z, t)$ 由上述各分离方程的基本解叠加构成. 基本解中出现的分离常数和积分常数由边界条件、初始条件以及特征函数的正交性 (对于有限大的区域) 确定.

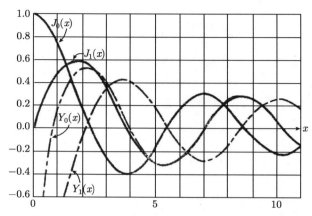

图 1-3　贝塞尔函数 $J_0(x)$、$J_1(x)$ 和 $Y_0(x)$、$Y_1(x)$

下面讨论几种特殊情形下解的简化.

1) 温度与变量 $\phi$ 无关 (轴对称问题)

微分方程为

$$\frac{\partial^2 T}{\partial r^2} + \frac{1}{r}\frac{\partial T}{\partial r} + \frac{\partial^2 T}{\partial z^2} = \frac{1}{\alpha}\frac{\partial T}{\partial t} \tag{1-65}$$

温度与 $\phi$ 无关时对应 $\nu = 0$, 贝塞尔函数 $R_0(\beta, r)$ 是零阶的, 分离方程及其基本解为

$$\frac{\mathrm{d}^2 Z}{\mathrm{d}z^2} + \eta^2 Z = 0, \quad Z(\eta, z) : \sin\eta z \text{ 和 } \cos\eta z \tag{1-66a}$$

$$\frac{\mathrm{d}^2 R_0}{\mathrm{d}r^2} + \frac{1}{r}\frac{\mathrm{d}R_0}{\mathrm{d}r} + \beta^2 R_0 = 0, \quad R_0(\beta, r) : J_0(\beta r) \text{ 和 } Y_0(\beta r) \tag{1-66b}$$

$$\frac{\mathrm{d}\Gamma}{\mathrm{d}t} + \alpha\lambda^2 \Gamma = 0, \quad \Gamma(t) : \mathrm{e}^{-\alpha\lambda^2 t} \tag{1-66c}$$

式中 $\lambda^2 = \eta^2 + \beta^2$.

　　2) 温度与变量 $z$ 无关 (极坐标问题)

$$\frac{\partial^2 T}{\partial r^2} + \frac{1}{r}\frac{\partial T}{\partial r} + \frac{1}{r^2}\frac{\partial^2 T}{\partial \phi^2} = \frac{1}{\alpha}\frac{\partial T}{\partial t} \tag{1-67}$$

分离方程及其基本解为

$$\frac{d^2 \Phi}{d\phi^2} + \nu^2 \Phi = 0, \quad \Phi(\nu, \phi) : \sin\nu\phi \text{ 和 } \cos\nu\phi \tag{1-68a}$$

$$\frac{\mathrm{d}^2 R_\nu}{\mathrm{d}r^2} + \frac{1}{r}\frac{\mathrm{d}R_\nu}{\mathrm{d}r} + \left(\beta^2 - \frac{\nu^2}{r^2}\right)R_\nu = 0, \quad R_\nu(\beta, r) : J_\nu(\beta r) \text{ 和 } Y_\nu(\beta r) \tag{1-68b}$$

$$\frac{\mathrm{d}\Gamma}{\mathrm{d}t} + \alpha\lambda^2\Gamma = 0, \quad \Gamma(t) : \mathrm{e}^{-\alpha\lambda^2 t} \tag{1-68c}$$

式中 $\lambda^2 = \beta^2$.

3) 温度与时间变量 $t$ 无关 (圆柱坐标下的稳态问题)

$$\frac{\partial^2 T}{\partial r^2} + \frac{1}{r}\frac{\partial T}{\partial r} + \frac{1}{r^2}\frac{\partial^2 T}{\partial \phi^2} + \frac{\partial^2 T}{\partial z^2} = 0 \tag{1-69}$$

分离方程及其基本解为

$$\frac{\mathrm{d}^2 \Phi}{\mathrm{d}\phi^2} + \nu^2\Phi = 0, \quad \Phi(\nu, \phi) : \sin\nu\phi \text{ 和 } \cos\nu\phi \tag{1-70a}$$

$$\frac{\mathrm{d}^2 Z}{\mathrm{d}z^2} + \eta^2 Z = 0, \quad Z(\eta, z) : \sin\eta z \text{ 和 } \cos\eta z \tag{1-70b}$$

$$\frac{\mathrm{d}^2 R_\nu}{\mathrm{d}r^2} + \frac{1}{r}\frac{\mathrm{d}R_\nu}{\mathrm{d}r} - \left(\eta^2 + \frac{\nu^2}{r^2}\right)R_\nu = 0, \quad R_\nu(\eta, r) : I_\nu(\eta r) \text{和} K_\nu(\eta r) \tag{1-70c}$$

式 (1-70c) 叫做 $\nu$ 阶修正的贝塞尔方程. 相应地, $I_\nu(\eta r)$ 和 $K_\nu(\eta r)$ 分别称为第一类和第二类 $\nu$ 阶修正贝塞尔函数. 当 $x \to \infty$ 时, 函数 $I_\nu(x)$ 趋于无限大, 而当 $x \to 0$ 时, $K_\nu(x)$ 趋于无限大.

4) 温度与变量 $t$ 和 $z$ 无关 (稳态的极坐标问题)

$$\frac{\partial^2 T}{\partial r^2} + \frac{1}{r}\frac{\partial T}{\partial r} + \frac{1}{r^2}\frac{\partial^2 T}{\partial \phi^2} = 0 \tag{1-71}$$

分离方程及其基本解为

$$\frac{\mathrm{d}^2 \Phi}{\mathrm{d}\phi^2} + \nu^2\Phi = 0, \quad \Phi(\nu, \phi) : \sin\nu\phi \text{ 和 } \cos\nu\phi \tag{1-72a}$$

$$\frac{\mathrm{d}^2 R}{\mathrm{d}r^2} + \frac{1}{r}\frac{\mathrm{d}R}{\mathrm{d}r} - \frac{\nu^2}{r^2}R = 0 \tag{1-72b}$$

$$R(r) : \begin{cases} r^\nu \text{和} r^{-\nu}, & \nu \neq 0 \\ C_1 + C_2 \ln r, & \nu = 0 \end{cases}$$

此种情况下的式 (1-72b) 是齐次欧拉方程. 其求解方法是做变换 $\ln r = y$(或 $r = \mathrm{e}^y$), 将它变为线性方程.

# 1.3　格林函数法

工程中的导热问题并非都是齐次问题, 而非齐次问题采用前述的分离变量法求解就会遇到困难. 非齐次导热问题的求解方法包括格林函数法、杜哈美尔定理法、热源函数法和拉普拉斯变换法等. 这些求解方法基本上都是建立在相应齐次问题解的基础之上的, 这也正是为什么首先要讨论用分离变量法求解齐次问题的原因所在. 本章介绍格林函数法和杜哈美尔定理法两种求解非齐次导热问题的方法.

### 1.3.1　求解非齐次非稳态热传导问题的格林函数

讨论如下三维非齐次热传导边值问题:

$$\nabla^2 T(\vec{r},t) + \frac{1}{k}g(\vec{r},t) = \frac{1}{a}\frac{\partial T(\vec{r},t)}{\partial t}, \quad \text{区域} R \text{内}, \quad t > 0 \tag{1-73a}$$

$$k_i\frac{\partial T}{\partial n_i} + h_i T = f_i(\vec{r},t), \quad \text{边界} S_i \text{处}, \quad t > 0 \tag{1-73b}$$

$$T(\vec{r},t) = F(\vec{r}), \quad \text{区域} R \text{内}, \quad t = 0 \tag{1-73c}$$

一般地, 热源项 $g(\vec{r},t)$ 与边界条件 $f_i(\vec{r},t)$ 既是空间位置的函数, 又是时间的函数. 为求解上述热传导问题, 首先讨论如下辅助问题, 它包含有脉冲热源项, 但边界条件都是齐次的:

$$\nabla^2 G(\vec{r},t\,|\vec{r}\,',\tau) + \frac{1}{k}\delta(\vec{r}-\vec{r}\,')\delta(t-\tau) = \frac{1}{a}\frac{\partial G}{\partial t}, \quad \text{区域} R \text{内}, \quad t > \tau \tag{1-74a}$$

$$k_i\frac{\partial G}{\partial n_i} + h_i G = 0, \quad \text{边界} S_i \text{处}, \quad t > \tau \tag{1-74b}$$

$$G(\vec{r},t\,|\vec{r},\tau) = 0, \quad t < \tau \tag{1-74c}$$

$G(\vec{r},t\,|\vec{r}\,',\tau)$ 称为格林函数. $\delta(\vec{r}-\vec{r}\,')$ 是空间变量的三维 $\delta$ 函数, 在直角坐标系中,

$$\delta(\vec{r}-\vec{r}\,') = \delta(x-x')\delta(y-y')\delta(z-z')$$

$\delta$ 函数具有如下性质:

$$\delta(x-b) = \begin{cases} 0, & x \neq b \\ \infty, & x = b \end{cases}$$

$$\int_{-\infty}^{\infty}\delta(x)\mathrm{d}x = 1, \quad \int_{-\infty}^{\infty}F(x)\delta(x-b)\mathrm{d}x = F(b)$$

$$f(x)\delta(x-b) = f(b)\delta(x-b)$$

$\delta$ 函数又称 "狄拉克函数" 或 "脉冲函数". $\delta(x)$ 的单位是 $1/x$ 的单位.

满足问题式 (1-74) 的解称为三维格林函数 $G(\vec{r}, t/\vec{r}\,', \tau)$, 它的含义是: 在 $\vec{r}\,'$ 处有强度为一个单位的脉冲点热源, 它在时间 $\tau$ 时自行释放热量后, 所引起的区域 $R$ 内的温度分布. 该区域的初始温度为零度, 具有齐次边界条件. 在符号 $G(\vec{r}, t/\vec{r}\,', \tau)$ 中, 自变量的第一部分 "$\vec{r}, t$" 表示影响, 即表示 $t$ 时刻区域内 $\vec{r}$ 处的温度; 自变量的第二部分 "$\vec{r}\,', t$" 表示 $\vec{r}\,'$ 处有脉冲点热源, 在时刻 $\tau$ 自行释放热量.

如果满足式 (1-74) 问题的格林函数已经求得, 则问题式 (1-73) 所表示的三维热传导问题的解 $T(\vec{r}, t)$ 可用格林函数 $G(\vec{r}, t/\vec{r}, \tau)$ 表示为

$$
\begin{aligned}
T(\vec{r}, t) = & \int_R G(\vec{r}, t\,|\vec{r}\,', \tau)_{\vec{r}_i' = \vec{r}_i} \frac{1}{k_i} f_i(\vec{r}, t) \mathrm{d}v' \\
& + \frac{a}{k} \int_{\tau=0}^t \mathrm{d}\tau \int_R G(\vec{r}, t\,|\vec{r}\,', \tau) g(\vec{r}\,', \tau) \mathrm{d}v' \\
& + a \int_{\tau=0}^t \mathrm{d}\tau \sum_{i=1}^s \int_{S_i} G(\vec{r}, t\,|\vec{r}\,', \tau)|_{\vec{r}\,' = \vec{r}_i} \frac{1}{k_i} f_i(\vec{r}, t) \mathrm{d}S_i \qquad (1\text{-}75)
\end{aligned}
$$

其中, $R$ 为该导热问题定义域的全部体积; $S_i$ 为区域 $R$ 的边界面, $i = 1, 2, 3, \cdots, s$, $s$ 为连续边界面的个数.

式 (1-75) 可直接用于第二类和第三类边界条件. 用于第一类边界条件时, 由于 $k_i = 0$ 出现在分母上, 不能计算, 必须用 $-\dfrac{1}{h_i} \dfrac{\partial G}{\partial n_j}\Big|_{\vec{r}\,' = \vec{r}_j}$ 代替式 (1-75) 中最后一项中的 $\dfrac{1}{k_i} G|_{\vec{r}\,' = \vec{r}_j}$, 这种替代关系是由式 (1-74b) 所表示的边界条件决定的.

式 (1-75) 表示热传导问题式 (1-73) 的一般解, 由三项组成, 各项物理意义为: 第一项为初始温度分布 $F(\vec{r})$ 的影响; 第二项为分布热源 $g(\vec{r}, t)$ 的影响; 第三项为边界条件中非齐次项 $f_i(\vec{r}, t)$ 的影响.

对于一维温度场, 式 (1-75) 可以简化成

$$
\begin{aligned}
T(x, t) = & \int_L x'^p G(\vec{x}, t\,|\vec{x}\,', \tau)_{\tau=0} F(x') \mathrm{d}x' \\
& + \frac{a}{k} \int_{\tau=0}^t \mathrm{d}\tau \int_L x'^p G(\vec{x}, t\,|\vec{x}, \tau) g(x', \tau) \mathrm{d}x' \\
& + a \int_{\tau=0}^t \mathrm{d}\tau \sum_{i=1}^2 \int_{S_i} [x'^p G(\vec{x}, t\,|\vec{x}\,', \tau)]_{x'=x_i} \frac{1}{k_i} f_i \mathrm{d}S_i \qquad (1\text{-}76)
\end{aligned}
$$

式中 $x'^p$ 是斯特姆–刘维尔权函数, 其中

$$
p = \begin{cases} 0, & \text{平板} \\ 1, & \text{圆柱体} \\ 2, & \text{球} \end{cases}
$$

### 1.3.2    格林函数的确定

显然, 用格林函数法求解导热问题的关键是如何确定格林函数. 为此, 讨论如下齐次热传导边值问题:

$$\nabla^2 T(\vec{r}, t) = \frac{1}{a} \frac{\partial T(r, t)}{\partial t}, \quad \text{区域 } R \text{ 内}, \quad t > 0 \tag{1-77a}$$

$$\frac{\partial T}{\partial n_i} + H_i T = 0, \quad \text{边界 } S_i \text{ 处}, \quad t > 0 \tag{1-77b}$$

$$T(\vec{r}, t) = F(\vec{r}), \quad \text{区域 } R \text{ 内}, \quad t = 0 \tag{1-77c}$$

求解此问题所需的格林函数满足辅助问题式 (1-74). 根据式 (1-75), 问题式 (1-77) 的解 $T(\vec{r}, t)$ 可用满足式 (1-74) 问题的格林函数 $G$ 表示为

$$T(\vec{r}, t) = \int_R G(\vec{r}, t \,|\, \vec{r}\,', \tau)_{\tau=0} F(\vec{r}\,') \mathrm{d}v' \tag{1-78}$$

另外, 式 (1-77) 所表示的齐次问题可以用分离变量法求解, 将其解表示成

$$T(\vec{r}, t) = \int_R K(\vec{r}, \vec{r}\,', t) F(\vec{r}\,') \mathrm{d}v' \tag{1-79}$$

$K(\vec{r}, \vec{r}\,', t)$ 表示对特征函数、范数等的累加或积分. 比较式 (1-79) 和式 (1-78), 有

$$G(\vec{r}, t \,|\, \vec{r}\,', \tau) \,|_{\tau=0} = K(\vec{r}, \vec{r}\,', t)$$

所需的格林函数通过将求得的 $G(\vec{r}, t \,|\, \vec{r}\,', \tau) \,|_{\tau=0}$ 表示式中的 $t$ 用 $(t - \tau)$ 代替即可得到.

### 1.3.3    格林函数法在直角坐标系中的应用

**例题 1-4**    一无限大物体, $-\infty < x < \infty$, 初始温度为 $F(x)$, 当时间 $t > 0$ 时, 物体内产生热量, 发热速率为 $g(x, t)$, 为单位时间单位体积发热量. 试用格林函数法求时间 $t > 0$ 时的温度分布 $T(x, t)$ 的表达式.

**解**    该问题的数学描述为

$$\frac{\partial^2 T(x, t)}{\partial x^2} + \frac{1}{k} g(x, t) = \frac{1}{a} \frac{\partial T}{\partial t}, \quad -\infty < x < \infty, \quad t > 0$$

$$T = F(x), \quad -\infty < x < \infty, \quad t = 0$$

为求格林函数, 先讨论此问题的齐次形式, 为

$$\frac{\partial^2 \psi(x, t)}{\partial x^2} = \frac{1}{a} \frac{\partial \psi(x, t)}{\partial t}, \quad -\infty < x < \infty, \quad t > 0$$

$$\psi = F(x), \quad -\infty < x < \infty, \quad t = 0$$

这一齐次问题的解可用分离变量法求解, 结果为

$$\psi(x,t) = \int_{x'=-\infty}^{\infty} (4\pi at)^{-\frac{1}{2}} \exp\left[-\frac{(x-x')^2}{4at}\right] F(x')\mathrm{d}x'$$

根据式 (1-75), 该齐次解可用格林函数表示为

$$\psi(x,t) = \int_{x'=-\infty}^{\infty} G(x,t\,|x',\tau)\,|_{\tau=0}\, F(x')\mathrm{d}x'$$

两式比较, 得

$$G(x,t\,|x',\tau)\,|_{\tau=0} = (4\pi at)^{-\frac{1}{2}} \exp\left[-\frac{(x-x')^2}{4at}\right]$$

用 $t-\tau$ 代替上式中的 $t$, 即得所需格林函数

$$G(x,t\,|x',\tau) = [4\pi a(t-\tau)]^{-1/2} \exp\left[-\frac{(x-x')^2}{4a(t-\tau)}\right]$$

最后, 根据式 (1-75) 将原非齐次问题的解表示为

$$\begin{aligned}
T(x,t) =& (4\pi at)^{-1/2} \int_{x'=-\infty}^{\infty} \exp\left[-\frac{(x-x')^2}{4at}\right] F(x')\,\mathrm{d}x' \\
& + \frac{a}{k} \int_{\tau=0}^{t} \mathrm{d}\tau \int_{x'=-\infty}^{\infty} [4\pi a(t-\tau)]^{-1/2} \exp\left[-\frac{(x-x')^2}{4a(t-\tau)}\right] g(x',\tau)\mathrm{d}x' \quad (1\text{-}80)
\end{aligned}$$

讨论几个特殊情形.

1) 无内热源, 令 $g(x',\tau) = 0$, 式 (1-80) 化为

$$T(x,t) = (4\pi at)^{-1/2} \int_{x'=-\infty}^{\infty} \exp\left[-\frac{(x-x')^2}{4at}\right] F(x')\,\mathrm{d}x' \qquad (1\text{-}81)$$

此式即无限大物体受初始温度分布 $F(x)$ 影响的温度分布表达式.

2) 无限大物体的初始温度 $F(x) = 0$, $t = 0$ 时, 强度为 $g_i(x)\,[\mathrm{W\cdot s/m^3}]$ 的瞬息分布热源自行释放热量.

令

$$F(x) = 0, \quad g(x,t) = g_i(x)\,\delta(t-0)$$

$g_i(x)\,\delta(t-0)$ 表示只在 $t=0$ 时刻释放分布函数为 $g_i(x)$ 的热量.

式 (1-80) 简化为

$$T(x,t) = (4\pi at)^{-1/2} \int_{x'=-\infty}^{\infty} \exp\left[-\frac{(x-x')^2}{4at}\right] \left[\frac{a}{k} g_i(x')\right] \mathrm{d}x' \qquad (1\text{-}82)$$

比较式 (1-81) 与式 (1-82), 得

$$F(x') \equiv \frac{a}{k} g_i(x') = \frac{1}{\rho c_p} g_i(x') \tag{1-83}$$

上式的含义是: 一个瞬息分布热源 $g_i(x)$ 在时间 $t = 0$ 时释放热量, 这样的热传导问题等价于初始温度分布如式 (1-83) 所示的初值问题.

3) 无限大物体的初始温度为零度, 当 $t > 0$ 时, 在 $x = b$ 处有一个强度为 $g_s(t)\,(\mathrm{W/m^2})$ 的平面热源连续不断地释放热量.

令

$$F(x) = 0, \quad g(x,t) = g_s(t)\,\delta(x-b)$$

代入式 (1-80), 得

$$T(x,t) = \frac{a}{k} \int_{\tau=0}^{t} [4\pi a(t-\tau)]^{-1/2} \exp\left[-\frac{(x-b)^2}{4a(t-\tau)}\right] g_s(\tau)\mathrm{d}\tau \tag{1-84}$$

**例题 1-5**　用格林函数法求解初始温度为零的半无限大物体, 当边界温度突然跃升为常数 $T_0$ 并维持不变时物体内部的温度响应.

该问题的数学描述为

$$\frac{\partial^2 T}{\partial x^2} = \frac{1}{a}\frac{\partial T}{\partial t}, \quad 0 < x < \infty, \quad t > 0$$

$$T = T_0, \quad x = 0, \quad t > 0$$

$$T = 0, \quad 0 \leqslant x < \infty, \quad t = 0$$

该问题属于导热方程齐次, 而边界条件非齐次的导热问题, 它所对应的齐次问题为

$$\frac{\partial^2 \psi}{\partial x^2} = \frac{1}{a}\frac{\partial \psi}{\partial t}, \quad 0 < x < \infty, \quad t > 0$$

$$\psi = 0, \quad x = 0, \quad t > 0$$

$$\psi = \psi_0 = 0, \quad 0 \leqslant x < \infty, \quad t = 0$$

该齐次问题曾经采用分离变量法求解, 参见 1.2.3 节的例题 1-2, 其解的形式为

$$\psi(x,t) = \psi_0 \mathrm{erf}\left(\frac{x}{\sqrt{4at}}\right) = \psi_0 \frac{2}{\sqrt{\pi}} \int_0^{\frac{x}{\sqrt{4at}}} \mathrm{e}^{-\eta^2}\mathrm{d}\eta$$

根据 1.2.3 节中分离变量法求解过程, 上式由下式变化而来:

$$\psi(x,t) = \frac{\psi_0}{\sqrt{4\pi at}} \int_{x'=0}^{\infty} \left[\exp\left(-\frac{(x-x')^2}{4at}\right) - \exp\left(-\frac{(x+x')^2}{4at}\right)\right]\mathrm{d}x'$$

据此, 该问题所对应的 $\tau = 0$ 的格林函数为

$$G\left(x, t \,|\, x', \tau\right)\Big|_{\tau=0} = \frac{1}{\sqrt{4\pi a t}}\left[\exp\left(-\frac{(x-x')^2}{4at}\right) - \exp\left(-\frac{(x+x')^2}{4at}\right)\right]$$

用 $t - \tau$ 代替上式中的 $t$, 得到完整的格林函数如下:

$$G\left(x, t \,|\, x', \tau\right) = \frac{1}{\sqrt{4\pi a\left(t-\tau\right)}}\left[\exp\left(-\frac{(x-x')^2}{4a\left(t-\tau\right)}\right) - \exp\left(-\frac{(x+x')^2}{4a\left(t-\tau\right)}\right)\right]$$

由于该问题为第一类边界条件, 格林函数法通解式 (1-75) 中等式右端第三项的 $\frac{G}{k}\big|_{x'=0}$ 需要用 $-\frac{1}{h}\frac{\partial G}{\partial n}\big|_{x'=0}$ 代替. 按照建立导热微分方程时的规定, 在物体边界面上外法向上的 $\frac{\partial G}{\partial n}$ 为正, 本问题中坐标 $x$ 是从边界面指向物体内部的, $\frac{\partial G}{\partial n}$ 的正向和 $x$ 正向相反, 因此变 $-\frac{1}{h}\frac{\partial G}{\partial n}\big|_{x'=0}$ 的负号为正号, 然后代入式 (1-75). 注意到给定边界温度, 就意味着做边界条件转换时取对流换热系数 $h = 1$. 于是原问题的解为

$$\begin{aligned}
T\left(x, t\right) &= a\int_{\tau=0}^{t}\frac{\partial}{\partial x'}\left\{\frac{T_0}{\sqrt{4\pi a(t-\tau)}}\left[\exp\left(-\frac{(x-x')^2}{4a\left(t-\tau\right)}\right)\right.\right.\\
&\qquad\left.\left. - \exp\left(-\frac{(x+x')^2}{4a\left(t-\tau\right)}\right)\right]\right\}_{x'=0}\mathrm{d}\tau\\
&= T_0 a\int_{\tau=0}^{t}\frac{1}{\sqrt{4\pi a(t-\tau)}}\left[\frac{2x}{4a(t-\tau)}\exp\left(-\frac{x^2}{4a(t-\tau)}\right)\right.\\
&\qquad\left. + \frac{2x}{4a(t-\tau)}\exp\left(-\frac{x^2}{4a(t-\tau)}\right)\right]\mathrm{d}\tau\\
&= T_0\int_{\tau=0}^{t}\frac{1}{\sqrt{4\pi a}}\frac{x}{(t-\tau)^{3/2}}\exp\left(-\frac{x^2}{4a\left(t-\tau\right)}\right)\mathrm{d}\tau
\end{aligned}$$

上式为一特殊形式的积分, 可做如下变换: 令 $\eta = \dfrac{x}{\sqrt{4a\left(t-\tau\right)}}$, 相应有

$$\mathrm{d}\tau = \frac{2}{\eta}\left(t-\tau\right)\mathrm{d}\eta$$

则积分结果成为

$$T\left(x, t\right) = \frac{2T_0}{\sqrt{\pi}}\int_{x/\sqrt{4at}}^{\infty}\mathrm{e}^{-\eta^2}\mathrm{d}\eta = T_0\mathrm{erfc}\left(\frac{x}{\sqrt{4at}}\right)$$

$\mathrm{erfc}(z)$ 为高斯误差函数 $\mathrm{erf}(z)$ 的补函数, $\mathrm{erfc}(z) = 1 - \mathrm{erf}(z)$.

# 1.4　杜哈美尔定理法

求解边界条件和 (或) 热源项随时间变化的非齐次热传导问题与求解边界条件和 (或) 热源项不随时间变化的同一热传导问题之间的关系, 可通过杜哈美尔定理把它们联系起来.

### 1.4.1　杜哈美尔定理的表述

边界条件与热源项随时间变化的区域 $R$ 内的三维非齐次热传导问题可表示成如下形式:

$$\nabla^2 T\left(\vec{r}, t\right) + \frac{1}{k} g\left(\vec{r}, t\right) = \frac{1}{a} \frac{\partial T\left(\vec{r}, t\right)}{\partial t}, \quad R内, \quad t > 0 \tag{1-85a}$$

$$k_i \frac{\partial T}{\partial n_i} + h_i T = f_i\left(\vec{r}, t\right), \quad 边界 S_i 处, \quad t > 0 \tag{1-85b}$$

$$T\left(\vec{r}, 0\right) = F\left(\vec{r}\right), \quad 区域 R内, \quad t = 0 \tag{1-85c}$$

式 (1-85) 所示的问题不能直接用分离变量法求解, 因为非齐次项 $g(\vec{r}, t)$ 与 $f(\vec{r}, t)$ 都是时间的函数, 但可以通过下列辅助问题来求解. 令 $\phi(\vec{r}, t, \tau)$ 为问题式 (1-85) 中假定非齐次项 $g(\vec{r}, \tau)$ 与 $f_i(\vec{r}, \tau)$ 不是时间函数的问题的解, 也就是说变量 $\tau$ 只看做是一个参量, 它暂时不是时间变量. 因此, $\phi(\vec{r}, t, \tau)$ 是如下较为简单的辅助问题的解:

$$\nabla^2 \Phi(\vec{r}, t, \tau) + \frac{1}{k} g(\vec{r}, \tau) = \frac{1}{a} \frac{\partial \Phi(\vec{r}, t, \tau)}{\partial t}, \quad 区域 R内, \quad t > 0 \tag{1-86a}$$

$$k_i \frac{\partial \Phi(\vec{r}, t, \tau)}{\partial n_i} + h_i \Phi(\vec{r}, t, \tau) = f_i(\vec{r}, \tau), \quad 边界 S_i 处, \quad t > 0 \tag{1-86b}$$

$$\Phi(\vec{r}, t, \tau) = F(\vec{r}), \quad 区域 R内, \quad t = 0 \tag{1-86c}$$

$\partial / \partial n_i$ 为垂直于边界面 $S_i$ 的外法线方向导数. $i = 1, 2, 3, \cdots, s$, $s$ 是区域 $R$ 连续边界的数目.

由于 $g(\vec{r}, \tau)$ 与 $f_i(\vec{r}, \tau)$ 都与时间无关, 问题式 (1-86) 可用分离变量法求解. 假定辅助问题式 (1-86) 的解 $\Phi(\vec{r}, t, \tau)$ 已经求得, 则杜哈美尔定理即可把原问题式 (1-85) 的解 $T(\vec{r}, t)$ 与 $\Phi(\vec{r}, t, \tau)$ 通过如下积分联系起来:

$$T(\vec{r}, t) = \frac{\partial}{\partial t} \int_{\tau=0}^{t} \Phi(\vec{r}, t - \tau, \tau) \mathrm{d}\tau \tag{1-87}$$

微分号移入积分号内之后, 式 (1-87) 可表示成另一种形式

$$T(\vec{r}, t) = F(\vec{r}) + \int_{\tau=0}^{t} \frac{\partial}{\partial t} \Phi(\vec{r}, t - \tau, \tau) \mathrm{d}\tau \tag{1-88}$$

推导中用到了数学关系式 $\Phi(\vec{r}, t - \tau, \tau)|_{\tau=t} = \Phi(\vec{r}, 0, \tau) = F(\vec{r})$.

现在讨论一种特殊情形: 初始温度为零度, 问题只含有一个非齐次项. 即: 若导热微分方程有热源项, 则问题的所有边界条件均为齐次的; 若方程无热源项, 则 $s$ 个边界中只有一个边界条件是非齐次的. 如下面的问题, 只在 $S_1$ 处边界条件为非齐次的:

$$\nabla^2 T(\vec{r}, t) = \frac{1}{a} \frac{\partial T(\vec{r}, t)}{\partial t}, \quad \text{区域} R\text{内}, \quad t > 0 \tag{1-89a}$$

$$k_i \frac{\partial T}{\partial n_i} + h_i T = \delta_{1i} f_i(t), \quad \text{边界} S_i\text{处}, \quad t > 0 \tag{1-89b}$$

$$T(\vec{r}, t) = 0, \quad \text{区域} R\text{内}, \quad t = 0 \tag{1-89c}$$

式中 $i = 1, 2, 3, \cdots, s$, $\delta_{1i} = \begin{cases} 0, & i \neq 1 \\ 1, & i = 1 \end{cases}$.

与式 (1-89) 相对应的辅助问题为

$$\nabla^2 \Phi(\vec{r}, t) = \frac{1}{a} \frac{\partial \Phi(\vec{r}, t)}{\partial t}, \quad \text{区域} R\text{内}, \quad t > 0 \tag{1-90a}$$

$$k_i \frac{\partial \Phi}{\partial n_i} + h_i \Phi = \delta_{1i}, \quad \text{边界} S_i\text{处}, \quad t > 0 \tag{1-90b}$$

$$\Phi(\vec{r}, t) = 0, \quad \text{区域} R\text{内}, \quad t = 0 \tag{1-90c}$$

则问题式 (1-89) 的解 $T(r, t)$ 与问题式 (1-90) 的解 $\Phi(\vec{r}, t)$ 按如下公式联系起来:

$$T(\vec{r}, t) = \int_{\tau=0}^{t} f(\tau) \frac{\partial \Phi(\vec{r}, t - \tau)}{\partial t} \mathrm{d}\tau \tag{1-91}$$

因为, 若 $\Phi(\vec{r}, t, \tau)$ 是问题式 (1-90) 对边界条件为 $\delta_{1i} f_i(\tau)$ 的解, 则 $\Phi(\vec{r}, t, \tau)$ 与 $\Phi(\vec{r}, \tau)$ 的联系为

$$\Phi(\vec{r}, t, \tau) = f(\tau) \Phi(\vec{r}, t) \tag{1-92}$$

将式 (1-92) 代入式 (1-88), 即得式 (1-91) 的结果. 杜哈美尔定理的证明参见文献 (奥齐西克, 1983) 第 5 章内容.

### 1.4.2 杜哈美尔定理的应用

**例题 1-6** 一半无限大物体, $0 \leqslant x < \infty$, 初始温度为零度; 当时间 $t > 0$ 时, $x = 0$ 的边界处保持温度 $f(t)$, 试求时间 $t > 0$ 时物体内温度分布 $T(x, t)$ 的表达式.

**解** 该问题的数学描述为

$$\frac{\partial^2 T(x, t)}{\partial x^2} = \frac{1}{a} \frac{\partial T(x, t)}{\partial t}, \quad 0 < x < \infty, \quad t > 0$$

$$T(x, t) = f(t), \quad x = 0, \quad t > 0$$

$$T(x,t) = 0, \quad 0 \leqslant x < \infty, \quad t = 0$$

相应的辅助问题为

$$\frac{\partial^2 \Phi(x,t)}{\partial x^2} = \frac{1}{a}\frac{\partial \Phi(x,t)}{\partial t}, \quad 0 < x < \infty, \quad t > 0$$

$$\Phi(x,t) = 1, \quad x = 0, \quad t > 0$$

$$\Phi(x,t) = 0, \quad 0 \leqslant x < \infty, \quad t = 0$$

则原问题的解可用此辅助问题的解来表示, 由杜哈美尔定理

$$T(x,t) = \int_{\tau=0}^{t} f(\tau)\frac{\partial \Phi(x,t-\tau)}{\partial t}\mathrm{d}\tau$$

该辅助问题的解在例题 1-5 中已经得到, 其形式为

$$\Phi(x,t) = 1 - \mathrm{erf}\left(\frac{x}{\sqrt{4at}}\right) = \mathrm{erfc}\left(\frac{x}{\sqrt{4at}}\right) = \frac{2}{\sqrt{\pi}}\int_{\frac{x}{\sqrt{4at}}}^{\infty} \mathrm{e}^{-\xi^2}\mathrm{d}\xi$$

由此可得

$$\frac{\partial \Phi(x,t-\tau)}{\partial t} = \frac{x}{\sqrt{4\pi a}(t-\tau)^{3/2}}\exp\left[-\frac{x^2}{4a(t-\tau)}\right]$$

代入杜哈美尔定理表达式 (1-91)

$$T(x,t) = \frac{x}{\sqrt{4\pi a}}\int_{\tau=0}^{t}\frac{f(\tau)}{(t-\tau)^{3/2}}\exp\left[-\frac{x^2}{4a(t-\tau)}\right]\mathrm{d}\tau \tag{1-93}$$

定义一个新变量

$$\eta = \frac{x}{\sqrt{4a(t-\tau)}}$$

则

$$t - \tau = \frac{x^2}{4a\eta^2}, \quad \mathrm{d}\tau = \frac{2x^2}{4a\eta^3}\mathrm{d}\eta = \frac{2}{\eta}(t-\tau)\mathrm{d}\eta$$

于是 $T(x,t)$ 的表达式最终成为

$$T(x,t) = \frac{2}{\sqrt{\pi}}\int_{\frac{x}{\sqrt{4at}}}^{\infty}\mathrm{e}^{-\eta^2}f\left(t-\frac{x^2}{4a\eta^2}\right)\mathrm{d}\eta \tag{1-94}$$

下面讨论此解的一种特殊情形 —— 表面温度为时间的周期函数. 设一维导热的半无限大物体表面温度呈余弦波状的周期性变化, 形式为

$$f(t) = T_0 \cos(\omega t - \beta)$$

代入式 (1-94), 有

$$\frac{T(x,t)}{T_0} = \frac{2}{\sqrt{\pi}} \int_{\frac{x}{\sqrt{4at}}}^{\infty} e^{-\eta^2} \cos\left[\omega\left(t - \frac{x^2}{4a\eta^2}\right) - \beta\right] d\eta$$

或

$$\begin{aligned}
\frac{T(x,t)}{T_0} =& \frac{2}{\sqrt{\pi}} \int_0^{\infty} e^{-\eta^2} \cos\left[\omega\left(t - \frac{x^2}{4a\eta^2}\right) - \beta\right] d\eta \\
& - \frac{2}{\sqrt{\pi}} \int_0^{\frac{x}{\sqrt{4at}}} e^{-\eta^2} \cos\left[\omega\left(t - \frac{x^2}{4a\eta^2}\right) - \beta\right] d\eta \\
=& \exp\left[-x\left(\frac{\omega}{2a}\right)^{1/2}\right] \cos\left[\omega t - x\left(\frac{\omega}{2a}\right)^{1/2} - \beta\right] \\
& - \frac{2}{\sqrt{\pi}} \int_0^{\frac{x}{\sqrt{4at}}} e^{-\eta^2} \cos\left[\omega\left(t - \frac{x^2}{4a\eta^2}\right) - \beta\right] d\eta
\end{aligned} \tag{1-95}$$

等号右边第一项表示瞬态过程结束后物体内稳定的温度振荡过程, 第二项表示从初始零度向稳定振荡的过渡阶段的影响, 时间越长, 这种影响越小, 当 $t \to \infty$ 时, 此项消失.

# 参 考 文 献

埃克特 E R G, 德雷克 R M. 1983. 传热与传质分析. 航青译. 北京: 科学出版社.

奥齐西克 M N. 1983. 热传导. 俞昌铭译. 北京: 高等教育出版社.

郭敦仁. 1978. 数学物理方法. 北京: 人民教育出版社.

王补宣. 1982. 工程传热传质学. 上册. 北京: 科学出版社.

杨世铭. 1987. 传热学. 第二版. 北京: 高等教育出版社.

张洪济. 1992. 热传导. 北京: 高等教育出版社.

Arpaci V S. 1966. Conduction Heat Transfer. Massachusetts: Addison-Wesley Publishing Co.

Carslaw H S, Jaeger J C. 1959. Conduction of Heat in Solids. London: Clarendon Press.

Churchill R V. 1963. Fourier Series and Boundary Value Problems. New York: McGraw-Hill Book Co.

Courant R, Hilbert D. 1953. Methods of Mathematical Physics. New York: Interscience Publishers.

Dettman J W. 1962. Mathematical Methods in Physics and Engineering. New York: McGraw-Hill Book Co.

Luikov A V. 1968. Analytical Heat Diffusion Theory. New York: Academica Press.

McLachlan N W. 1961. Bessel Functions for Engineers. 2nd ed. London: Clarendon Press.

Özisik M N. 1968. Boudary Value Problems of Heat Conduction. Scranton, P. International Textbook Company.

Rohsenow W M, Hartnett J P, Ganic E N. 1985. Handbook of Heat Transfer Fundamentals. 2nd ed. New York: McGraw-Hill Book Company, Inc.

Sneddon I N. 1951. Fourier Transforms. New York: McGraw-Hill Book Company, Inc.

Titchmarsh E C. 1962. Fourier Integrals. 2nd ed. London: Clarendon Press.

# 第2章 对流换热分析

对流传热是热量传递的基本方式之一, 它是指依靠流体的流动把热量从某处携带到另一处的过程. 而 "对流换热" 则是特指流体与固体壁面相接触时, 发生在它们之间的热量传递过程, 这是经常在工程中遇到的情形. 对流换热在能源动力、化学工程、航空航天、建筑环境等领域有着广泛应用. 工程中经常利用流体易于流动的特性, 此处加热, 彼处放热, 从而实现以对流方式传递热量的目的.

对流传热作为科学而被人们研究, 起自 18 世纪牛顿冷却定律的建立, 即 $q_w = h(T_w - T_f)$, 这个定律把众多影响对流换热强度的因素, 都简单地归结到对流换热系数 $h$ 中. 其后一直到 1940 年, 对流传热的研究集中在粗糙元的作用、物性影响、准则数关系和传热传质比拟方面, 这个时期德国科学家在该领域做出了突出成就. 从第二次世界大战结束至今, 由于生物医学、航天技术、材料科学和新能源科学等新型学科的发展, 传热学的研究焕发了新的活力, 学科研究的中心已经从德国转移到美国.

对流传热的研究方法包括实验方法、理论分析方法和利用计算技术的数值模拟方法. 三种方法互为支撑和补充, 各有长处和不足. 本章的内容是对不同对流传热过程进行数学物理分析, 以获得传热的规律性.

## 2.1 对流换热微分方程

分析方法是建立在对问题数学描述的基础上的, 对流换热问题的数学描述涉及连续性方程、动量方程和能量方程, 如果传热过程伴随有质量的传递, 还要涉及质扩散方程.

### 2.1.1 连续性方程

连续性方程描述在流体流动中的质量守恒关系, 在直角坐标系中, 对于三维非稳态可压缩流动, 其形式为

$$\frac{\partial \rho}{\partial t} + \frac{\partial (\rho u)}{\partial x} + \frac{\partial (\rho v)}{\partial y} + \frac{\partial (\rho w)}{\partial z} = 0 \tag{2-1}$$

上式反映了流体密度 $\rho$ 与各速度分量之间的关系, 或写为

$$\frac{\mathrm{D}\rho}{\mathrm{D}t} + \rho \left( \frac{\partial u}{\partial x} + \frac{\partial v}{\partial y} + \frac{\partial w}{\partial z} \right) = 0 \tag{2-2}$$

式中采用了全导数运算符, 它定义为

$$\frac{\mathrm{D}}{\mathrm{D}t} = \frac{\partial}{\partial t} + u\frac{\partial}{\partial x} + v\frac{\partial}{\partial y} + w\frac{\partial}{\partial z}$$

如果是不可压缩流动, 则 $\rho = c$, 式 (2-2) 化为

$$\frac{\partial u}{\partial x} + \frac{\partial v}{\partial y} + \frac{\partial w}{\partial z} = 0 \tag{2-3}$$

采用散度的定义, 以上三式可分别写为

$$\frac{\partial \rho}{\partial t} + \mathrm{div}(\rho\vec{V}) = 0 \tag{2-4}$$

$$\frac{\mathrm{D}\rho}{\mathrm{D}t} + \rho\,\mathrm{div}(\vec{V}) = 0 \tag{2-5}$$

$$\mathrm{div}(\vec{V}) = 0 \tag{2-6}$$

### 2.1.2　动量方程

动量方程实质是牛顿第二定律在流体流动中的具体应用, 即微元流体在任一时刻沿某一方向的动量变化率等于该时刻沿该方向的受力总和. 微元体的受力包括压力、黏滞力和体积力三类. 动量方程的推导过程复杂, 这里略去, 直接写出结果, 其张量形式为

$$\rho\frac{\mathrm{D}u_i}{\mathrm{D}t} = -\frac{\partial p}{\partial x_i} + \frac{\partial}{\partial x_j}\left(\mu\frac{\partial u_i}{\partial x_j}\right) + \frac{1}{3}\frac{\partial}{\partial x_i}\left(\mu\frac{\partial u_j}{\partial x_j}\right) + B_i \tag{2-7}$$

其中, $i = 1, 2, 3$ 为轮换标; $j = 1, 2, 3$ 为求和标.

张量方程展开, 得到三个方向上的动量方程

$$\begin{aligned}
\rho\frac{\mathrm{D}u}{\mathrm{D}t} = &-\frac{\partial p}{\partial x} + \frac{\partial}{\partial x}\left[\mu\left(2\frac{\partial u}{\partial x} - \frac{2}{3}\mathrm{div}\vec{V}\right)\right] \\
&+ \frac{\partial}{\partial y}\left[\mu\left(\frac{\partial u}{\partial y} + \frac{\partial v}{\partial x}\right)\right] + \frac{\partial}{\partial z}\left[\mu\left(\frac{\partial w}{\partial x} + \frac{\partial u}{\partial z}\right)\right] + B_x
\end{aligned} \tag{2-8}$$

$$\begin{aligned}
\rho\frac{\mathrm{D}v}{\mathrm{D}t} = &-\frac{\partial p}{\partial y} + \frac{\partial}{\partial x}\left[\mu\left(\frac{\partial u}{\partial y} + \frac{\partial v}{\partial x}\right)\right] \\
&+ \frac{\partial}{\partial y}\left[\mu\left(2\frac{\partial v}{\partial y} - \frac{2}{3}\mathrm{div}\vec{V}\right)\right] + \frac{\partial}{\partial z}\left[\mu\left(\frac{\partial w}{\partial y} + \frac{\partial v}{\partial z}\right)\right] + B_y
\end{aligned} \tag{2-9}$$

$$\rho\frac{\mathrm{D}w}{\mathrm{D}t} = -\frac{\partial p}{\partial z} + \frac{\partial}{\partial x}\left[\mu\left(\frac{\partial u}{\partial z} + \frac{\partial w}{\partial x}\right)\right] + \frac{\partial}{\partial y}\left[\mu\left(\frac{\partial v}{\partial z} + \frac{\partial w}{\partial y}\right)\right]$$

$$+ \frac{\partial}{\partial z}\left[\mu\left(2\frac{\partial w}{\partial z} - \frac{2}{3}\text{div}\vec{V}\right)\right] + B_z \tag{2-10}$$

此方程组即为著名的纳维埃–斯托克斯方程 (N-S 方程), 它描述黏性流体的运动规律. N-S 方程是 1823 年法国科学家 M. Navier 首先提出的, 1845 年英国科学家 G.G. Stokes 加以充实完善.

当 $\mu$ 为常数时, 上述动量方程可简化为

$$\rho\frac{\mathrm{D}u}{\mathrm{D}t} = -\frac{\partial p}{\partial x} + \mu\left(\frac{\partial^2 u}{\partial x^2} + \frac{\partial^2 u}{\partial y^2} + \frac{\partial^2 u}{\partial z^2} + \frac{1}{3}\frac{\partial}{\partial x}\text{div}\vec{V}\right) + B_x \tag{2-11}$$

$$\rho\frac{\mathrm{D}v}{\mathrm{D}t} = -\frac{\partial p}{\partial y} + \mu\left(\frac{\partial^2 v}{\partial x^2} + \frac{\partial^2 v}{\partial y^2} + \frac{\partial^2 v}{\partial z^2} + \frac{1}{3}\frac{\partial}{\partial y}\text{div}\vec{V}\right) + B_y \tag{2-12}$$

$$\rho\frac{\mathrm{D}w}{\mathrm{D}t} = -\frac{\partial p}{\partial z} + \mu\left(\frac{\partial^2 w}{\partial x^2} + \frac{\partial^2 w}{\partial y^2} + \frac{\partial^2 w}{\partial z^2} + \frac{1}{3}\frac{\partial}{\partial z}\text{div}\vec{V}\right) + B_z \tag{2-13}$$

对于不可压缩流体 $\rho = c$, 则 $\text{div}\vec{V} = 0$, 上式还可进一步简化. 圆柱坐标和球坐标中的方程, 可通过坐标变换获得.

### 2.1.3   能量方程

能量方程是能量守恒与转换定律在对流换热具体问题中的体现, 它反映了流体内部各种与能量有关的因素之间的联系和制约关系. 推导能量方程所需的控制容积 (微元体) 取自流体内部任意处, 见图 2-1, 图中只代表性地画出了 $x$ 方向上导热热流和对流热流分量. 根据热力学第一定律, 微元流体的能量守恒可表示为

$$\boxed{\begin{array}{c}\text{单位时间控制容积内流}\\\text{体与外界的净换热量}\dot{Q}\end{array}} + \boxed{\begin{array}{c}\text{单位时间控制容积内流体}\\\text{与外界的净功量交换}\dot{W}\end{array}}$$

$$= \boxed{\begin{array}{c}\text{单位时间控制容积}\\\text{内流体能量变化}\dot{E}\end{array}} \tag{2-14}$$

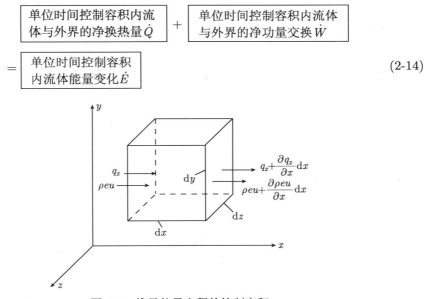

图 2-1   推导能量方程的控制容积

单位时间内控制容积中流体总能量的变化为

$$\dot{E} = \frac{\partial}{\partial t}\left(\rho e \mathrm{d}x\mathrm{d}y\mathrm{d}z\right) \tag{2-15}$$

$e$ 为单位质量的总能, 包括内能、动能等, 可表示为

$$e = U + \frac{1}{2}(u^2 + v^2 + w^2) \tag{2-16}$$

单位时间内微元流体与外界的净换热量包括导热项、辐射项、对流项和自身源项, 可表示为

$$\dot{Q} = \dot{Q}_{\mathrm{cond}} + \dot{Q}_{\mathrm{conv}} + \dot{Q}_R + \dot{Q}_s$$

式中导热项为

$$\dot{Q}_{\mathrm{cond}} = -\frac{\partial}{\partial x_i} q_i \mathrm{d}x\mathrm{d}y\mathrm{d}z, \quad q_i = -k\frac{\partial T}{\partial x_i}$$

对流项为

$$\dot{Q}_{\mathrm{conv}} = -\left[\frac{\partial}{\partial x}\left(\rho e u\right) + \frac{\partial}{\partial y}\left(\rho e v\right) + \frac{\partial}{\partial z}\left(\rho e w\right)\right]\mathrm{d}x\mathrm{d}y\mathrm{d}z$$

将以上各式代入式 (2-14), 整理得

$$\rho\frac{\mathrm{D}e}{\mathrm{D}t}\mathrm{d}x\mathrm{d}y\mathrm{d}z = \left(-\frac{\partial q_i}{\partial x_i} + \dot{q}_R + \dot{S}\right)\mathrm{d}x\mathrm{d}y\mathrm{d}z + \dot{W} \tag{2-17}$$

微元流体与外界的功量交换包括表面应力做功 $\dot{W}_{表面}$ 及体积力做功 $\dot{W}_{体积}$,

$$\dot{W}_{表面} = \left\{\underbrace{\rho\frac{\mathrm{D}}{\mathrm{D}t}\left[\frac{1}{2}\left(u^2 + v^2 + w^2\right) + gy\right]}_{\text{机械能的变化}} - \underbrace{p\,\mathrm{div}\vec{V}}_{\substack{\text{膨胀或}\\\text{压缩功}}} + \underbrace{\phi}_{\substack{\text{黏性}\\\text{耗散}}}\right\}\mathrm{d}x\mathrm{d}y\mathrm{d}z \tag{2-18}$$

其中, 黏性耗散函数表示为

$$\phi = 2\mu\left[\left(\frac{\partial u}{\partial x}\right)^2 + \left(\frac{\partial v}{\partial y}\right)^2 + \left(\frac{\partial w}{\partial z}\right)^2\right]$$
$$+ \mu\left[\left(\frac{\partial v}{\partial x} + \frac{\partial u}{\partial y}\right)^2 + \left(\frac{\partial w}{\partial y} + \frac{\partial v}{\partial z}\right)^2 + \left(\frac{\partial w}{\partial x} + \frac{\partial u}{\partial z}\right)^2\right] - \frac{2}{3}\mu\left(\mathrm{div}\vec{V}\right)^2 \tag{2-19}$$

$$\dot{W}_{体} = -\rho g v \mathrm{d}x\mathrm{d}y\mathrm{d}z \tag{2-20}$$

将式 (2-18)、式 (2-19) 代入式 (2-17), 整理后得到以内能形式表示的能量方程

$$\rho\frac{\mathrm{D}U}{\mathrm{D}t} = -\frac{\partial q_i}{\partial x_i} + \dot{q}_R + \dot{S} - p\,\mathrm{div}\vec{V} + \phi$$

$$=\mathrm{div}(k\mathrm{grad}T) + \dot{q}_R + \dot{S} - p\mathrm{div}\vec{V} + \phi \tag{2-21}$$

应用内能与温度的关系式 $U = H(T,p) - \dfrac{p}{\rho}$ 及热力学关系式, 可得到以温度形式表示的能量方程

$$\rho c_p \frac{\mathrm{D}T}{\mathrm{D}t} = \mathrm{div}(k\mathrm{grad}T) + \dot{q}_R + \dot{S} + \phi + \beta T \frac{\mathrm{D}p}{\mathrm{D}t} \tag{2-22}$$

对于理想气体: $\beta = \dfrac{1}{T}$; 对不可压缩流体: $\beta = 0$

对于常物性、无内热源、无辐射换热、忽略黏性耗散, 并不考虑可压缩性影响的对流换热问题, 能量方程简化为

$$\rho c_p \frac{\mathrm{D}T}{\mathrm{D}t} = \mathrm{div}(k\mathrm{grad}T) = k\nabla^2 T$$

### 2.1.4 紊流换热方程

本节简述紊流换热问题的数学描述, 有关紊流换热的详细分析与讨论请读者参考有关专著. 紊流流动的基本属性是其脉动性, 描述紊流流动的各参量可表述成时均值和脉动值之和, 即

$$\phi = \overline{\phi} + \phi' \tag{2-23}$$

$\phi$ 代表压力 $p$、速度 $u, v$ 以及温度 $T$ 等参量.

时均值定义为某参量对时间的积分平均, 即

$$\overline{\phi} = \frac{1}{t} \int_0^t \phi \mathrm{d}t \tag{2-24}$$

单个脉动量的时均值等于零, 但两个或三个脉动量乘积的时均值不等于零:

$$\overline{\phi'} = \frac{1}{t} \int_0^t \phi' \mathrm{d}t = 0 \tag{2-25}$$

$$\overline{u'u'} \neq 0, \quad \overline{u'T'} \neq 0, \quad \overline{u'v'T'} \neq 0 \tag{2-26}$$

将式 (2-23) 所表示的紊流参量代入上两小节讨论过的流动换热控制方程, 并对方程进行时均化处理, 就得到紊流连续性方程、动量方程和能量方程. 对于不可压缩流体的二维稳态紊流问题, 其形式如下:

紊流连续性方程

$$\frac{\partial \overline{u}}{\partial x} + \frac{\partial \overline{v}}{\partial y} = 0 \tag{2-27}$$

紊流动量方程

$$\overline{u}\frac{\partial \overline{u}}{\partial x} + \overline{v}\frac{\partial \overline{u}}{\partial y} = -\frac{1}{\rho}\frac{\partial \overline{p}}{\partial x} + \nu\left(\frac{\partial^2 \overline{u}}{\partial x^2} + \frac{\partial^2 \overline{u}}{\partial y^2}\right) - \left(\frac{\partial(\overline{u'^2})}{\partial x} + \frac{\partial(\overline{v'u'})}{\partial y}\right) \tag{2-28}$$

$$\overline{u}\frac{\partial \overline{v}}{\partial x} + \overline{v}\frac{\partial \overline{v}}{\partial y} = -\frac{1}{\rho}\frac{\partial \overline{p}}{\partial y} + \nu \left( \frac{\partial^2 \overline{v}}{\partial x^2} + \frac{\partial^2 \overline{v}}{\partial y^2} \right) - \left( \frac{\partial (\overline{v'u'})}{\partial x} + \frac{\partial (\overline{v'^2})}{\partial y} \right) \tag{2-29}$$

紊流能量方程

$$\overline{u}\frac{\partial \overline{T}}{\partial x} + \overline{v}\frac{\partial \overline{T}}{\partial y} = \frac{k}{\rho c} \left( \frac{\partial^2 \overline{T}}{\partial x^2} + \frac{\partial^2 \overline{T}}{\partial y^2} \right) - \left( \frac{\partial (\overline{u'T'})}{\partial x} + \frac{\partial (\overline{v'T'})}{\partial y} \right) \tag{2-30}$$

式 (2-28)、式 (2-29) 中的 $\overline{u'^2}$、$\overline{v'^2}$、$\overline{u'v'}$ 代表紊流脉动引起的附加剪切应力; 式 (2-30) 中的 $\overline{u'T'}$、$\overline{v'T'}$ 代表紊流脉动引起的附加热流通量. 求解紊流换热方程首先需要将紊流附加剪应力与时均速度、紊流附加热流通量与时均温度进行关联, 否则方程组是不封闭的, 未知量多于方程个数, 不能够求解. 为便于讨论, 将上述方程写成张量形式

$$\frac{\partial (\rho \overline{u_i}\ \overline{u_j})}{\partial x_j} = -\frac{\partial \overline{p}}{\partial x_i} + \frac{\partial}{\partial x_j} \left( \mu \frac{\partial \overline{u_i}}{\partial x_j} - \rho \overline{u_i' u_j'} \right) \tag{2-31}$$

$$\frac{\partial (\rho \overline{T u_j})}{\partial x_j} = \frac{\partial}{\partial x_j} \left( \Gamma \frac{\partial \overline{T}}{\partial x_j} - \rho \overline{u_j' T'} \right) \tag{2-32}$$

式中 $i$ 为轮换标, $i=1,2,3$; $j$ 为求和标, $j=1,2,3$. $\Gamma = k/c$, 称为广义扩散系数.

脉动附加剪应力又称为 "雷诺应力", 它通过 "紊流黏滞系数" $\mu_t$ 与时均速度联系起来,

$$\rho \overline{u_i'}\ \overline{u_j'} = -p_t \delta_{i,j} + \mu_t \left( \frac{\partial \overline{u_i}}{\partial x_j} + \frac{\partial \overline{u_j}}{\partial x_i} \right) - \frac{2}{3}\delta_{i,j}\mathrm{div}\vec{V} \tag{2-33}$$

式中 $\delta_{i,j}$ 为克罗内克记号, $i = j$ 时等于 1, $i \neq j$ 时等于零. 脉动压力 $p_t = \frac{1}{3}\rho(\overline{u'^2} + \overline{v'^2} + \overline{w'^2}) = \frac{2}{3}\rho K$, $K$ 为单位质量流体所具有的紊流脉动动能, 表示为

$$K = \frac{1}{2}(\overline{u'^2} + \overline{v'^2} + \overline{w'^2})$$

紊流黏滞系数 $\mu_t$ 的确定是紊流计算的核心问题. 注意 $\mu_t$ 从根本上不同于流体的物性 $\mu$, 后者由分子之间的引力产生, 而 $\mu_t$ 则是流体紊流强度的函数, 层流流动中 $\mu_t$ 等于零. 将 $\mu_t$ 与紊流时均参数联系起来的方式称为 "紊流模型". 依据确定 $\mu_t$ 所需微分方程的个数, 有零方程模型、一方程模型和两方程模型. 零方程模型中用代数方法把 $\mu_t$ 与时均值联系起来; 一方程模型在求解紊动能 $K$ 的基础上确定 $\mu_t$; 而两方程模型中需要同时考虑紊动能的产生与耗散对 $\mu_t$ 的共同影响. 作为对紊流模型的初步了解, 这里只对一方程模型做一简要介绍.

采用一方程模型求解时, 首先在原时均方程 (2-31) 的基础上再补充一个关于紊动能 $K$ 的微分方程

$$\rho \overline{u_j} \frac{\partial K}{\partial x_j} = \frac{\partial}{\partial x_j} \left( (\mu + \mu_t) \frac{\partial K}{\partial x_j} \right) + \mu_t \frac{\partial \overline{u_i}}{\partial x_j} \left( \frac{\partial \overline{u_i}}{\partial x_j} + \frac{\partial \overline{u_j}}{\partial x_i} \right) - c_D \rho \frac{K^{3/2}}{l} \tag{2-34}$$

对于二维流动问题现在已经有四个方程, 可以求解四个未知量. 但是, 这四个方程中包含 $u$、$v$、$p$、$K$ 和 $\mu_t$ 五个未知量, 即方程组是不封闭的, 若要能够求解, 必须补充联系未知量的方程. 在一方程模型中, 由 Prandtl-Kormogrove 公式将 $\mu_t$ 与 $K$ 联系起来

$$\mu_t = c'_\mu \rho K^{\frac{1}{2}} l \tag{2-35}$$

$c'_\mu$ 和式 (2-34) 中的 $c_D$ 都是经验常数, 各文献中 $c_D$ 取值不同, 为 0.08~0.38, $c'_\mu \approx 0.09/c_D$. $l$ 是代表紊流脉动强度的一个长度标尺, 通常借助于混合长度理论来加以确定.

另外, 式 (2-32) 中紊流脉动附加热流通量与时均温度梯度的关系为

$$\rho \overline{u'_j T'} = \Gamma_t \frac{\partial \overline{T}}{\partial x_j} \tag{2-36}$$

$\mu_t$ 和 $\Gamma_t$ 通过紊流 $Pr$ 数联系起来,

$$Pr_t = \frac{\mu_t}{\Gamma_t} \tag{2-37}$$

$Pr_t$ 通常取为常数, 取值范围为 0.9~1.0.

## 2.2　边界层方程

边界层方程是对 2.1 节所讨论的对流换热基本方程的一种近似. 由于前述方程的高度非线性, 数学求解存在困难, 故需适当简化. 而这种简化只是在普朗特于 1904 年导出边界层方程后才成为可能.

### 2.2.1　二维直角坐标下的层流边界层方程

边界层换热是诸多对流换热问题的一种重要形式, 研究边界层换热对于了解对流换热的基本规律有重要意义. 边界层厚度相对于主流特征尺度而言是一个小量, 但在这一很薄的边界层内, 速度和温度发生剧烈变化, 从而形成影响流动阻力和热量传递的根本原因. 本小节讨论相对简单的二维直角坐标下的非耦合层流边界层换热. 所谓 "非耦合", 是指流体的物性, 如黏度、密度等都取不随温度变化的常数. 这样做的结果是流动的速度场不受温度场的影响, 从而可以先行独立地求解. 解得速度场之后, 再去求解受流场控制的温度场.

如图 2-2 所示, 流体外掠一二维物体, 假设所讨论的对象为稳态、常物性、无内热源、忽略黏性耗散、不计体积力的换热问题, 基本方程为

$$\begin{cases} \dfrac{\partial u}{\partial x} + \dfrac{\partial v}{\partial y} = 0 \\[2mm] u\dfrac{\partial u}{\partial x} + v\dfrac{\partial u}{\partial y} = -\dfrac{1}{\rho}\dfrac{\partial p}{\partial x} + \nu\left(\dfrac{\partial^2 u}{\partial x^2} + \dfrac{\partial^2 u}{\partial y^2}\right) \\[2mm] u\dfrac{\partial v}{\partial x} + v\dfrac{\partial v}{\partial y} = -\dfrac{1}{\rho}\dfrac{\partial p}{\partial y} + \nu\left(\dfrac{\partial^2 v}{\partial x^2} + \dfrac{\partial^2 v}{\partial y^2}\right) \\[2mm] u\dfrac{\partial T}{\partial x} + v\dfrac{\partial T}{\partial y} = a\left(\dfrac{\partial^2 T}{\partial x^2} + \dfrac{\partial^2 T}{\partial y^2}\right) \end{cases} \tag{2-38}$$

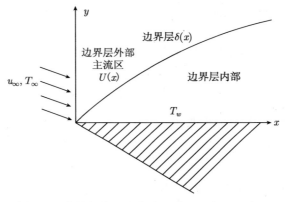

图 2-2    流体外掠二维物体时边界层发展示意图

上述偏微分方程组无法进行分析求解. 另外, 根据普朗特的边界层理论, 上述方程中的某些项居次要地位, 相对于主项而言可以忽略, 从而方程得到简化. 简化方法有数量级比较法和匹配渐近展开法等. 这里采用数量级比较法对式 (2-38) 进行简化. 简化之前, 首先结合边界层理论确定方程中各参量的基本数量级, 它们是

$$x \sim O(1)$$

$$y \sim O(\delta)$$

$$u \sim O(1)$$

$$v \sim O(\delta)$$

$$T \sim O(1)$$

$$\nu \sim O(\delta^2)$$

$$\rho \sim O(1)$$

上式中 $O(1)$ 表示数量级为宏观量级, 而 $O(\delta)$ 则代表小量级. 将这些数量级代入式 (2-38) 各方程中, 即可看出各项的重要性, 以 $y$ 方向的动量方程为例, 有

$$u\frac{\partial v}{\partial x} + v\frac{\partial v}{\partial y} = -\frac{1}{\rho}\frac{\partial p}{\partial y} + \nu\left(\frac{\partial^2 v}{\partial x^2} + \frac{\partial^2 v}{\partial y^2}\right)$$

$$1\frac{\delta}{1} \qquad \delta\frac{\delta}{\delta} \qquad \frac{1}{1}\frac{?}{\delta} \qquad \delta^2\left(\frac{\delta}{1^2} \quad \frac{\delta}{\delta^2}\right) \tag{2-39}$$

可见, 除压力梯度项外其他项均为小量. 至于压力梯度项, 虽然不能预先确定压力 $p$ 的量级, 但从式 (2-39) 的简化结果可知, $y$ 方向上的压力梯度等于零. 这就告诉我们一个重要信息: 边界层流动中压力 $p$ 只是 $x$ 的单变量函数, 沿流动方向某个 $x$ 位置处, 边界层内外压力相等, 式 (2-38) 中的 $\partial p/\partial x$ 可改写成 $\mathrm{d}p/\mathrm{d}x$; $p$ 随 $x$ 的变化可由主流区无黏流动的伯努利方程确定. 主流区内的势流速度 $U(x)$ 与二维物体的形状有关.

通过数量级分析简化, 式 (2-38) 变成如下形式的方程组:

$$\begin{cases} \dfrac{\partial u}{\partial x} + \dfrac{\partial v}{\partial y} = 0 \\[2mm] u\dfrac{\partial u}{\partial x} + v\dfrac{\partial u}{\partial y} = -\dfrac{1}{\rho}\dfrac{\mathrm{d}p}{\mathrm{d}x} + \nu\dfrac{\partial^2 u}{\partial y^2} \\[2mm] -\dfrac{1}{\rho}\dfrac{\partial p}{\partial y} = 0 \\[2mm] u\dfrac{\partial T}{\partial x} + v\dfrac{\partial T}{\partial y} = a\dfrac{\partial^2 T}{\partial y^2} \end{cases} \tag{2-40}$$

此方程称为普朗特边界层方程, 它只适用于 $Re$ 数不太小的情形. 如果 $Re$ 数太小 ($Re < 10$), 则由它所得到的解与真解相比会有较大误差, 见图 2-3. 图中 "完整的数学描述" 是指未简化的方程组, "一阶方程" 和 "二阶方程" 是指采用匹配渐近展开法逼近基本方程的简化方程的精度, 二阶的精度高于一阶. 低 $Re$ 数下产生上述误差的原因在于, 不论何种简化方法所得到的边界层方程, 都是建立在 "边界层厚度相对于主流特征尺度而言是一个小量" 这个主要前提之下的, 而这个条件的满足, 是与 $Re$ 的大小密切相关的. 高 $Re$ 数时, 惯性力起主导作用, 黏性力只能在近壁区产生影响, 边界层薄; 如果 $Re$ 数过小, 则意味者惯性力相对小, 黏性力的影响范围扩大, 边界层变厚, 边界层厚度为小量的假设已经不满足了. 如果此时仍然坚持采用有截断误差的边界层方程, 计算误差就必然增大. 从数学上讲, 低 $Re$ 数的流动意味着从边界层流动的抛物线型问题退化回到椭圆问题, 它们各自的求解特性将在下一小节讨论.

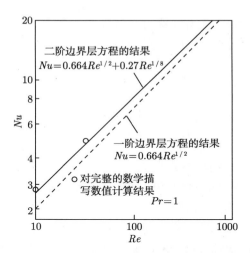

图 2-3　流体绕流平板层流换热解的精度随 $Re$ 数的变化

### 2.2.2　边界层方程的数学和物理性质

由数量级分析可知, 在边界层方程中沿 $x$ 方向的二阶导数项 $\dfrac{\partial^2 T}{\partial x^2}$、$\dfrac{\partial^2 u}{\partial x^2}$、$\dfrac{\partial^2 v}{\partial x^2}$ 均可以略去, 这表明边界层中沿 $x$ 方向的导热量相对于对流传热量而言小到可以忽略不计, 从而边界层内沿 $y$ 方向的导热项与对流项数量级相当. 这样简化后, 使方程的求解变得容易了.

从数学上看, $\dfrac{\partial^2 T}{\partial x^2}$ 的略去, 使方程由原来的椭圆型方程转化为抛物线型方程. 这两种方程的依赖域和影响域差别很大, 如图 2-4 所示. 图中 $R$ 代表整个矩形内的求解区域, $P$ 为求解区域内的任意一点, $B$ 代表依赖域, 对椭圆方程指矩形区域的四个边界, 对抛物线方程则仅指 $P$ 点上游的边界部分. 另外, $P$ 点的影响域对椭圆方程为整个求解域, 对抛物线方程则为 $P$ 点下游的部分求解域.

在求解方法上, 抛物线方程在一定条件下存在着仿射相似 (affine similarity), 当引入适当的统合 $x$、$y$ 坐标的相似变量后, 偏微分方程转化为常微分方程, 从而可以得到相似解, 但是椭圆型方程不存在相似解. 利用计算机进行数值求解时, 对椭

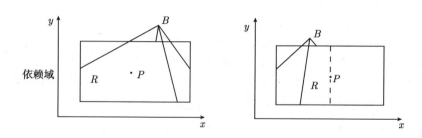

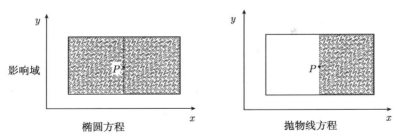

图 2-4 椭圆方程和抛物线方程的依赖域和影响域

圆方程一般采用迭代法, 每次迭代对参数做全场更新; 但是对抛物线方程, 通常采用步进法, 单一地从上游向下游逐步推进, 直到求解区域的尾端.

### 2.2.3 圆管内的边界层方程

圆管内的边界层方程是圆柱坐标系下对流换热方程的简化形式, 也同样包括连续性方程、动量方程和能量方程.

(1) 圆管内连续性方程

$$\frac{\partial \rho}{\partial t} + \frac{1}{r}\frac{\partial}{\partial r}\left(\rho r v\right) + \frac{1}{r}\frac{\partial}{\partial \theta}\left(\rho w\right) + \frac{\partial}{\partial x}\left(\rho u\right) = 0 \tag{2-41}$$

式中 $u$、$v$ 分别代表轴向和径向速度. 如果轴向速度 $w =$ 常数 $\neq 0$, 则称为旋转对称流动; 如果 $w = 0$, 则称为轴对称流动.

对于稳态、常物性、轴对称流动, 连续性方程化为

$$\frac{1}{r}\frac{\partial}{\partial r}\left(rv\right) + \frac{\partial u}{\partial x} = 0 \tag{2-42}$$

当管内流动达到充分发展时, 有 $\dfrac{\partial u}{\partial x} = 0$, 于是 $rv =$ 常数; 考虑到 $v_{轴线} = 0$, $v_w = 0$, 因此必有 $v(r) = 0$, 也即管内充分发展流动无径向速度分量, 只有轴向分量.

(2) 圆管内边界层动量方程.

当雷诺数足够大时, 圆管内稳态轴对称流动的边界层动量方程为

$$\rho u\frac{\partial u}{\partial x} + \rho v\frac{\partial u}{\partial r} = -\frac{\mathrm{d}p}{\mathrm{d}x} + \frac{1}{r}\frac{\partial}{\partial r}\left(r\mu\frac{\partial u}{\partial r}\right) \tag{2-43}$$

(3) 圆管内边界层能量方程.

稳态、常物性、不计黏性耗散的圆管内轴对称流动的边界层能量方程为

$$u\frac{\partial T}{\partial x} + v\frac{\partial T}{\partial r} = \frac{a}{r}\frac{\partial}{\partial r}\left(r\frac{\partial T}{\partial r}\right) \tag{2-44}$$

　　根据流动过程中边界层的各部分是否相互影响, 将其区分为内部流动和外部流动. 外部流动中边界层各部分独立发展, 不会发生汇合现象, 如流体外掠平板流动以及火箭在发射升空过程中头部周围的空气流动. 以圆管流为代表的内部流动则不同, 沿流动方向边界层各部分互相影响, 如果长度足够大, 边界层会最终汇合, 形成充分发展的通道流, 这时上述动量方程 (2-43) 和能量方程 (2-44) 都会得到进一步简化, 这将在 2.4 节讨论.

## 2.3    非耦合外部层流边界层换热

　　本节针对前述边界层方程, 结合具体的边界条件, 分析讨论边界层换热的规律性. 分析限于非耦合的外部层流问题, 主要涉及常物性流体纵向绕流平壁换热、纵向绕流楔形物体换热和轴对称滞止区域的换热.

### 2.3.1    纵向绕流平壁换热

　　当流体以均匀速度 $u_\infty$ 和均匀温度 $T_\infty$ 流过一均匀温度为 $T_w(T_w > T_\infty)$ 的无限宽的平壁时, 会同时形成速度边界层 $\delta$ 和温度边界层 $\delta_t$, 如图 2-5 所示. 这是一个二维流动换热问题, 流体流动方向与板壁平行, 沿主流方向过流断面无变化, 故压力沿主流方向亦无变化, $\mathrm{d}p/\mathrm{d}x = 0$. 一般而言, 两种边界层不重合, 对于 $Pr > 1$ 的流体流动, 速度边界层厚度大于温度边界层厚度, 温度场完全受流场控制. 本章只讨论 $Pr > 1$ 的情况, 低 $Pr$ 数时热边界层厚度可远大于速度边界层的厚度, 其换热规律亦迥然不同, 读者请参考有关专著.

　　对于常物性、无内热源、忽略体积力和黏性耗散的绕流平壁换热, 控制方程为

$$\begin{cases} \dfrac{\partial u}{\partial x} + \dfrac{\partial v}{\partial y} = 0 \\[2mm] u\dfrac{\partial u}{\partial x} + v\dfrac{\partial u}{\partial y} = \nu\dfrac{\partial^2 u}{\partial y^2} \\[2mm] u\dfrac{\partial T}{\partial x} + v\dfrac{\partial T}{\partial y} = a\dfrac{\partial^2 T}{\partial y^2} \end{cases} \tag{2-45}$$

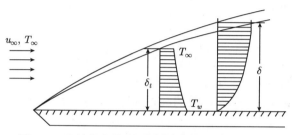

图 2-5　流体纵向绕流平壁的对流换热 $(Pr > 1)$

边界条件 $0 < y < \infty$, $\quad u = u_\infty$, $\quad T = T_\infty$, $\quad x = 0$

$$\left.\begin{array}{l} y = 0, \quad u = 0, \quad v = 0, \quad T = T_w \\ y = \infty, \quad u = u_\infty, \quad T = T_\infty \end{array}\right\} \quad x > 0 \qquad (2\text{-}46)$$

对于非耦合流动换热问题, 热物性均看做常数, 因此速度场不受温度场的影响, 可以先独立地求解. 速度场求解之后, 能量方程成为线性的偏微分方程, 可用线性方程的求解方法求解.

1) 速度场求解

流体纵向绕流平壁的边界层流场和温度场存在仿射相似, 仿射相似的含义是指通过特定方法找到一个将 $x$、$y$ 综合到一起的相似变量, 通过引入此相似变量原偏微分方程能够转化为关于相似变量的常微分方程, 从而易于求解. 这样, 原本在各 $x$ 位置上具有不同分布的流场和温度场, 就能够归一化表示. 寻找相似变量的方法包括分离变量法、群论、尺度分析法和自由参量法, 这里不作展开讨论, 直接取其结果应用. 对于绕流平壁问题, 引入相似变量

$$\eta = y\sqrt{\frac{u_\infty}{\nu x}} \qquad (2\text{-}47)$$

和流函数 $\Psi$, 根据流函数的定义, 有

$$u = \frac{\partial \psi}{\partial y}, \quad v = \frac{-\partial \psi}{\partial x} \qquad (2\text{-}48)$$

从而式 (2-45) 中的连续性方程自动满足. 令 $\psi = f(\eta)\sqrt{x\nu u_\infty}$, $f(\eta)$ 为无因次流函数, 它与两个速度分量的关系为

$$f' = \frac{u}{u_\infty}, \quad v = \frac{1}{2}\sqrt{\frac{u_\infty\nu}{x}}\,(\eta f' - f) \qquad (2\text{-}49)$$

于是, 边界层方程中的动量方程及其边界条件化为

$$\begin{cases} f'''(\eta) + \dfrac{1}{2}f(\eta)\cdot f''(\eta) = 0 \\ \eta = 0, f(\eta) = 0, f'(\eta) = 0 \\ \eta = \infty, f'(\eta) = 1 \end{cases} \qquad (2\text{-}50)$$

此式称为 Blasius 方程, 式中 $f'''$ 代表黏性力的变化率, $f \cdot f''$ 代表惯性力的变化率, $f'$ 为无量纲切向速度 $u/u_\infty$. 1908 年, Blasius 在德国慕尼黑工业大学攻读博士学位, 他的毕业论文的主要内容即为求解上述方程. Prandtl 在 1904 年发现边界层现象, 其后招收研究生专门研究边界层理论, Blasius 是他的第一个博士生, 硕士毕业于数学专业.

上述三阶常微分方程需要采用数值方法求解. 根据求解结果, 如果以 $u_\delta = 0.99u_\infty$ 来定义边界层厚度, 则速度边界层 $\delta$ 的变化可以表示为

$$\frac{\delta(x)}{x} = 4.92 Re_x^{-1/2} \tag{2-51}$$

式中局部 $Re$ 数定义为 $Re_x = \sqrt{\dfrac{u_\infty x}{\nu}}$. 边界层速度分量 $u$ 和 $v$ 的分布见图 2-6. 当 $\eta \geqslant 6.0$ 后, 法向速度 $v$ 不再变化, 此时边界层外缘处的法向速度为

$$v_\infty = 0.8604 u_\infty Re_x^{-1/2} \tag{2-52}$$

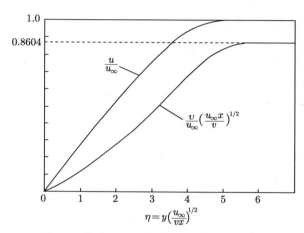

图 2-6    绕流平壁层流边界层中的速度分布

由摩擦系数的 Fanning 定义, 可得

$$C_{f,x} = \frac{\tau_w}{\rho u_\infty^2/2} = \frac{\mu \left.\dfrac{\partial u}{\partial y}\right|_{y=0}}{\rho u_\infty^2/2} = \frac{2v}{u_\infty^2} \left.\frac{\partial u}{\partial y}\right|_{y=0}$$
$$= 2\sqrt{\frac{v}{u_\infty x}} \cdot f''(0) = 2f''(0) \cdot Re_x^{-1/2}$$

求解结果给出 $f''(0) = 0.33206$, 则

$$C_{f,x} = 0.66412 Re_x^{-1/2} \tag{2-53}$$

摩擦系数从平壁前沿到 $x$ 位置处的平均值为

$$\overline{C}_{f,0\sim x} = 2C_{f,x} \tag{2-54}$$

即 $0 \sim x$ 的平均摩擦系数是 $x$ 处局部摩擦系数的两倍.

2) 温度场求解

定义无量纲温度

$$\theta = \frac{T(x,y) - T_\infty}{T_w - T_\infty}$$

式 (2-45) 中的能量方程化为

$$u\frac{\partial \theta}{\partial x} + v\frac{\partial \theta}{\partial y} = a\frac{\partial^2 \theta}{\partial y^2} \tag{2-55}$$

结合前述中引入的相似变量 $\eta$ 及无量纲流函数 $f(\eta)$ 与速度 $u$、$v$ 的关系, 式 (2-55) 偏微分方程能够转化为如下常微分方程:

$$\theta''(\eta) + \frac{1}{2}Prf(\eta)\theta'(\eta) = 0 \tag{2-56}$$

边界条件

$$\eta = 0, \quad \theta(0) = 1$$
$$\eta = \infty, \quad \theta(\infty) = 0$$

上式称为 Pohlhausen 方程, 其解为

$$\theta(\eta, Pr) = \frac{\displaystyle\int_\eta^\infty (f''(\eta))^{Pr}\,\mathrm{d}\eta}{\displaystyle\int_0^\infty (f''(\eta))^{Pr}\,\mathrm{d}\eta} \tag{2-57}$$

此式也需要采用数值方法计算, 结果见图 2-7. 显然, 图中各 $\theta$ 曲线与横坐标的交点代表温度 (热) 边界层厚度 $\delta_T$, 它随 $Pr$ 的不同而不同, $Pr$ 数越大, 热边界层越薄. 计算结果显示, $\delta_T$ 与 $Pr$ 数在 $0.6 \leqslant Pr \leqslant 10$ 的范围内近似地存在如下函数关系:

$$\frac{\delta_T}{\delta} = Pr^{\frac{1}{3}}, \quad 0.6 \leqslant Pr \leqslant 10 \tag{2-58}$$

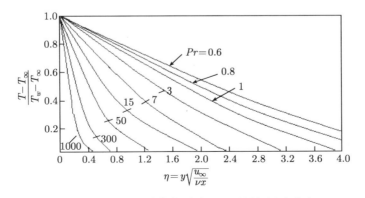

图 2-7 纵向绕流平壁换热时边界层无量纲温度分布

另外, 根据对流换热与边界层近壁导热的关系, 下式成立:

$$h_x(T_w - T_\infty) = -k\left(\frac{\partial T}{\partial y}\right)_{y=0} \tag{2-59}$$

式中 $h_x$ 为局部换热系数. 对式 (2-59) 进行整理, 可得

$$h_x = -\frac{1}{T_w - T_\infty}k\left(\frac{\partial T}{\partial y}\right)_{y=0} = -k\left(\frac{\partial \theta}{\partial \eta}\right)_{\eta=0}\left(\frac{\partial \eta}{\partial y}\right)_{y=0}$$

$$= -k\theta'(0)\sqrt{\frac{u_\infty}{\nu x}} \tag{2-60}$$

考虑到局部 $Re$ 数的定义, 式 (2-60) 可以改写为局部 $Nu$ 数与 $Re_x$ 的关系, 即

$$Nu_x = \frac{h_x x}{k} = -\theta'(0)Re_x^{1/2} \tag{2-61}$$

即贴壁处的无量纲温度梯度 $\theta'(0)$ 决定换热的强弱, 而 $\theta'(0)$ 因 $Pr$ 数的不同而变化, 见图 2-8. $\theta'(0)$ 与 $Pr$ 数的依赖关系可以近似表示成下面的分段函数:

$$-\theta'(0) = \begin{cases} 0.564Pr^{\frac{1}{2}}, & Pr < 0.05 \\ 0.332Pr^{\frac{1}{3}}, & 0.6 \leqslant Pr < 10 \\ 0.339Pr^{\frac{1}{3}}, & Pr > 10 \end{cases} \tag{2-62}$$

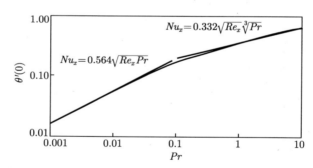

图 2-8　纵向绕流平壁的局部 $Nu$ 数与 $Pr$ 数的分段关系

根据式 (2-60), 可得 $0 \sim x$ 范围内平均换热系数与 $x$ 处局部换热系数的关系为

$$h_{0\sim x} = \frac{1}{x}\int_0^x h_x \mathrm{d}x = 2h_x \tag{2-63}$$

类似地, 有

$$Nu_{0\sim x} = \frac{h_{0-x} \cdot x}{k} = 2Nu_x \tag{2-64}$$

可见, 外掠平板换热时 $h_x \propto x^{-\frac{1}{2}}$, 从进口到长度为 $L$ 处的平均换热系数是 $x = L$ 处局部换热系数的两倍.

### 2.3.2 纵向绕流楔形物体换热

考察速度为 $u_\infty$、温度为 $T_\infty$ 的流体, 外掠壁面温度为 $T_w$ 的无界楔形物体时, 常物性的流体与壁面间的对流换热, 如图 2-9 所示. 楔形物体的夹角为 $\beta\pi$, $\beta$ 可以在 $0 \sim 2$ 变化, $\beta > 1$ 时表示在实体中开凿出的楔形空腔. 流体绕流楔形物体的特点是过流断面连续变化, 导致势流速度 $U(x)$ 也逐渐变化. 根据伯努利方程, 在不考虑位能变化的前提下, 动能和压能之和沿程不变, 于是 $U(x)$ 和流体的压力 $p$ 之间存在下面关系:

$$\frac{\mathrm{d}p}{\mathrm{d}x} = -\frac{\mathrm{d}}{\mathrm{d}x}\left(\frac{\rho U^2(x)}{2}\right) = -\rho U(x)\frac{\mathrm{d}U(x)}{\mathrm{d}x} \tag{2-65}$$

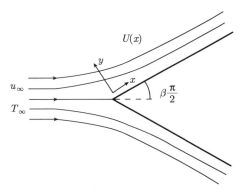

图 2-9 纵向绕流楔形物体的对流换热

将此关系式代入式 (2-40) 所示的边界层方程, 得到常物性流体外掠二维楔形物体的层流对流换热微分方程组 (稳态、不计黏性耗散)

$$\begin{cases} \dfrac{\partial u}{\partial x} + \dfrac{\partial v}{\partial y} = 0 \\[2mm] u\dfrac{\partial u}{\partial x} + v\dfrac{\partial u}{\partial y} = U(x)\dfrac{\mathrm{d}U(x)}{\mathrm{d}x} + \nu\dfrac{\partial^2 u}{\partial y^2} \\[2mm] u\dfrac{\partial T}{\partial x} + v\dfrac{\partial T}{\partial y} = a\dfrac{\partial^2 T}{\partial y^2} \end{cases} \tag{2-66}$$

边界条件

$$x > 0, \quad y = 0, \quad u = 0, \quad v = 0, \quad T = T_w$$

$$y \to \infty, \quad u = U(x), \quad T = T_\infty$$

$$x = 0, \quad 0 < y < \infty, \quad u = u_\infty, \quad T = T_\infty$$

1) 速度场求解

根据流体力学理论, 纵向绕流夹角为 $\beta\pi$ 的楔形流, 其势流速度 $U(x)$ 与 $x$ 的关系为

$$U(x) = \frac{2u_\infty}{2-\beta} x^{\frac{\beta}{2-\beta}} = Cx^m \tag{2-67}$$

式中

$$m = \frac{\beta}{2-\beta}, \quad C = \frac{2u_\infty}{2-\beta}$$

两个特殊情形是, $\beta = 0$, 为纵向绕流平壁流动; $\beta = 1$, 为二维驻点流动.

取相似变量

$$\eta = y\sqrt{\frac{1+m}{2} \cdot \frac{U(x)}{\nu x}} \tag{2-68}$$

和流函数

$$\psi(x,y) = \sqrt{\frac{2}{m+1} \cdot \frac{U(x) \cdot x}{\sqrt{Re_x}}} \cdot f(\eta) \tag{2-69}$$

式中局部 $Re$ 数定义为 $Re_x = \dfrac{U(x) \cdot x}{\nu}$, 流函数 $\psi$ 同样满足式 (2-48) 所示的与速度分量 $u$、$v$ 的关系, 连续性方程自动得到满足, 而动量方程则转化为一个关于无量纲流函数 $f(\eta)$ 的三阶常微分方程

$$f''' + f \cdot f'' + \beta\left(1 - f'^2\right) = 0 \tag{2-70}$$

边界条件为

$$\eta = 0, \quad f(0) = 0, \quad f'(0) = 0$$
$$\eta = \infty, \quad f'(\infty) = 1$$

此三阶非线性常微分方程于 1930 年由 V.M. Falkner 和 S.W. Skan 导出, 称为福克纳–斯坎方程, 可用龙格–库塔法进行计算求解, 方程求解的结果见图 2-10. 图 (a) 中的纵坐标 $f'(\eta) = \dfrac{u(x,y)}{U(x)}$, 相应于切向速度; 图 (b) 中的纵坐标 $f''(\eta)$ 相应于剪应力分布. 横坐标 $\eta$ 相应于某个 $x$ 位置处的壁面法向距离.

以 $\dfrac{u(x,y)}{U(x)} = 0.99$ 定义边界层厚度 $\delta$ 时, $\delta$ 与 $x$ 的关系为

$$\delta = \eta_\delta^* \sqrt{\frac{\nu}{C}} \cdot x^{\frac{1-m}{2}} \tag{2-71}$$

$$\left.\begin{array}{lll} m = 0, & \beta = 0, & \eta_\delta^* = 4.92 \\ m = \dfrac{1}{3}, & \beta = 0.5, & \eta_\delta^* = 3.4 \\ m = 1, & \beta = 1.0, & \eta_\delta^* = 2.4 \end{array}\right\}\text{楔形角度越大, 边界层越薄}$$

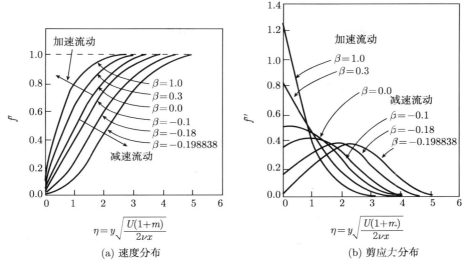

(a) 速度分布      (b) 剪应力分布

图 2-10 福克纳–斯坎方程的解

相似解给出的 $y$ 方向的速度为

$$\frac{\upsilon(x, y)}{U(x)} \sqrt{Re_x} = -\sqrt{\frac{1+m}{2}} \left( f(\eta) + \frac{m-1}{m+1} \eta f'(\eta) \right) \tag{2-72}$$

壁面摩擦系数为

$$\frac{C_f}{2} = \left( \frac{1+m}{2} \cdot \frac{U(x)}{\nu} \right)^{-\frac{1}{2}} \cdot f''(0) \tag{2-73}$$

2) 温度场求解

可以证明, 在 $T_w$ 和 $T_\infty$ 均为常数时, 楔形流换热存在相似解. 首先定义无量纲过余温度

$$\theta = \frac{T - T_\infty}{T_w - T_\infty} \tag{2-74}$$

则式 (2-66) 中的能量方程化为

$$\begin{cases} \theta''(\eta) + Pr \cdot f(\eta) \cdot \theta'(\eta) = 0 \\ \eta = 0, \quad \theta(0) = 1 \\ \eta = \infty, \quad \theta(\infty) = 0 \end{cases} \tag{2-75}$$

式 (2-75) 的解为

$$\theta = \frac{\int_\eta^\infty \left( e^{-Pr \int_0^\eta f \, d\eta} \right) d\eta}{\int_0^\infty \left( e^{-Pr \int_0^\eta f \, d\eta} \right) d\eta} \tag{2-76}$$

显然, $\theta$ 是关于 $\eta$ 和 $Pr$ 数的双元函数, 其变化见图 2-11.

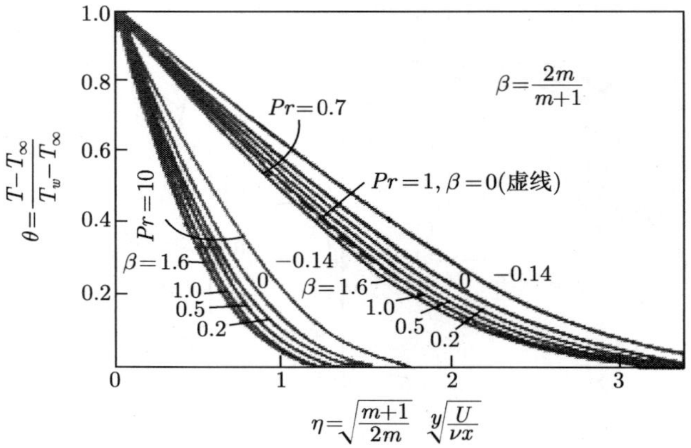

图 2-11　楔形流换热的无量纲温度分布

比较图 2-10 和图 2-11 可看出, 楔夹角 $\beta$ 对速度分布影响较大, 对温度分布的影响则较小. 相对于 $\beta$ 而言, $Pr$ 数对楔形流温度分布的影响要大得多.

仿照绕流平壁换热的准则关系式 (2-61) 的推导过程, 从对流换热与边界层近壁导热的关系出发, 可以导得

$$-\sqrt{\frac{1+m}{2}}\theta'(0) = Nu_x \cdot Re_x^{-1/2} \tag{2-77}$$

故求得 $\theta'(0)$ 后即知局部换热系数. 式 (2-76) 的解给出 $-\sqrt{\dfrac{1+m}{2}}\theta'(0)$ 随 $Pr$ 数的变化, 见表 2-1.

表 2-1　楔形流换热的 $-\sqrt{\dfrac{1+m}{2}}\theta'(0)$ 值

| $m$ | $Pr$ | | | | |
| --- | --- | --- | --- | --- | --- |
| | 0.7 | 0.8 | 1.0 | 5.0 | 10.0 |
| 0 | 0.292 | 0.307 | 0.332 | 0.585 | 0.730 |
| 0.333 | 0.384 | 0.403 | 0.440 | 0.792 | 1.013 |
| 1.0 | 0.496 | 0.523 | 0.570 | 1.043 | 1.344 |
| 4.0 | 0.813 | 0.858 | 0.938 | 1.736 | 2.236 |

$0 \sim x$ 内的平均换热系数和平均 $Nu$ 数为

$$h_{0 \sim x} = \frac{2}{m+1}h_x \tag{2-78}$$

$$Nu_{0 \sim x} = \frac{2}{m+1}Nu_x \tag{2-79}$$

3) 驻点附近的换热

$m = 1$ 时, $\beta = 1$, 它对应流体迎面冲击平壁 (楔夹角等于 $\pi$) 二维驻点流动, 如图 2-12(a) 所示. 当 $Pr$ 数与 1 相差不大时, 可拟合成

$$Nu_x = 0.57 Re_x^{\frac{1}{2}} Pr^{0.4} \tag{2-80}$$

式中 $Re_x = \dfrac{U(x) \cdot x}{\nu}$.

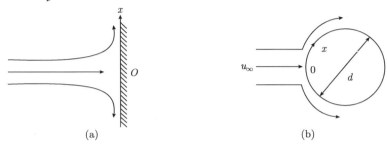

(a)            (b)

图 2-12   $\beta=1$ 的二维驻点流动示意图

对于图 2-12(b) 所示的绕流圆管的流动, 其位流速度为

$$U(x) = 2u_\infty \sin\left(\frac{2x}{d}\right) \tag{2-81}$$

在驻点附近对正弦函数做级数展开, 并取首项进行近似, 有 $\sin\left(\dfrac{2x}{d}\right) \approx \dfrac{2x}{d}$, 于是

$$U(x) \approx \frac{4u_\infty}{d} x \tag{2-82}$$

即在驻点附近满足 $m = 1$ 的二维驻点流动条件, 将式 (2-82) 代入式 (2-80), 等式两端的 $x$ 可以消掉, 重新引入管径 $d$ 作为定性尺度, 从而有

$$Nu_d = 1.14 Re_d^{1/2} Pr^{0.4} \tag{2-83}$$

式中 $Nu_d = \dfrac{h \cdot d}{k}$, $Re_d = \dfrac{u_\infty \cdot d}{\nu}$.

### 2.3.3 轴对称流动滞止区域换热

轴对称流动是指发生在钝头旋成体周围的流动, 如球体、子弹头和火箭在空中飞行时所引起的空气流动. 所谓滞止区, 是在这些物体的头部前沿流体从流动状态变为静止状态的过程, 其实质仍属于边界层流动. 轴对称问题的坐标选取是以沿轴线纵向剖切面的轮廓线为 $x$ 轴, 壁面法线方向为 $y$ 轴, 并辅助以局部半径 $r(x)$ 坐标系统, 见图 2-13. 当旋成体纵向曲率不是很大, 且半径不是很小, 从而能够保证边界层的厚度 $\delta(x)$ 与 $r(x)$ 相比是一个小量时, 轴对称滞止区流动换热的数学描述为

$$\begin{cases} \dfrac{\partial}{\partial x}(ru) + \dfrac{\partial}{\partial y}(rv) = 0 \\[2mm] u\dfrac{\partial u}{\partial x} + v\dfrac{\partial u}{\partial y} = -\dfrac{1}{\rho}\dfrac{\mathrm{d}p}{\mathrm{d}x} + v\dfrac{\partial^2 u}{\partial y^2} \\[2mm] u\dfrac{\partial T}{\partial x} + v\dfrac{\partial T}{\partial y} = a\dfrac{\partial^2 T}{\partial y^2} \end{cases} \tag{2-84}$$

为便于求解, 引入曼格尔变换

$$\begin{aligned} \overline{x} &= \frac{1}{L^2}\int_0^x r^2(x)\mathrm{d}x \\[2mm] \overline{y} &= \frac{r(x)}{L}y = s(x)y \end{aligned} \tag{2-85}$$

令

$$\overline{\psi} = \frac{r(x)}{L}\psi = s(x)\psi \tag{2-86}$$

$\varPsi$ 和 $\overline{\varPsi}$ 分别为轴对称流动和二维边界层流动的流函数, $L$ 为任一选定的与 $x$ 相关的特征尺度.

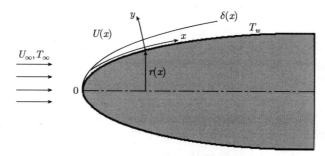

图 2-13　轴对称流动问题的坐标系

按下式定义的流函数 $\varPsi$ 能够满足轴对称流动的连续性方程:

$$\frac{\partial(s\varPsi)}{\partial y} = s(x)u, \quad -\frac{\partial(s\varPsi)}{\partial x} = s(x)v$$

对二维边界层流动, 流函数的定义仍为

$$\frac{\partial\overline{\psi}}{\partial\overline{y}} = \overline{u}, \quad -\frac{\partial\overline{\psi}}{\partial\overline{x}} = \overline{v}$$

由式 (2-86), 有

$$\frac{\partial\psi}{\partial y} = \frac{L}{r}\frac{\partial\overline{\psi}}{\partial y} = \frac{L}{r}\cdot\frac{\partial\overline{\psi}}{\partial\overline{y}}\cdot\frac{\partial\overline{y}}{\partial y} = \frac{\partial\overline{\psi}}{\partial\overline{y}}$$

故有

$$u = \overline{u}, \quad U(x) = \overline{U}(\overline{x}) \tag{2-87}$$

$$v = -\frac{1}{s(x)}\frac{\partial \overline{\psi}}{\partial x} = -\frac{1}{s}\left(\frac{\partial \overline{\psi}}{\partial \overline{x}}\cdot\frac{\partial \overline{x}}{\partial x} + \frac{\partial \overline{\psi}}{\partial \overline{y}}\cdot\frac{\partial \overline{y}}{\partial x}\right)$$

$$= s\overline{v} - \frac{\overline{y}}{s^2}\frac{\mathrm{d}s}{\mathrm{d}x}\overline{u}$$

将以上关系式代入原方程 (2-84), 方程化为

$$\begin{cases} \dfrac{\partial \overline{u}}{\partial \overline{x}} + \dfrac{\partial \overline{v}}{\partial \overline{y}} = 0 \\[2mm] \overline{u}\dfrac{\partial \overline{u}}{\partial \overline{x}} + \overline{v}\dfrac{\partial \overline{u}}{\partial \overline{y}} = \overline{U}\dfrac{d\overline{U}}{dx} + \nu\dfrac{\partial^2 \overline{u}}{\partial \overline{y}^2} \\[2mm] \overline{u}\dfrac{\partial T}{\partial \overline{x}} + \overline{v}\dfrac{\partial T}{\partial \overline{y}} = a\dfrac{\partial^2 T}{\partial \overline{y}^2} \end{cases} \tag{2-88}$$

变换后的控制方程与二维边界层换热方程式 (2-66) 完全相同, 故可直接用其解的结果, 差别仅在于位流速度 $U(x)$ 的不同.

对于钝头旋成体前沿驻点附近换热有 $U(x) = Cx$, $r(x) \approx x$, 所以

$$\overline{x} = \frac{1}{L^2}\int_0^x x^2\mathrm{d}x = \frac{x^3}{3L^2}$$

$$\overline{y} = \frac{xy}{L} \tag{2-89}$$

根据式 (2-87), 相应的二维边界层流动的位流速度为

$$\overline{U}(\overline{x}) = U(x) = Cx = C(3L^2\overline{x})^{1/3} = C_1(\overline{x})^{1/3} \tag{2-90}$$

由此可知, 钝头旋成体前沿驻点流动, 与位流速度按 $x$ 坐标的 1/3 幂指数变化的楔形流动相对应, 楔夹角为 $\dfrac{\pi}{2}$.

如果作如下选取: $L = x/\sqrt{3}$, 则 $\overline{x} = x$, $\overline{y} = \sqrt{3}y$, 即变换后的 $x$ 坐标相同. 由换热微分关系式

$$h_{x.AS}(T_w - T_\infty) = -k\left.\frac{\partial T}{\partial y}\right|_{y=0}$$

$$h_{x.2D}(T_w - T_\infty) = -k\left.\frac{\partial T}{\partial \overline{y}}\right|_{\overline{y}=0}$$

以及链式求导法则

$$\frac{\partial T}{\partial y} = \frac{\partial T}{\partial \overline{y}}\cdot\frac{\partial \overline{y}}{\partial y} = \sqrt{3}\frac{\partial T}{\partial \overline{y}}$$

就得到

$$h_{x,AS} = \sqrt{3} \cdot h_{x.2D} \tag{2-91}$$

即轴对称滞止区域的换热系数是对应的二维直角楔形物体边界层换热系数的 $\sqrt{3}$ 倍. 另外, 查表 2-1, 对应于 $m = 1/3$ 的楔形流, 当 $Pr = 1$ 时壁面无量纲温度梯度 $-\sqrt{\dfrac{1+m}{2}}\theta'(0)$ 的值为 0.44, 按照准则方程式 (2-77), 得到相应楔形流的换热系数可表示为

$$h_{x,2D} = 0.44k\sqrt{\frac{\overline{U}(\overline{x})}{\nu\overline{x}}}$$

注意到 $\overline{U} = U = Cx$ 和 $\overline{x} = x$, 那么轴对称滞止区的换热系数应为

$$h_{x,AS} = \sqrt{3} \times 0.44k\sqrt{\frac{U(x)}{\nu x}} = 0.76k\sqrt{\frac{Cx}{\nu x}} = C' \tag{2-92}$$

即钝头旋成体前沿驻点附近的换热系数与坐标 $x$ 无关, 是一常数.

## 2.4　通道内非耦合层流换热

### 2.4.1　流动起始段和充分发展段

前已述及, 在内部流动中相邻边界层在发展过程中会相互影响, 流动距离达到一定长度之后边界层汇合, 形成充分发展的流动. 据此, 通道内流动可以划分为 "起始段" 和 "充分发展段". 为叙述方便, 首先讨论充分发展段的流动. 充分发展流动有如下五个特征:

(1) 沿流动方向的速度分布不再变化, $\partial u/\partial x = 0$.

(2) 沿流动方向的压力梯度 $\mathrm{d}p/\mathrm{d}x = $ 常量.

(3) 除流动方向的速度分量外, 其他方向的速度分量均为零.

(4) 对于圆管及无限大平行平板通道, 速度遵循泊肃叶抛物线分布.

(5) 局部摩擦系数 $C_f$ 不再随管长改变, $C_f Re = $ 常量.

1) 圆管层流充分发展段的速度分布

常物性流体在圆管内流动的动量方程为

$$\frac{\mu}{r}\frac{\partial}{\partial r}\left(r\frac{\partial u}{\partial r}\right) = \rho u\frac{\partial u}{\partial x} + \rho v\frac{\partial u}{\partial r} + \frac{\mathrm{d}p}{\mathrm{d}x}$$

由于 $\dfrac{\partial u}{\partial x} = 0$, $v = 0$, 故上式化为

$$\frac{\mu}{r}\frac{\mathrm{d}}{\mathrm{d}r}\left(r\frac{\mathrm{d}u}{\mathrm{d}r}\right) = \frac{\mathrm{d}p}{\mathrm{d}x} \tag{2-93}$$

其边界条件为

$$u(r_0) = 0, \quad \left(\frac{\partial u}{\partial r}\right)_{r=0} = 0$$

方程的解为

$$u(r) = -\frac{1}{4\mu}\left(\frac{\mathrm{d}p}{\mathrm{d}x}\right)r_0^2\left[1 - \left(\frac{r}{r_0}\right)^2\right] \tag{2-94}$$

式中 $r_0 = d/2$, 压力梯度 $\mathrm{d}p/\mathrm{d}x$ 与流体的平均流速相联系. 根据平均速度的定义

$$u_{\mathrm{av}} = \frac{\displaystyle\int_f \rho u(r,x)\mathrm{d}f}{\rho f}$$

式中 $f$ 代表过流截面积. 将式 (2-94) 的 $u(r)$ 分布和 $\mathrm{d}f = 2\pi r\mathrm{d}r$ 代入上式, 得

$$u_{\mathrm{av}} = -\frac{r_0^2}{8\mu}\frac{\mathrm{d}p}{\mathrm{d}x} \tag{2-95}$$

与式 (2-94) 联立, 得到

$$u(r) = 2u_{\mathrm{av}}\left(1 - \frac{r^2}{r_0^2}\right) \tag{2-96}$$

由于速度最大值出现在圆管中心线上, 令式 (2-96) 中 $r = 0$, 就有 $u_{\max} = 2u_{\mathrm{av}}$.

2) 圆管充分发展段摩擦系数与 $Re$ 数的关系

在前述讨论流体外掠平板对流换热时, 曾经采用了摩擦系数的 Fanning 定义来描述壁面上的阻力特性, 即

$$C_f = \frac{\tau_w}{\dfrac{\rho u_{\mathrm{av}}^2}{2}}$$

但是对通道流动, 采用摩擦系数的另外一种定义 ——Darcy 定义显得更为方便,

$$f = \frac{-(\mathrm{d}p/\mathrm{d}x)\cdot d}{\dfrac{\rho u_{\mathrm{av}}^2}{2}}$$

Darcy 定义与压差相联系, 而 Fanning 定义与壁面剪切应力相联系, 二者的关系如图 2-14 所示. 由力平衡关系可得

$$(p_1 - p_2)\frac{\pi d^2}{4} = \tau_w \cdot \pi d\Delta x$$

当 $\Delta x$ 趋于很小时, 上式化简得

$$-\frac{\mathrm{d}p}{\mathrm{d}x}\cdot d = 4\tau_w$$

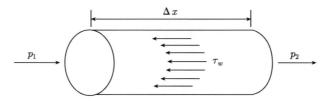

图 2-14    管流压差与壁面剪应力的关系

由上述二定义式相比得到

$$\frac{C_f}{f} = \frac{\tau_w}{-\dfrac{\mathrm{d}p}{\mathrm{d}x} \cdot d} = \frac{1}{4} \tag{2-97}$$

根据壁面剪切应力的定义式

$$\tau_w = \mu \left( \frac{\partial u}{\partial r} \right)_{r=r_0}$$

将式 (2-96) 的 $u(r)$ 代入上式, 有

$$\tau_w = -\frac{4u_{\mathrm{av}} \cdot \mu}{r_0}$$

代入 Fanning 定义

$$C_f = \frac{8\mu}{r_0 \cdot \rho \cdot u_{\mathrm{av}}} = \frac{16}{Re} \tag{2-98}$$

即

$$C_f \cdot Re = 16 \text{ 或 } f \cdot Re = 64 \tag{2-99}$$

上式中的 $Re$ 数定义为 $Re = u_{\mathrm{av}}d/\nu$. 对于非圆形截面通道中的充分发展流动, 虽然横截面上的速度分布并非都是抛物线分布, 但是同样有 $f \cdot Re =$ 常数, 见表 2-2.

表 2-2    非圆形截面通道充分发展流动的 $f \cdot Re$ 值

| 几何形状 | ○ | ⬡ | △ | 正方形 | 矩形 $2a \times a$ | 矩形 $8a \times a$ | 无限大 |
|---|---|---|---|---|---|---|---|
| $f \cdot Re$ | 64.0 | 60.22 | 53.33 | 56.91 | 62.20 | 82.34 | 96.00 |

**3) 流动起始段的阻力特性及起始段长度**

流动起始段中摩擦系数明显高于充分发展段, 但随 $x$ 的增加而变小, 并逐渐接近充分发展段的值. 相应地, 起始段中的压降大于充分发展段, 超出部分的压降为将通道入口处的均匀流加速成泊肃叶型抛物线流所需的附加阻力损失. 在圆管入口段 $C_f$ 与 $Re$ 数的关系遵循下式:

$$C_f \cdot Re = \frac{8}{3} \frac{U(x)}{u_\infty} \left( 1 - \frac{u_\infty}{U(x)} \right)^{-1} \tag{2-100}$$

式中 $u_\infty$ 为通道入口的均匀来流速度, $U(x)$ 为通道中的势流速度, $\dfrac{U(x)}{u_\infty}$ 是 $\dfrac{x}{d \cdot Re_d}$ 的函数, 通常表示不成显函数的形式. $C_f \cdot Re_d$ 和 $\dfrac{x}{d \cdot Re_d}$ 的关系见图 2-15. 图中同时给出在 0 到 $x$ 范围内平均摩擦系数与 $Re$ 数的乘积.

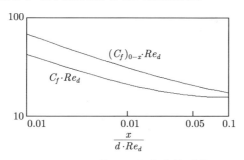

图 2-15 圆管入口段的摩擦系数

当 $\dfrac{x}{d \cdot Re_d} = 0.0575$ 时, 圆管 $C_f$ 的值与其充分发展段的值相差不超过 1%, 定义此时的 $x$ 为流动起始段长度 $L_h$, 则

$$\frac{L_h}{d} = 0.0575 Re_d \tag{2-101}$$

对于无限大平行平板通道, 上式中的系数为 0.011, $d$ 改用当量直径.

### 2.4.2 热起始段和充分发展段

1) 热起始段和充分发展段的定义

与前述流动充分发展的概念不同, 只要有换热存在, 在通道流中就不可能出现类似于速度分布沿程不变的情况, 因为传热总是导致流体温度的升高或者降低. 图 2-16 给出均匀壁面热流和均匀壁面温度两种情况下圆管内流体温度和壁面温度的变化. 另外, 理论分析和实际测量都表明, 当 $q_w =$ 常数或 $T_w =$ 常数时, 在平直通道中流体从入口流过某一距离 $L_t$ 时, 其无量纲过余温度不再随轴向坐标 $x$ 变化, 即

$$\frac{\partial}{\partial x}\left(\frac{T_w - T}{T_w - T_b}\right) = 0 \tag{2-102}$$

满足式 (2-102) 的流动段称为 "热充分发展段", 而 $x < L_t$ 的区段称为热起始段. 式中 $T_b$ 为 "截面混合平均温度", 它是一个关于轴向坐标 $x$ 的单元函数, 其定义为

$$T_b(x) = \frac{\displaystyle\int_0^{r_0} \rho 2\pi r \mathrm{d}r \cdot u c_\mathrm{p} T}{\displaystyle\int_0^{r_0} \rho 2\pi r \mathrm{d}r \cdot u c_\mathrm{p}} \tag{2-103}$$

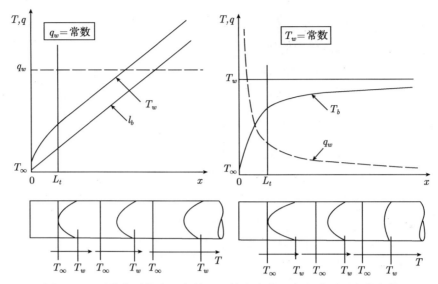

图 2-16　两种典型热边界条件下圆管内流体温度和壁面温度的变化

2) 热充分发展段的特征

令 $\Theta = \dfrac{T_w - T}{T_w - T_b}$, 由于式 (2-102) 成立, 则 $\Theta$ 是关于径向坐标 $r$ 的单元函数, 于是有

$$\frac{\mathrm{d}\Theta}{\mathrm{d}r}\bigg|_{r=r_0} = \frac{1}{T_b - T_w} \frac{\partial T(r,x)}{\partial r}\bigg|_{r=r_0} = 常数$$

从而

$$\frac{1}{T_b - T_w} \cdot k \frac{\partial T(r,x)}{\partial r}\bigg|_{r=r_0} = 常量$$

此外, 由于

$$-k \frac{\partial T(r,x)}{\partial r}\bigg|_{r=r_0} = h_x(T_b - T_w)$$

所以, 必有

$$h_x = 常量 \tag{2-104}$$

即满足式 (2-102) 的恒壁温或者恒壁面热流边界条件的管内热充分发展段对流换热, 其局部换热系数为一常数, 不再随轴向坐标 $x$ 变化.

3) 通道内换热分类

如图 2-17 所示, 平直通道内非耦合层流换热可分为三类:

第一类 (截面 1 处) 速度分布和无量纲温度分布都已经稳定不变 (充分发展).

第二类 (截面 2 处) 速度分布已经充分发展, 无量纲温度分布正在发展.

第三类 (截面 3 处) 速度和无量纲温度都在发展过程中.

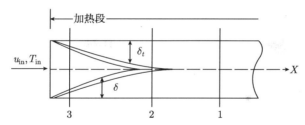

图 2-17 流体通道内流动换热分类 $(Pr > 1)$

4) 热起始段长度 $L_t$

非圆形截面的通道, 在恒壁温或恒热流边界条件时截面温度分布可能是二维的, 但式 (2-102) 的条件仍有可能得到满足, 也就是说同样可以达到热充分发展段, 如矩形通道或正多边形通道. 对各种形状的通道, 热起始段长度 $L_t$ 除和 $Re$ 数有关外, 还与 $Pr$ 数有关, 表 2-3 给出了四种截面形状通道的 $L_t$ 的相对比值, 表中 $Pe$ 称为 Peclet 数, $Pe = Re \cdot Pr$.

**表 2-3　不同形状的截面在两种热边界条件下热起始段长度**

| 截面形状 | | ○ | ▭ | $a$ 正方形 | $2a$ 矩形 $a$ |
|---|---|---|---|---|---|
| $\dfrac{L_t/d_e}{Pe}$ | $T_w = C$ | 0.033 | 0.008 | 0.041 | 0.049 |
| | $q_w = C$ | 0.043 | 0.012 | 0.066 | 0.057 |

### 2.4.3　圆管内层流充分发展段的换热

本节讨论速度分布和温度分布均已进入充分发展段的换热规律. 对于稳态、常物性、忽略体积力、无内热源、不计黏性耗散的层流流动, 圆管流的能量微分方程简化为

$$\rho c_p u \frac{\partial T}{\partial x} = \frac{k}{r}\left[\frac{\partial}{\partial r}\left(r\frac{\partial T}{\partial r}\right) + r\frac{\partial^2 T}{\partial x^2}\right] \tag{2-105}$$

进一步, 假定所讨论的流动的 $Re$ 数不是很低, 能够满足 $Pe = Re \cdot Pr > 10$, 那么可以忽略轴向导热, 能量方程中沿轴向的二阶导数可略去, 得

$$\rho c_p u \frac{\partial T}{\partial x} = \frac{k}{r}\left[\frac{\partial}{\partial r}\left(r\frac{\partial T}{\partial r}\right)\right] \tag{2-106}$$

上式表示轴向对流换热量与径向导热量的平衡关系. 现在对 $q_w =$ 常数的情形进行求解.

壁面热流密度的计算式为

$$q_w = h_x\left(T_w(x) - T_b(x)\right) \tag{2-107}$$

注意这里热流密度的方向仍然是以从外部传入流体为正, 即沿径向坐标 $r$ 的反向为正, 而温度梯度的方向指向 r 的正向. 现在已知 $q_w$、$h_x$ 均为常数 (关于 $h_x =$ 常数在上一小节中已经证明), 故有

$$\frac{\mathrm{d}T_b(x)}{\mathrm{d}x} = \frac{\mathrm{d}T_w(x)}{\mathrm{d}x}$$

根据无量纲温度 $\Theta$ 的定义, 有 $T(r,x) = T_w - \Theta(T_w - T_b)$, 将此式两端对 $x$ 求导, 并注意到热充分发展段的条件式 (2-102), 就有

$$\frac{\partial T(r,x)}{\partial x} = \frac{\mathrm{d}T_w(x)}{\mathrm{d}x} - (T_w - T_b)\frac{\partial \Theta}{\partial x} = \frac{\mathrm{d}T_b(x)}{\mathrm{d}x}$$

将上式及式 (2-96) 所示的速度分布代入式 (2-106), 得到

$$\frac{1}{r}\frac{\partial}{\partial r}\left(r\frac{\partial T}{\partial r}\right) = \frac{2u_{\mathrm{av}}}{a}\left(\frac{\mathrm{d}T_b}{\mathrm{d}x}\right)\left[1 - \left(\frac{r}{r_0}\right)^2\right]$$

利用边界条件 $T(x,r_0) = T_w(x)$, $\left.\dfrac{\mathrm{d}T}{\mathrm{d}r}\right|_{r=0} = 0$, 对上式积分, 得

$$T(r,x) = T_w(x) - \frac{2u_{\mathrm{av}}r_0^2}{a}\frac{\mathrm{d}T_b(x)}{\mathrm{d}x}\left[\frac{1}{16}\left(\frac{r}{r_0}\right)^4 - \frac{1}{4}\left(\frac{r}{r_0}\right)^2 + \frac{3}{16}\right] \qquad (2\text{-}108)$$

混合平均温度按式 (2-103) 计算得到

$$T_b(x) = T_w(x) - \frac{11}{48}\left(\frac{u_{\mathrm{av}}r_0^2}{a}\right)\frac{\mathrm{d}T_b}{\mathrm{d}x}$$

考虑到圆管微元段的热平衡关系: $q_w \cdot \pi d \cdot \mathrm{d}x = \dot{m}c_p\mathrm{d}T_b(x)$, 及流体的质量流量表示为 $\dot{m} = \rho u_{\mathrm{av}} \cdot \dfrac{\pi d^4}{4}$, 代入上式, 得对流换热温差为

$$T_w(x) - T_b(x) = \frac{11}{48}\frac{q_w d}{k}$$

联系式 (2-107), 就有

$$Nu = \frac{h_x d}{k} = \frac{48}{11} = 4.36 \qquad (2\text{-}109)$$

对于 $T_w = C$ 的圆管内层流充分发展流动换热, 求解较为复杂, 求解过程略去, 求解的结果是

$$Nu = 3.657 \qquad (2\text{-}110)$$

可见, 圆管均匀壁温条件下层流充分发展的对流换热系数比均匀壁面热流条件下的换热系数小 16%. 至于导致两种热边界条件下 $Nu$ 数差别的原因, 可以从场协

同理论得到较好的解释. 场协同理论认为, 对流换热系数不但与流体的速度分布有关, 还与流场中各点速度和该点温度梯度的夹角有关. 二者夹角的大小, 可以导致流体速度场与温度场是 "协同的", 从而有利于传热的强化; 或导致速度场与温度场是 "不协同的", 从而使传热弱化. 比如射流冲击壁面传热的场协同度, 远大于绕流平壁换热的场协同度, 因而其换热系数亦大不相同. 在流场相同的情况下, 热边界条件是影响场协同度的主要因素, 圆管均匀热流条件和均匀壁温条件换热系数的差异, 是这种影响的最好例证. 有关这方面的详细讨论, 请参阅本章所列文献 (Guo et al, 1998; Tao, et al, 2002; Guo, 2001).

### 2.4.4 非圆形通道内层流充分发展段的换热

关于其他截面形状的通道内层流充分发展段的换热, 文献已有大量报道, 为了方便应用, 这里汇总几种非圆截面的研究结果. $Nu$ 数的下标, H 表示均匀壁面热流条件下的数据, T 表示均匀壁温条件下的数据.

1) 无限大平行平板通道

无限大平行平板组成的通道, 上下两板的热边界条件可以相同也可以不同, 所对应的对流换热系数亦有明显差异, 具体情况如下.

| | | |
|---|---|---|
| $T_{w1} \neq T_{w2}$ | $q_{w1} \neq q_{w2}$ 时, | $q_w \neq 0$ 时 |
| $Nu_1 = Nu_2 = 4,$ | $Nu_1 = \dfrac{140}{26 - 9(q_{w2}/q_{w1})}$ | $Nu_1 = Nu_2 = 4$ |
| $T_{w1} = T_{w2}$ | $Nu_2 = \dfrac{140}{26 - 9(q_{w1}/q_{w2})}$ | $q_w = 0$ |
| $Nu_{\mathrm{T}} = 7.54,$ | $q_{w1} = q_{w2}$ 时, $Nu_{\mathrm{T}} = 8.24$ | $Nu_{\mathrm{T}} = 4, \quad Nu_{\mathrm{H}} = 0$ |

2) 椭圆截面通道 (短径和长径比 $b/a$)

表 2-4 为椭圆截面通道层流充分发展换热的 $Nu$ 数. 需要说明的是, 椭圆截面通道, 以及下面的矩形截面等通道, 在 $T_w = C$ 或 $q_w = C$ 的条件下, 由于截面流场是二维分布, 导致其 $Nu$ 数沿周向是不均匀的. 而表中所给结果, 是 $Nu$ 数沿周向的平均值. 由表 2-4 可见, 椭圆通道中 $Nu_{\mathrm{T}}$ 在 $b/a = 0.25$ 时达到最大值 3.792, 而 $Nu_{\mathrm{H}}$ 则随 $b/a$ 的减小而单调增加.

表 2-4 椭圆截面通道中充分发展层流对流换热的 $Nu$ 数

| $b/a$ | $Nu_{\mathrm{T}}$ | $Nu_{\mathrm{H}}$ | $b/a$ | $Nu_{\mathrm{T}}$ | $Nu_{\mathrm{H}}$ |
|---|---|---|---|---|---|
| 1.00 | 3.658 | 4.364 | 1/8 | 3.725 | 5.085 |
| 0.80 | 3.669 | 4.387 | 1/16 | 3.647 | 5.176 |
| 0.50 | 3.742 | 4.558 | 0 | 3.488 | 5.225 |
| 0.25 | **3.792** | 4.880 | | | |

3) 矩形截面通道 (宽 $a$、高 $b$)

矩形截面通道的 $Nu$ 数情况列于表 2-5. 由表 2-5 中数据可见, 高宽比变化的矩形截面通道中以正方形通道换热最弱, 以高宽比趋近于零时换热最强, 此时矩形通道已经转化为无限大平行平板通道, 故二者换热系数相同. 高宽比减小, 意味着横截面的周长与面积之比增大, 也即每单位体积流体所拥有的散热面积增大, 流体到壁面的平均传导距离减小, 传热增强.

**表 2-5　矩形截面通道中充分发展层流对流换热的 $Nu$ 数**

| $b/a$ | $Nu_{\rm T}$ | $Nu_{\rm H}$ | $b/a$ | $Nu_{\rm T}$ | $Nu_{\rm H}$ |
|-------|------|------|------|------|------|
| 1.00  | 2.976 | 3.608 | 1/8  | 5.597 | 6.490 |
| 0.714 | 3.077 | 3.734 | 1/20 | 6.686 | 7.451 |
| 0.50  | 3.391 | 4.123 | 0    | 7.541 | 8.235 |
| 0.25  | 4.439 | 5.331 |      |      |      |

### 2.4.5　圆管起始段的换热

本小节讨论速度分布已经充分发展, 无量纲温度分布正在发展的圆管内层流换热. 前提条件及控制方程与式 (2-106) 相同. 坐标选取如图 2-18 所示. 对 $T_w = C$ 的情形, 引入下列无量纲温度及无量纲坐标:

$$\theta = \frac{T_w - T(\xi, \eta)}{T_w - T_{\rm in}}, \quad \eta = \frac{r}{r_0}, \quad \xi = \frac{x/r_0}{Re \cdot Pr} = \frac{x/r_0}{Pe} \tag{2-111}$$

可将式 (2-106) 化为无量纲形式

$$\frac{\partial^2 \theta}{\partial \eta^2} + \frac{1}{\eta}\frac{\partial \theta}{\partial \eta} = (1 - \eta^2)\frac{\partial \theta}{\partial \xi} \tag{2-112}$$

边界条件为

$$\eta = 0, \quad \left.\frac{\partial \theta}{\partial \eta}\right|_{\eta=0} = 0$$

$$\eta = 1, \quad \theta(\xi, 1) = 0$$

$$\xi = 0, \quad \theta(0, \eta) = 1$$

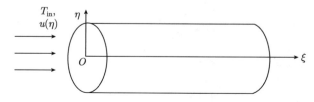

图 2-18　圆管入口段换热示意图

上述方程的解为

$$\theta(\xi,\eta) = \sum_{n=0}^{\infty} C_n R_n(\eta) e^{-\lambda_n^2 \xi} \tag{2-113}$$

式中 $\lambda_n$ 为方程的特征值, 见表 2-6, $R_n$ 为与其对应的特征函数, 它们随 $\eta$ 的变化见图 2-19.

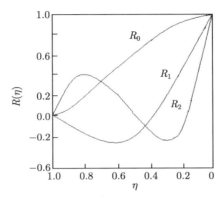

图 2-19 式 (2-113) 中特征函数随 $\eta$ 的变化

表 2-6 式 (2-113) 特征值 $\lambda_n$ 和式 (2-115) 中的系数 $G_n$

| $n$ | 0 | 1 | 2 | 3 | $\cdots$ |
|---|---|---|---|---|---|
| $\lambda_n$ | 2.7044 | 6.679 | 10.673 | 14.671 | $\cdots$ |
| $G_n$ | 0.749 | 0.544 | 0.463 | 0.414 | $\cdots$ |

$C_n$ 为与 $R_n$ 对应的常数, 根据 $R_n$ 的正交性, $C_n$ 由下式确定:

$$C_n = \frac{\displaystyle\int_0^1 R_n(\eta)\,\eta\,(1-\eta^2)\,\mathrm{d}\eta}{\displaystyle\int_0^1 R_n^2(\eta)\,\eta\,(1-\eta^2)\,\mathrm{d}\eta} \tag{2-114}$$

进而, 可求得局部换热系数

$$h_x = \frac{\dfrac{k}{r_0}\displaystyle\sum_{n=0}^{\infty} G_n e^{-\lambda_n^2 \xi}}{4\displaystyle\sum_{n=0}^{\infty} \dfrac{G_n}{\lambda_n^2} e^{-\lambda_n^2 \xi}} \tag{2-115}$$

其中 $G_n = -\dfrac{C_n}{2}\dfrac{\mathrm{d}R(\eta)}{\mathrm{d}\eta}\bigg|_{\eta=1}$, 其数值见表 2-6. 从而 $Nu$ 数可表示为

$$Nu_d = \frac{h_x \cdot 2r_0}{k} = \frac{1}{2} \frac{\displaystyle\sum_{n=0}^{\infty} G_n e^{-\lambda_n^2 \xi}}{\displaystyle\sum_{n=0}^{\infty} \frac{G_n}{\lambda_n^2} e^{-\lambda_n^2 \xi}} \tag{2-116}$$

$Nu_d$ 随 $\xi$ 的变化见图 2-20, 注意图 2-20 中 $\xi = \dfrac{x/d}{Pe}$, 不同于式 (2-111) 中 $\xi = \dfrac{x/r_0}{Pe}$ 的定义.

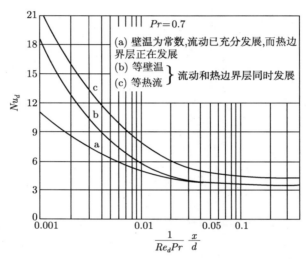

图 2-20　圆管入口区局部 $Nu$ 数的变化 (引自 W. M. Kays, Trans. ASME, Vol.77, pp.1265-1274, 1955)

由图 2-20 可见, 当 $\xi \geqslant 0.05$ 后, 恒壁温条件的 $Nu_d$ 已基本不再随 $x$ 的增大而变化, 保持为 $Nu = 3.66$, 故它所对应的热起始段长度可定义为

$$\frac{x}{d} = 0.05 Pe = 0.05 Re \cdot Pr \tag{2-117}$$

油类的 $Pr$ 大多在数十到数百量级, 只要 $Re$ 数不是太低, 根据式 (2-117) 算得的入口段长度就都在管径的数百倍, 可见, 大部分油类换热器均处于热起始段的换热状态.

## 2.5　高速流动换热与自然对流换热

### 2.5.1　考虑黏性耗散的泊肃叶流动

如图 2-21 所示的通道内流动, 两无限大平行平板组成的通道, 上下两板的温度不相等. 假设流动为不可压缩常物性流体的稳态层流, 流动和换热均已经达到充分

发展, 忽略体积力, 但是要考虑黏性耗散. 这种特殊的流动称为 "泊肃叶流动", 其数学描述为

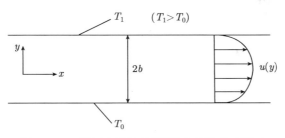

图 2-21 无限大平行平板通道内的泊肃叶流动

连续性方程

$$\frac{\mathrm{d}v}{\mathrm{d}y} = 0 \tag{2-118}$$

$x$ 方向的动量方程

$$\frac{\mathrm{d}^2 u}{\mathrm{d}y^2} = \frac{1}{\mu} \frac{\mathrm{d}p}{\mathrm{d}x} \tag{2-119}$$

能量方程

$$\frac{\mathrm{d}^2 T}{\mathrm{d}y^2} + \frac{\mu}{k} \left(\frac{\mathrm{d}u}{\mathrm{d}y}\right)^2 = 0 \tag{2-120}$$

边界条件为

$$y = b, \quad u = 0, \quad v = 0, \quad T = T_1$$
$$y = -b, \quad u = 0, \quad v = 0, \quad T = T_0$$

能量方程中的 $\frac{\mu}{k}\left(\frac{\mathrm{d}u}{\mathrm{d}y}\right)^2$ 为黏性耗散项, 它的大小与速度梯度相联系. 动量方程的解为

$$u(y) = u_{\max}\left(1 - \frac{y^2}{b^2}\right) \tag{2-121}$$

式中 $u_{\max} = -\frac{\mathrm{d}p}{\mathrm{d}x}\frac{b^2}{2\mu}$. 将 $u(y)$ 代入能量方程式 (2-120) 进行求解, 得

$$T(y) = T_0 + \frac{T_1 - T_0}{2}\left(1 + \frac{y}{b}\right) + \frac{\mu}{3k}u_{\max}^2\left(1 - \frac{y^4}{b^4}\right) \tag{2-122}$$

定义无量纲过余温度 $\theta = \dfrac{T - T_0}{T_1 - T_0}$ 及埃克特准则数 $Ec = \dfrac{u_{\max}^2}{c_{\mathrm{p}}(T_1 - T_0)}$, $Ec$ 的物理意义是, 流体对流换热过程中黏性耗散作用与纯导热作用的相对大小的量度. 那么式 (2-122) 可以改写为

$$\theta(y) = \frac{1}{2}\left(1 + \frac{y}{b}\right) + \frac{1}{3}PrEc\left(1 - \frac{y^4}{b^4}\right) \tag{2-123}$$

由式 (2-122) 可以估算黏性耗散引起的流体温升的大小. 令 $T_1 = T_0$, 空气以 $u =$ 100m/s 的速度作泊肃叶流动, 则其最大温升约为

$$(T - T_0)_m = \frac{\mu}{3k}u_{\max}^2 = \frac{1.7 \times 10^{-5}}{3 \times 0.024} \times 100^2 = 2.3°\mathrm{C}$$

显然, 式 (2-123) 所示的 $\theta(y)$ 的分布与 $Pr$ 数和 $Ec$ 数的乘积有关, 不同 $Pr \cdot Ec$ 下 $\theta(y)$ 随 $y/b$ 的变化关系见图 2-22. 随着 $Pr \cdot Ec$ 从零逐渐增大, 温度分布从直线变为上下非对称曲线. 实质上, 黏性耗散项起着内热源加热的作用, 由于是稳态层流换热, 黏性耗散热量最终要通过上下两板排散. 由于上下两板的温度不同, 所负担的排散热量也不同.

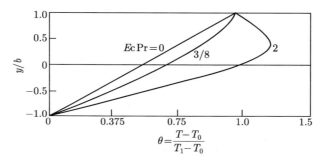

图 2-22　泊肃叶黏性耗散流动换热的无量纲温度分布

根据傅里叶定律, 可以算出传给上、下板的热量为

$$q_{w,\mathrm{bottom}} = -\frac{k}{2b}(T_1 - T_0)\left(1 + \frac{8}{3}PrEc\right) \tag{2-124}$$

$$q_{w,\mathrm{top}} = -\frac{k}{2b}(T_1 - T_0)\left(1 - \frac{8}{3}PrEc\right) \tag{2-125}$$

由此可知, $Pr \cdot Ec = 3/8$ 是一个临界值, 此时所有的耗散热全部由下板排散, 而上板绝热; $Pr \cdot Ec < 3/8$ 时下板散热、上板吸热; $Pr \cdot Ec > 3/8$ 时上、下板都散热.

### 2.5.2　自然对流换热边界层方程

在没有诸如泵、风机或物体自身运动等驱使力的情况下, 单单由于流体不同部分的温度差所引起的流动, 称为 "自然对流", 自然对流状态下流体与固体壁面之间的对流换热称为 "自然对流换热". 通常自然对流的流速低, 能量方程中的黏性耗散及压缩功量可以忽略, 但重力项必须计及. 按照影响区域的不同, 自然对流划分为 "大空间内自然对流" 和 "封闭腔体内自然对流", 前者为边界层流动, 后者通常为涡流. 对于如图 2-23 所示处在大空间的无限宽竖直平壁上的无内热源的二维自

然对流换热 (重力指向负 $x$ 方向), 边界层方程为

$$\frac{\partial (\rho u)}{\partial x} + \frac{\partial (\rho v)}{\partial y} = 0 \tag{2-126}$$

$$\rho u \frac{\partial u}{\partial x} + \rho v \frac{\partial u}{\partial y} = -\frac{\partial p}{\partial x} + \frac{\partial}{\partial y}\left(\mu \frac{\partial u}{\partial y}\right) - \rho g \tag{2-127}$$

$$\rho c_{\mathrm{p}} u \frac{\partial T}{\partial x} + \rho c_{\mathrm{p}} v \frac{\partial T}{\partial y} = \frac{\partial}{\partial y}\left(k \frac{\partial T}{\partial y}\right) \tag{2-128}$$

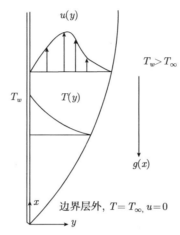

图 2-23　竖壁上的自然对流边界层 ($Pr$=1)

由于边界层内部静压力和其外部静压力相差很小, 可近似认为它们相等, 故有

$$\frac{\partial p}{\partial x} \approx \frac{\partial p_\infty}{\partial x} = -\rho_\infty g \tag{2-129}$$

将式 (2-129) 代入式 (2-127), 边界层动量方程化为

$$\rho u \frac{\partial u}{\partial x} + \rho v \frac{\partial u}{\partial y} = (\rho_\infty - \rho)g + \frac{\partial}{\partial y}\left(\mu \frac{\partial u}{\partial y}\right) \tag{2-130}$$

　　上述方程组由于所含物性随温度变化的原因, 互相之间是强烈耦合的, 不可能进行分析求解. 为了能够求解, Boussinesq 提出如下两个假设:

(1) $\beta(T - T_\infty) \ll 1$

(2) $\left(\dfrac{\partial \rho}{\partial p}\right)_T gx \ll 1$

　　当满足上述假设条件时, 自然对流换热方程组可得到重要简化, 从而使得分析求解成为可能. 首先, 在上述假设下, 连续方程、动量方程及能量方程中除 $(\rho_\infty - \rho)$

项外的密度变化均可忽略不计, 其他物性如 $\mu$、$c_\mathrm{p}$、$k$ 随温度的变化也可忽略不计.
这样, 除动量方程中 $(\rho_\infty - \rho)$ 项外, 方程均可作为不可压缩的常物性方程处理. 其
次, 在上述假设条件下, 密度差能够近似地被认为只受温度影响, 它们之间的关系
由容积膨胀系数描述. 根据容积膨胀系数的定义

$$\beta = -\frac{1}{\rho}\left(\frac{\partial \rho}{\partial T}\right)_\mathrm{p} \approx -\frac{1}{\rho}\frac{\rho_\infty - \rho}{T_\infty - T}$$

故有 $\rho_\infty - \rho \approx \rho\beta(T - T_\infty)$, 代入式 (2-130), 动量方程就转化为速度和温度以显函
数耦合的方程形式

$$u\frac{\partial u}{\partial x} + v\frac{\partial u}{\partial y} = g\beta(T - T_\infty) + v\frac{\partial^2 u}{\partial y^2} \tag{2-131}$$

由于 $\rho$ 按常数考虑, 连续性方程中的 $\rho$ 可以消去, 从而化为

$$\frac{\partial u}{\partial x} + \frac{\partial v}{\partial y} = 0 \tag{2-132}$$

需要注意, Boussinesq 假设是从自然对流便于求解的角度提出的附加条件, 它
在温差较小和物体的尺度较小的情况下能够得到满足. 对于大温差自然对流换热,
或者容积膨胀系数 $\beta$ 很大的流体的自然对流, 微分方程仍必须按变物性处理, 需要
借助于计算机进行数值求解.

### 2.5.3　竖平壁上常物性层流自然对流换热的相似解

可以证明, 对于图 2-23 所表示的竖直平壁或竖直圆柱壁面上的自然对流换热,
当 $T_w = \mathrm{const}$, 或 $q_w = \mathrm{const}$ 时, 其自然对流换热微分方程组存在相似解. 作为该
类换热的代表, 这里讨论竖直平壁的分析解. 根据上一小节的讨论, 当 $T_w = \mathrm{const}$
时, 竖直平壁的边界层方程为

$$\frac{\partial u}{\partial x} + \frac{\partial v}{\partial y} = 0 \tag{2-133}$$

$$u\frac{\partial u}{\partial x} + v\frac{\partial u}{\partial y} = g\beta(T - T_\infty) + v\frac{\partial^2 u}{\partial y^2} \tag{2-134}$$

$$u\frac{\partial T}{\partial x} + v\frac{\partial T}{\partial y} = a\frac{\partial^2 T}{\partial y^2} \tag{2-135}$$

边界条件

$$y = 0, \quad u = 0, \quad v = 0, \quad T = T_w$$

$$y = \infty, \quad u = 0, \quad T = T_\infty$$

引入相似变量

$$\eta = \sqrt[4]{\frac{g\beta(T_w - T_\infty)}{4\nu^2 x}} \cdot y \tag{2-136}$$

设流函数为

$$\psi = 4\nu \sqrt[4]{\frac{g\beta(T_w - T_\infty)}{4\nu^2}} x^{3/4} f(\eta) \tag{2-137}$$

无量纲过余温度

$$\theta = \frac{T - T_\infty}{T_w - T_\infty} \tag{2-138}$$

由流函数的定义 $u = \dfrac{\partial \psi}{\partial y}$,  $v = -\dfrac{\partial \psi}{\partial x}$, 连续性方程自动满足, 且有

$$u(x, y) = \frac{\mathrm{d}\psi}{\mathrm{d}\eta} \frac{\partial \eta}{\partial y} = 4\nu \sqrt{\frac{g\beta(T_w - T_\infty)}{4\nu^2}} x^{\frac{1}{2}} f'(\eta)$$

从而

$$f'(\eta) = \frac{Re_x}{2\sqrt{Gr_x}} \tag{2-139}$$

式中 $Re_x = \dfrac{ux}{\nu}, Gr_x = \dfrac{\beta g(T_w - T_\infty)x^3}{\nu^2}$, 分别称为局部 $Re$ 数和局部 Grashof 数.

以及  $$v(x, y) = \nu \sqrt[4]{\frac{g\beta(T_w - T_\infty)}{4\nu^2}} x^{-\frac{1}{2}} \left[ \sqrt[4]{\frac{g\beta(T_w - T_\infty)}{4\nu^2}} y f'(\eta) - 3f(\eta) x^{\frac{1}{4}} \right] \tag{2-140}$$

引入上述相似变量和流函数后, 动量方程和能量方程就可化为两个单元函数 $f(\eta)$ 和 $\theta(\eta)$ 相互耦合的常微分方程组

$$f''' + 3ff'' - 2f'^2 + \theta = 0 \tag{2-141}$$

$$\theta'' + 3Prf\theta' = 0 \tag{2-142}$$

边界条件

$$\eta = 0, \quad f' = 0, \quad f = 0, \quad \theta = 1$$

$$\eta = \infty, \quad f' = 0, \quad \theta = 0$$

Ostrach 对上述耦合方程组进行了数值求解, 求解的结果见图 2-24 和图 2-25.

对于 $Pr = 0.72$ 的空气, 速度边界层和热边界层的厚度大致相等. 由图 2-24 和图 2-25 可知 $\eta = 4$ 时速度和无量纲温度都小到 1%以下, 因此可以认作是边界层的外沿, 故边界层厚度为

$$\eta = \sqrt[4]{\frac{g\beta(T_w - T_\infty)}{4\nu^2 x}} \cdot \delta = \frac{\delta}{x} \left( \frac{Gr_x}{4} \right)^{\frac{1}{4}} = 4$$

于是

$$\delta = \delta_t = 4x(4/Gr_x)^{1/4} \tag{2-143}$$

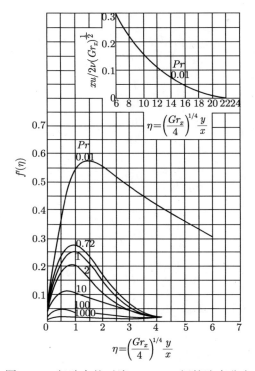

图 2-24  竖壁自然对流 Ostrach 解的速度分布

即 $\delta = \delta_t \propto x^{\frac{1}{4}}$，而流体外掠平壁换热时边界层厚度是随 $x^{\frac{1}{2}}$ 增大的，可见自然对流和强制对流的边界层发展规律明显不同.

按壁面热流密度的定义式

$$q_w = -k\frac{\partial T}{\partial y}\bigg|_{y=0} = -k(T_w - T_\infty)\frac{\partial \theta}{\partial \eta}\bigg|_{\eta=0} \cdot \frac{\partial \eta}{\partial y}\bigg|_{y=0}$$

$$= -k(T_w - T_\infty)\frac{1}{x}\left(\frac{1}{4}Gr_x\right)^{1/4} \cdot \theta'(0)$$

从而

$$h_x = -k\frac{1}{x}\left(\frac{Gr_x}{4}\right)^{1/4} \cdot \theta'(0) \tag{2-144}$$

$$Nu_x = -\left(\frac{Gr_x}{4}\right)^{1/4} \cdot \theta'(0) \tag{2-145}$$

$h$ 和 $Nu$ 的平均值为

$$\bar{h}_{0\sim x} = \frac{1}{x}\int_0^x h_x \mathrm{d}x = \frac{4}{3}h_x \tag{2-146}$$

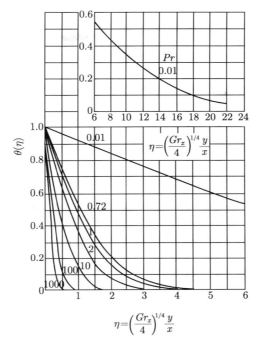

$$\eta=\left(\frac{Gr_x}{4}\right)^{1/4}\frac{y}{x}$$

图 2-25 竖壁自然对流 Ostrach 解的温度分布

$$\bar{Nu}_{0\sim x} = \frac{4}{3}Nu_x \tag{2-147}$$

可见, 竖壁上层流自然对流换热系数 $h_x$ 以 $x^{-\frac{1}{4}}$ 的规律降低, 而平壁上层流强制对流换热系数以 $x^{-\frac{1}{2}}$ 的规律降低, 比自然对流减小得快一些.

自然对流时壁面剪应力为

$$\tau_w(x) = (4Gr_x^3)^{1/4}\frac{\rho_\infty \nu_\infty^2}{x^2}f''(0) \tag{2-148}$$

$\theta'(0)$ 和 $f''(0)$ 都是 $Pr$ 数的函数, 它们随 $Pr$ 数的变化见表 2-7. 由表中数据可知, 自然对流的换热系数随 $Pr$ 数的增大而增强, 而壁面摩擦系数则随 $Pr$ 数的增大而减小.

表 2-7　竖直平壁自然对流换热 $\theta'(0)$ 和 $f''(0)$ 随 $Pr$ 数的变化

| $Pr$ | 0.01 | 0.72 | 2.0 | 10 | 100 | 1000 |
|------|------|------|-----|-----|-----|------|
| $\theta'(0)$ | 0.081 | 0.505 | 0.716 | 1.168 | 2.191 | 3.970 |
| $f''(0)$ | 0.986 | 0.676 | 0.571 | 0.419 | 0.252 | 0.145 |

# 参 考 文 献

埃克特 E R G, 德雷克 R M. 1983. 传热与传质分析. 航青译. 北京：科学出版社.

王补宣. 1998. 工程传热传质学. 下册. 北京：科学出版社.

王丰, 等. 1983. 对流换热理论. 北京：航空工业出版社.

王启杰. 1991. 对流传热传质分析. 西安：西安交通大学出版社.

王绍亭、陈涛. 1986. 动量、热量与质量传递. 天津：天津科学技术出版社.

亚当斯 J A, 罗杰斯 D F. 1980. 传热学计算机分析. 章靖武, 蒋章焰译. 北京：科学出版社.

杨世铭, 陶文铨. 1998. 传热学. 第三版. 北京：高等教育出版社.

Bejan A. 1995. Convective Heat Transfer. New York: John & Sons Inc.

Burmeister L C. 1983. Convectivtion Heat Transfer. New York: John Wiley & Sons Inc.

Cebrci T, Bradshaw P. 1977. Momentum Transfer in Noundary Layers. Washington D. C.: Hemisphere.

Gray D D, Giorgini A. 1976. The validity of the boussinesq approximation for liquids and gases. Int J Heat Mass Transfer, 19: 545-551.

Guo Z Y, Li D Y, Wang B X.1998. A novel concept for convective heat transfer enhancement. Int J Heat Mass Transfer, 41: 2221-2225.

Guo Z Y. 2001. Mechanism and control of convective heat transfer—coordination of velocity and heat flow fields. Chinese Science Bulletin, 46 (7): 596-599.

Hansen A G. 1964. Similarity Analyses of Boundary Values Problems in Engineering. Englewood Cliffs: Prentice-Hall, Inc.

Howarth L. 1938. On the Solution of the Laminar Boundary Layer Equations. London: Proc Royal Society: 164A.

Jaluria Y. 1980. Natural Convection Heat and Mass Transfer. New York: Pergamon Press.

Kays W M, Crawford M E. 1980. Convective Heat and Mass Transfer. 2nd ed. New York:McGraw-Hill Book Company, Inc.

Kays W M. 1955. Numerical solutions for laminar flow heat transfer in circular tubes. trans ASME, 77: 1265-1274.

Launder B E, Spalding D B. 1972. Mathematical Models of Turbulence. New York: Academic Press.

LeFevre E J. 1956. Laminar free convection from a vertical plane surface. Proc 9th Int Congress of Applied Mechanics, Brussels:168:

Oosthuizen P H, Naylor. 1999. Introduction to Convective Heat Transfer Analysis. New York: McGraw-Hill Book Company, Inc.

Ostrach S. 1953. An analysis of laminar-free-convection flow and heat transfer about a flat plate parallel to the direction of the generating body force. NACA Technological Report 1111.

Rohsenow W M, Hartnett J P, Ganic E N. 1985. Handbook of Heat Transfer Fundamentals.

2nd ed.New York: McGraw-Hill Book Company, Inc.

Rosenhead L. 1963. Laminar Boundary Layers. Oxford University Press.

Schlichting H. 1979. Boundary Layer Theory. 7th ed. New York: McGraw-Hill Book Company, Inc.

Sellars J R, Myron T, Klein J S. 1956. Heat transfer to laminar flow in a round tube or flat conduit— the graetz problem extended. Trans ASME, 78: 441-448.

Shah R K, London A L. 1978. Laminar Flow Forced Convection in Ducts, New York: Advances in Heat Transfer. Academic.

Tao W Q, Guo Z Y, Wang B X. 2002. Field synergy principle for enhancing convective heat transfer—extension and numerical verification. Int J Heat Mass Transfer, 45: 3849-3856.

Ward-Smith A J. 1980. Internal Fluid Flow—The Fluid-Dynamics of Flow in Pipes and Ducts. Oxford: Clarendon Press.

White F M. 1974. Viscous Fluid Flow. New York: McGraw-Hill Book Company, Inc.

# 第 3 章    辐射传热分析与计算

辐射是物质的一种运动属性, 一切物质都会因其内部分子、原子和电子等微观粒子的激发而连续地发射出电磁辐射. 电磁辐射的强度与物体所处的温度有关, 从而导致辐射传热成为传热学的一个重要组成部分. 电磁辐射的传播规律迥异于依靠常规物质传递热量的导热和对流现象, 所以辐射传热也形成其自身的独特规律. 本章将从黑体辐射入手, 在系统介绍热辐射基本定律的基础上, 进一步讨论非黑表面的辐射性质, 然后介绍黑体表面之间和漫射–灰表面之间的辐射换热计算方法. 至于更复杂的有发射–吸收介质隔开的固体表面之间辐射换热的计算问题, 本书不作介绍, 请读者参考相关的专著.

## 3.1    黑 体 辐 射

### 3.1.1    黑体的基本特性

所谓黑体, 是自然界中并不存在的一种理想物体, 其基本特性是在任何波长和任何方向上都是辐射能最理想的吸收体和发射体, 或者说, 在任何波长下和任何方向上, 黑体的吸收率和发射率 (黑度) 均等于 1.

虽然黑体只是一种理想物体, 但它在热辐射理论中却占有极其重要的地位, 许多热辐射的基本概念都来自于对黑体模型的分析. 正由于此, 人们对黑体模型的实现曾经开展过许多研究, 现在通过人工方法可以制作出与绝对黑体非常接近的模型, 其黑度可达到 0.996.

由于黑体的概念是相对于电磁波谱的全波长射线而言的, 因此, 黑体和白体 (全反射体) 与我们日常生活中肉眼所看到的黑色物体和白色物体一般而言并不对等. 这其中的原因是, 在一般温度条件下, 可见光在全波长射线中只占一小部分, 其余的大部分是肉眼看不到的红外线、紫外线等其他射线. 所看到的可见光范围内的 “黑” 或 “白”, 并不等于在全波长范围内的黑或白. 举例来说, 雪是白色的, 表明它对可见光是良好的反射体, 然而, 实测表明它对红外线却几乎能够全部吸收, 因此它非常接近黑体. 另外, 同一颜色的物体, 当它的表面平整或者凹凸不平时, 它所表现出来的黑度也会不同.

### 3.1.2    黑体总辐射力 —— Stefan-Boltzmann 定律

对于热辐射问题, 经常要考虑物体某个表面向半球空间辐射出去的包括所有波长在内的总能量, 这个总能量由 Stefan-Boltzmann 定律给出. 早在普朗克提出量子理论之前, 在 1879 年 Stefen 由实验给出了该定律, 其后的 1884 年玻尔兹曼 (Boltzmann) 又应用热力学理论推导出了该定律, 因此用两人的名字共同命名.

设一个黑体表面向折射率为 $n$ 的介质内辐射能量, $n$ 代表真空中光速和该介质中的光速之比值, 黑体表面的温度为 $T$, 那么, 该表面在单位时间内每单位面积发射的能量用总辐射力 $e_b$ 表示为

$$e_b = n^2 \sigma T^4 \quad (\text{W/m}^2) \tag{3-1}$$

式中 $\sigma = 5.67 \times 10^{-8}$ W/(m$^2$·K$^4$), 称为黑体辐射系数. 对于空气, $n \approx 1$. 式 (3-1) 得到简化.

### 3.1.3  黑体的方向辐射力 —— Lambert 余弦定律

为叙述方便, 先来介绍辐射强度的概念. 在空间的某一辐射方向上, 与该方向相垂直的、辐射表面上的每单位投影面积在单位时间、单位立体角内所辐射的能量 $i$, 称为该方向的辐射强度. 如果只讨论某一波长下的辐射强度, 则称为光谱辐射强度, 用 $i_\lambda$ 表示. 一般而言, 物体表面的辐射强度在不同方向上并不相同.

类似地, 亦可单独考虑物体表面在某一方向 $\theta$ 上的辐射力, 如果计及该方向上全部的波长, 就称为 "方向总辐射力", 用 $e'(\theta)$ 表示; 如果只考虑该方向上某一波长下的辐射力, 则称为 "方向光谱辐射力", 用 $e'_\lambda(\lambda,\theta)$ 表示.

Lambert 余弦定律告诉我们, 对于黑体来说, 其方向光谱辐射力和方向总辐射力在空间的分布都遵循余弦函数变化, 即

$$e'_{\lambda b}(\lambda,\theta) = e'_{\lambda b,n}(\lambda) \cos(\theta) = i_{\lambda b}(\lambda) \cos(\theta) \tag{3-2}$$

$$e'_b(\theta) = e'_{b,n} \cos(\theta) = i_b \cos(\theta) \tag{3-3}$$

式中的下标 $n$ 代表法线方向. 以上二式还告诉我们如下信息: ① 方向辐射力在表面法线方向上最大; ② 黑体的辐射强度与方向无关, 在各个方向上都相等; ③ 黑体的辐射强度与表面法线方向上的方向辐射力相等. 物体的辐射强度与方向无关的性质叫做漫辐射, 反射的辐射强度与方向无关的性质叫做漫反射, 既是漫辐射又是漫反射的表面称为漫表面.

另外, 根据立体角的定义和黑体的辐射强度与方向无关的特性, 可以方便地导出黑体的半球总辐射力 $e_b$ 和其总辐射强度 $i_b$ 之间的关系为

$$\begin{aligned}
e_b &= \int_{\varpi=2\pi} e'_b(\theta)\,\mathrm{d}\varpi = \int_{\varpi=2\pi} i_b \cos(\theta)\,\mathrm{d}\varpi \\
&= \int_{\theta=0}^{\pi/2} \int_{\phi=0}^{2\pi} i_b \cos(\theta) \sin(\theta)\,\mathrm{d}\theta\mathrm{d}\phi \\
&= \pi i_b \quad (\text{W/m}^2)
\end{aligned} \tag{3-4}$$

### 3.1.4 黑体辐射的光谱分布 —— Planck 定律

找出黑体在每一个波长下的辐射强度/辐射力, 曾经长时间困扰 19 世纪的科学界. 虽然上述的 Stefan-Boltzmann 定律和 Lambert 余弦定律以及黑体是理想的吸收体等特性均能够从热力学理论导出, 但是事实证明从经典力学推导黑体单色辐射强度的尝试最终都宣告失败. 实际上, 人们连续探索的失败导致了德国物理学家普朗克 (Planck) 对该问题的研究, 他在 1900 年提出了成为量子理论基础的假说, 认为辐射能并不是以连续的形式发射和传播, 而是以离散的、不连续的 "能量子" 的形式发射和传播, 能量子所携带的 "一份" 能量的大小与电磁波的频率直接相关. 沿着这个思路的更深入的研究, 使 Planck 成功地解决了黑体单色辐射力的分布问题, 这就是 Planck 定律. 该定律指出, 对于黑体, 在真空中的半球辐射力和辐射强度的光谱分布只是绝对温度和波长的双元函数, 表示为

$$e_{\lambda b}(\lambda) = \pi i_{\lambda b}(\lambda) = \frac{C_1}{\lambda^5 \left(e^{C_2/\lambda T} - 1\right)} \quad (\mathrm{W}/(\mathrm{m}^2 \cdot \mu\mathrm{m})) \tag{3-5}$$

式中 $C_1 = 3.743 \times 10^8 \mathrm{W}/(\mathrm{m}^2 \cdot \mu\mathrm{m})$, 称为 Planck 第一常量; $C_2 = 1.439 \times 10^4 \mu\mathrm{m} \cdot \mathrm{K}$, 称为 Planck 第二常量. $C_1$ 和 $C_2$ 是在上式推导过程中产生的, 它们与两个量子力学常数有关, 即 $C_1 = 2\pi h c_0^2, C_2 = h c_0 / k$, 其中 $c_0$ 为真空中的光速, $h$ 为 Planck 常量, $k$ 为 Boltzmann 常量. 如果发射的辐射不是进入真空, 而是进入折射率为 $n$ 的介质, 那么, Planck 定律的形式修正为

$$e_{\lambda b}(\lambda) = \pi i_{\lambda b}(\lambda) = \frac{C_1}{n^2 \lambda^5 \left(e^{C_2/n\lambda T} - 1\right)} \quad (\mathrm{W}/(\mathrm{m}^2 \cdot \mu\mathrm{m})) \tag{3-6}$$

### 3.1.5 黑体辐射的最大光谱强度的波长 —— Wien 位移定律

1896 年德国物理学家 Wien 在根据经典热力学理论探讨黑体辐射能的光谱分布过程中, 建立了黑体最大单色辐射力所对应的波长 $\lambda_{\max}$ 与黑体所处温度之间关系, 这就是 Wien 位移定律, 其形式为

$$\lambda_{\max} T = 2897.8n \quad (\mu\mathrm{m} \cdot \mathrm{K}) \tag{3-7}$$

$n$ 为介质的折射率. Wien 定律表明, 黑体最大单色辐射力所对应的波长, 随黑体温度的升高向着短波方向移动. 太阳表面的温度高达 5762K, 它所对应的最大单色辐射力波长在可见光范围内; 一般工程中的热辐射, 温度相对较低, 大多不超过 2000°C, 其最大单色辐射力处在红外射线的范围.

## 3.2 非黑表面辐射性质的定义

### 3.2.1 发射率

发射率是一个实际物体在某温度下辐射的能量与同温度下黑体辐射能量的比值. 在一定温度下黑体的辐射能力最大, 用发射率来表示实际物体的辐射能力接近黑体的程度, 因此发射率也称为 "黑度". 它与多种因素有关, 包括物体表面的温度、所考查的个别波长以及发射能量的角度等. 当计算一个物体辐射能损失时, 要求的是对所有方向和所有波长平均的发射率. 下面我们先讨论方向光谱发射率的定义, 而后讨论发射率对波长的平均或者对方向的平均, 最后给出同时对波长和方向的平均值的计算方法. 在下面的讨论中, 对波长的平均值称为 "总量", 对所有方向的平均值称为 "半球量". 方向辐射特性和半球辐射特性见图 3-1 的图解说明.

方向光谱发射率是最基本的发射率, 如图 3-1(a) 所示, 它定义为在空间 $(\theta, \varphi)$ 方向上实际物体发射的波长 $\lambda$ 的辐射能与黑体所发射的相应的辐射能之比, 表示为

$$\varepsilon'_\lambda (\lambda, \theta, \varphi, T) = \frac{i'_\lambda (\lambda, \theta, \varphi, T)}{i'_{\lambda b} (\lambda, T)} = \frac{e'_\lambda (\lambda, \theta, \varphi, T)}{e'_{\lambda b} (\lambda, \theta, T)} \tag{3-8}$$

注意上式中黑体的辐射强度与方向无关, 但其辐射力与方向有关, 由 Lambert 余弦定律决定.

方向总发射率是考虑在某方向上发射出的所有波长的能量与黑体在相应条件下所发射的所有波长能量的比值

$$\varepsilon' (\theta, \varphi, T) = \frac{\int_0^\infty i'_\lambda (\lambda, \theta, \varphi, T) \, \mathrm{d}\lambda}{i_b (T)} = \frac{\int_0^\infty \varepsilon'_\lambda (\lambda, \theta, \varphi, T) \cdot i'_{\lambda b} (\lambda, T) \, \mathrm{d}\lambda}{\sigma T^4 / \pi} \tag{3-9}$$

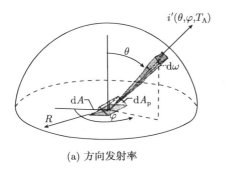

(a) 方向发射率

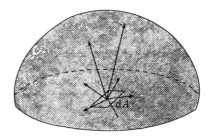

(b) 半球发射率

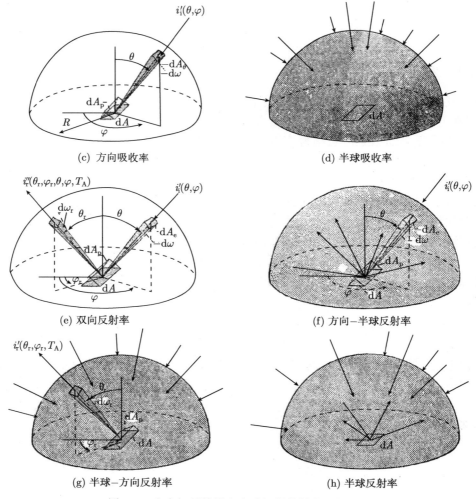

(c) 方向吸收率 　　　　　　　　　　　(d) 半球吸收率

(e) 双向反射率 　　　　　　　　　　　(f) 方向–半球反射率

(g) 半球–方向反射率 　　　　　　　　(h) 半球反射率

图 3-1　方向辐射特性和半球辐射特性的图解说明

另一方面, 如果考虑在半球空间 $\Omega$ 内所发射的波长为 $\lambda$ 的辐射能, 那么相对应的就是 "半球光谱发射率", 其定义式为

$$\varepsilon_\lambda\left(\lambda, T\right) = \frac{e_\lambda\left(\lambda, T\right)}{e_{\lambda b}\left(\lambda, T\right)} = \frac{1}{\pi}\int_\Omega \varepsilon'_\lambda\left(\lambda, \theta, \varphi, T\right)\cos\left(\theta\right)\mathrm{d}\varpi \tag{3-10}$$

在此基础上, 可以定义 "半球总发射率", 见图 3-1(b). 它既可以用方向总发射率表示, 也可用半球光谱发射率表示, 即

$$\varepsilon\left(T\right) = \frac{1}{\pi}\int_\Omega \varepsilon'\left(\theta, \varphi, T\right)\cos\left(\theta\right)\mathrm{d}\varpi \tag{3-11}$$

或者

$$\varepsilon(T) = \frac{\int_0^\infty \varepsilon_\lambda(\lambda, T) \cdot e_{\lambda b}(\lambda, T)\, d\lambda}{\sigma T^4} \tag{3-12}$$

### 3.2.2  吸收率

吸收率定义为物体吸收的能量占入射到物体上能量的份额. 与发射率相比, 吸收率的分析要更复杂, 因为吸收率不但取决于物体自身特性, 还与入射辐射的特性有关. 另一方面, 用实验方法测量发射率比测量吸收率容易些, 因此希望在这两个量之间有一定的联系, 这样只要测出一个值, 就能计算出另一个值来.

与发射率的定义类似, 吸收率也要从方向的和光谱的基本角度来着手分析. 下面先考率最基本的 "方向光谱吸收率", 见图 3-1(c). 它定义为微元表面 $dA$ 对半球空间某一方向 $(\theta, \varphi)$ 投射来的单位波长的能量所吸收的份额, 表示为

$$\alpha_\lambda'(\lambda, \theta, \varphi, T) = \frac{d^3 Q_{\lambda, a}'(\lambda, \theta, \varphi, T)}{i_{\lambda, i}'(\lambda, \theta, \varphi)\, dA \cos\theta d\omega d\lambda} \tag{3-13}$$

式中下标 a 代表 "吸收", 下标 i 代表 "入射", $d\omega$ 表示空间投射面积对 $dA$ 所张的立体角. 由于所吸收的能量具有单位波长的、微立体角内的、微元表面上的特点, 所以它用三阶微分表示.

通过分析微元表面 $dA$ 和外包黑体封闭腔之间的平衡辐射换热, 可以得到如下关系:

$$\varepsilon_\lambda'(\lambda, \theta, \varphi, T) = \alpha_\lambda'(\lambda, \theta, \varphi, T) \tag{3-14}$$

式 (3-14) 所表示的关系称为 Kirchhoff 定律, 它表明在辐射换热平衡的条件下物体表面的方向光谱发射率和它的方向光谱吸收率严格相等. 它虽然是在辐射换热平衡的条件下导出的, 但是实验表明, 在大多数场合, 外界辐射场对 $\varepsilon_\lambda'$ 和 $\alpha_\lambda'$ 并无显著影响, 也就是说即便有净热量交换时上式仍然近似成立. 对此一种解释是, 材料物理性质能够使其自身处于局部热力学平衡之中, 于是它们的特性就不取决于外界辐射场了. 方向总吸收率是在给定方向上吸收的包含一切波长的能量与该方向入射能量之比

$$\alpha'(\theta, \varphi, T) = \frac{\int_0^\infty \alpha_\lambda'(\lambda, \theta, \varphi, T)\, i_{\lambda, i}'(\lambda, \theta, \varphi)\, d\lambda}{\int_0^\infty i_{\lambda, i}'(\lambda, \theta, \varphi)\, d\lambda} \tag{3-15}$$

如果入射辐射的光谱分布正比于温度为 $T$ 的黑体的光谱分布, 即 $i_{\lambda, i}'(\lambda, \theta, \varphi) = C(\theta, \varphi) i_{\lambda b}'(\lambda, T)$, 代入式 (3-15), 并应用式 (3-14), 化简之后和方向总发射率定义式 (3-9) 作比较, 得到

$$\varepsilon'(\theta, \varphi, T) = \alpha'(\theta, \varphi, T) \tag{3-16}$$

式 (3-16) 称为方向总特性的 Kirchhoff 定律.

再来讨论半球光谱吸收率, 见图 3-1(d), 它是表明吸收的某一波长的能量占环境半球 $\Omega$ 所有方向入射来的该波长能量的份额

$$\alpha_\lambda (\lambda, T) = \frac{\int_\Omega \alpha'_\lambda (\lambda, \theta, \varphi, T) \, i'_{\lambda,\mathrm{i}} (\lambda, \theta, \varphi) \cos\theta \mathrm{d}\varpi}{\int_\Omega i'_{\lambda,\mathrm{i}} (\lambda, \theta, \varphi) \cos\theta \mathrm{d}\varpi} \qquad (3\text{-}17)$$

在两种特殊情况下可以导得 $\alpha_\lambda (\lambda, T) = \varepsilon_\lambda (\lambda, T)$, 一种情况是入射光谱强度 $i'_{\lambda,\mathrm{i}}$ 与 $\varphi$ 和 $\theta$ 无关, 在各个方向上都相同; 第二种情况是方向光谱发射率 $\varepsilon'_\lambda$ 和方向光谱吸收率 $\alpha'_\lambda$ 二者不但相等, 而且它们都与方向无关, 这种表面称为 "漫射光谱表面".

最后讨论半球总吸收率 $\alpha(T)$, 它是表面所吸收的能量占从封闭半球 $\Omega$ 的所有方向入射的一切波长能量的份额, 通常是表面温度的函数

$$\alpha (T) = \frac{\int_\Omega \left[ \int_0^\infty \alpha'_\lambda (\lambda, \theta, \varphi, T) \, i'_{\lambda,\mathrm{i}} (\lambda, \theta, \varphi) \, \mathrm{d}\lambda \right] \cos\theta \mathrm{d}\varpi}{\int_\Omega \left[ \int_0^\infty i'_{\lambda,\mathrm{i}} (\lambda, \theta, \varphi) \, \mathrm{d}\lambda \right] \cos\theta \mathrm{d}\varpi} \qquad (3\text{-}18)$$

当入射辐射强度与入射角度无关, 并且其光谱形式与相同温度下的黑体光谱形式完全成比例, 即 $i'_{\lambda,\mathrm{i}} (\lambda, \theta, \varphi) = C i'_{\lambda b} (\lambda, T)$ 时, 代入式 (3-18) 并应用 Kirchhoff 定律式 (3-14), 有

$$\begin{aligned} \alpha (T) &= \frac{\int_\Omega \left[ \int_0^\infty \varepsilon'_\lambda (\lambda, \theta, \varphi, T) \, i'_{\lambda b} (\lambda, T) \, \mathrm{d}\lambda \right] \cos\theta \mathrm{d}\varpi}{\int_\Omega \left[ \int_0^\infty i'_{\lambda b} (\lambda, T) \, \mathrm{d}\lambda \right] \cos\theta \mathrm{d}\varpi} \\ &= \frac{1}{\sigma T^4} \int_\Omega \left[ \int_0^\infty \varepsilon'_\lambda (\lambda, \theta, \varphi, T) \, i'_{\lambda b} (\lambda, T) \, \mathrm{d}\lambda \right] \cos\theta \mathrm{d}\varpi \\ &= \varepsilon (T) \end{aligned} \qquad (3\text{-}19)$$

在辐射传热学中经常要涉及 "漫射–灰表面" 的概念, 尤其是在进行封闭腔内的辐射换热计算时往往需要基于此概念的系统简化. "漫射" 是指表面的方向特性 (包括发射率和吸收率) 与方向无关, 和黑体一样在各个方向上均匀发射亦相同地吸收; "灰" 则指光谱发射率和光谱吸收率都与波长无关, 也即它们都不随波长变化, 只取决于温度, 这样在任何温度下表面发射出的辐射能对所有波长而言都具有相同的黑体辐射的份额. 因此, 漫射–灰表面吸收来自任何方向和任一波长的入射辐射的固定份额, 也在所有方向上对任何波长而言发射与同温度下的黑体辐射等比例的辐射能. 这样一来, 方向光谱发射率和方向光谱吸收率就可表示为

$$\varepsilon'_\lambda (\lambda, \theta, \varphi, T) = \varepsilon'_\lambda (T)$$

$$\alpha'_\lambda\left(\lambda,\theta,\varphi,T\right)=\alpha'_\lambda\left(T\right)$$

分别代入式 (3-12) 和式 (3-18)，并应用 Kirchhoff 定律，就有

$$\alpha\left(T\right)=\alpha'_\lambda\left(T\right)=\varepsilon'_\lambda\left(T\right)=\varepsilon\left(T\right) \tag{3-20}$$

可见，对于漫射–灰表面而言，吸收率和发射率的方向光谱值和半球总值都是相等的，半球总吸收率与入射辐射的性质完全无关.

### 3.2.3 反射率

首先讨论最基本的反射率 —— 双向光谱反射率，见图 3-1(e)，它是在 $(\theta_{\mathrm{r}}, \phi_{\mathrm{r}})$ 方向上反射的光谱强度与产生这一反射的从空间 $(\theta, \varphi)$ 方向投射来的、到达立体角 $\mathrm{d}\omega$ 内并被吸收表面拦截的能量之比，表示为

$$\rho''_\lambda\left(\lambda,\theta_{\mathrm{r}},\varphi_{\mathrm{r}},\theta,\varphi\right)=\frac{i''_{\lambda,\mathrm{r}}\left(\lambda,\theta_{\mathrm{r}},\varphi_{\mathrm{r}},\theta,\varphi\right)}{i'_{\lambda,\mathrm{i}}\left(\lambda,\theta,\varphi\right)\cos\theta\mathrm{d}\varpi} \tag{3-21}$$

通常上式中的 $i''_{\lambda,\mathrm{r}}$ 是一个比 $i'_{\lambda,\mathrm{i}}$ 更高阶的微分量，所以分母中的 $\mathrm{d}\omega$ 就不会使 $\rho''_\lambda$ 成为一个微分量. 对于漫反射，来自 $(\theta, \varphi)$ 方向的入射能量对所有 $(\theta_{\mathrm{r}}, \varphi_{\mathrm{r}})$ 的反射强度的影响是同样的，$\rho''_\lambda$ 就与 $(\theta_{\mathrm{r}}, \varphi_{\mathrm{r}})$ 无关. 通常反射率与物体温度 $T$ 有关，为简化见，表达式中省略了 $T$.

可以证明，双向光谱反射率具有互换性，即

$$\rho''_\lambda\left(\lambda,\theta_{\mathrm{r}},\varphi_{\mathrm{r}},\theta,\varphi\right)=\rho''_\lambda\left(\lambda,\theta,\varphi,\theta_{\mathrm{r}},\varphi_{\mathrm{r}}\right) \tag{3-22}$$

式 (3-22) 表明，能量在 $(\theta, \varphi)$ 方向入射、在 $(\theta_{\mathrm{r}}, \varphi_{\mathrm{r}})$ 方向反射时的 $\rho''_\lambda$，和在 $(\theta_{\mathrm{r}}, \varphi_{\mathrm{r}})$ 方向入射、在 $(\theta, \varphi)$ 方向反射时的 $\rho''_\lambda$ 是一样的.

1) 方向–半球光谱反射率 $\rho'_\lambda\left(\lambda,\theta,\varphi\right)$

参见图 3-1(f)，$\rho'_\lambda\left(\lambda,\theta,\varphi\right)$ 定义为反射到所有立体角的能量与来自某一个方向的入射能量之比

$$\rho'_\lambda\left(\lambda,\theta,\varphi\right)=\int_\Omega \rho''_\lambda\left(\lambda,\theta_{\mathrm{r}},\varphi_{\mathrm{r}},\theta,\varphi\right)\cos\theta_{\mathrm{r}}\mathrm{d}\varpi_{\mathrm{r}} \tag{3-23}$$

对于漫反射表面，$\rho''_\lambda$ 与反射方向 $(\theta_{\mathrm{r}}, \phi_{\mathrm{r}})$ 无关，式 (3-23) 简化为

$$\rho'_\lambda\left(\lambda,\theta,\varphi\right)=\rho''_\lambda\left(\lambda,\theta,\varphi\right)\int_\Omega \cos\theta_{\mathrm{r}}\mathrm{d}\varpi_{\mathrm{r}}=\pi\rho''_\lambda\left(\lambda,\theta,\varphi\right) \tag{3-24}$$

2) 半球–方向光谱反射率 $\rho'_\lambda\left(\lambda,\theta_{\mathrm{r}},\varphi_{\mathrm{r}}\right)$

参见图 3-1(g)，$\rho'_\lambda\left(\lambda,\theta_{\mathrm{r}},\varphi_{\mathrm{r}}\right)$ 定义为在 $(\theta_{\mathrm{r}}, \varphi_{\mathrm{r}})$ 方向上的反射强度除以积分平均的入射强度，即

$$\rho'_\lambda\left(\lambda,\theta_{\mathrm{r}},\varphi_{\mathrm{r}}\right)=\frac{\displaystyle\int_\Omega \rho''_\lambda\left(\lambda,\theta_{\mathrm{r}},\varphi_{\mathrm{r}},\theta,\varphi\right) i'_{\lambda,\mathrm{i}}\left(\lambda,\theta,\varphi\right)\cos\theta\mathrm{d}\varpi}{\dfrac{1}{\pi}\displaystyle\int_\Omega i'_{\lambda,\mathrm{i}}\left(\lambda,\theta,\varphi\right)\cos\theta\mathrm{d}\varpi} \tag{3-25}$$

对于均匀的入射强度, $i'_{\lambda,\mathrm{i}}$ 和方向 $(\theta, \varphi)$ 无关, 式 (3-25) 可以简化为

$$\rho'_\lambda (\lambda, \theta_\mathrm{r}, \varphi_\mathrm{r}) = \int_\Omega \rho''_\lambda (\lambda, \theta_\mathrm{r}, \varphi_\mathrm{r}, \theta, \varphi) \cos\theta \mathrm{d}\varpi \tag{3-26}$$

3) 半球总反射率 $\rho$

半球总反射率 $\rho$ 定义为所有方向、所有波长的总反射能量和所有方向所有波长的总入射能量之比, 参见图 3-1(h) 即

$$\rho = \frac{\displaystyle\int_\Omega \rho'(\theta, \varphi)\, i'_\mathrm{i}(\theta, \varphi) \cos\theta \mathrm{d}\varpi}{\displaystyle\int_\Omega i'_\mathrm{i}(\theta, \varphi) \cos\theta \mathrm{d}\varpi} \tag{3-27}$$

式中 $i'_\mathrm{i}(\theta, \varphi)$ 为 $(\theta, \varphi)$ 方向上包括波长从 0 到 $\infty$ 的总入射强度, $\rho'(\theta, \varphi)$ 为方向–半球总反射率.

### 3.2.4   反射率、吸收率和发射率之间的关系

对于不透明的表面, 当入射能量投射到其上面时, 能量要么被吸收, 要么被反射掉, 因此相对应的吸收率和反射率之和等于 1. 另外, Kirchhoff 定律又告诉我们, 在一定条件下辐射表面的发射率和吸收率之间也存在一定关系. 这样一来, 我们可以找出反射率和发射率之间的某些关系, 在应用中能够带来方便.

首先, 根据方向光谱吸收率和方向–半球光谱反射率的定义, 此二者之和恒等于 1, 即

$$\alpha'_\lambda (\lambda, \theta, \varphi, T) + \rho'_\lambda (\lambda, \theta, \varphi, T) = 1 \tag{3-28}$$

应用 Kirchhoff 定律式 (3-14), 式 (3-28) 成为

$$\varepsilon'_\lambda (\lambda, \theta, \varphi, T) + \rho'_\lambda (\lambda, \theta, \varphi, T) = 1 \tag{3-29}$$

如果在所有波长范围内考虑, 则有方向总吸收率和方向–半球总反射率之和等于 1, 即

$$\alpha'(\theta, \varphi, T) + \rho'(\theta, \varphi, T) = 1 \tag{3-30}$$

前面在讨论方向总特性的 Kirchhoff 定律时曾经提及, 如果入射辐射的光谱分布正比于温度为 $T$ 的黑体的光谱分布, 即 $i'_{\lambda,i}(\lambda, \theta, \varphi) = C(\theta, \varphi) i'_{\lambda b}(\lambda, T)$, 或者光谱发射率 $\varepsilon'_\lambda (\lambda, \theta, \varphi, T)$ 与波长无关 (方向灰表面), 就有 $\varepsilon'(\theta, \varphi, T) = \alpha'(\theta, \varphi, T)$, 从而

$$\varepsilon'(\theta, \varphi, T) + \rho'(\theta, \varphi, T) = 1 \tag{3-31}$$

如果考察从半球上方一切方向到达 $\mathrm{d}A$ 微元面的波长为 $\lambda$ 的辐射能, 那么从能量平衡的角度分析下式成立:

$$\alpha_\lambda (\lambda, T) + \rho_\lambda (\lambda, T) = 1 \tag{3-32}$$

即半球光谱吸收率和半球光谱反射率之和恒等于 1. 如前所述, 当入射辐射强度与角度无关, 或者方向光谱吸收率 $\alpha'_\lambda$ 及方向光谱发射率 $\varepsilon'_\lambda$ 与角度无关时, 有 $\alpha_\lambda(\lambda, T) = \varepsilon_\lambda(\lambda, T)$, 于是式 (3-32) 成为

$$\varepsilon_\lambda(\lambda, T) + \rho_\lambda(\lambda, T) = 1 \tag{3-33}$$

进而, 半球总吸收率和半球总发射率之间存在类似关系, 由于对不透明表面下式总是成立:

$$\alpha(T) + \rho(T) = 1 \tag{3-34}$$

而对于漫射–灰表面, 有 $\alpha(T) = \varepsilon(T)$, 从而

$$\varepsilon(T) + \rho(T) = 1 \tag{3-35}$$

## 3.3 温度均匀的黑体表面间的辐射换热

作为辐射换热较简单的情形, 本章只讨论黑体表面之间的辐射换热问题. 黑体是理想的吸收体, 因此不必考虑反射能量; 同时黑体表面都是以漫射的方式进行辐射, 所以离开表面的辐射强度与方向无关, 这些都能够使得辐射换热计算得以简化. 在讨论黑体表面间辐射换热过程中, 将导出 "角系数" 的重要概念. 虽然它是从黑体辐射换热导出的, 但所得结果却具有广泛的通用性, 因为角系数只与参加辐射换热的表面大小及其相对位置有关, 只要实际表面是均匀漫辐射表面, 所导出的角系数就仍然适用.

### 3.3.1 两个微元黑表面间的辐射换热

设有如图 3-2 所示的两个微元黑表面 $\mathrm{d}A_1$ 和 $\mathrm{d}A_2$, 分别处在温度 $T_1$ 和 $T_2$, 两微元表面中心连线长度为 $S$, 两表面的法线与中心连线之间的夹角分别为 $\theta_1$ 和 $\theta_2$, 考虑在单位时间内离开 $\mathrm{d}A_1$ 而落到 $\mathrm{d}A_2$ 上的辐射能量, 根据辐射强度的定义, 这个能量应为

$$\mathrm{d}^2 Q'_{d_1-d_2} = i'_{b,1} \mathrm{d}A_1 \cos\theta_1 \mathrm{d}\varpi_1 \tag{3-36}$$

根据立体角的定义, 式 (3-36) 中的 $\mathrm{d}\omega_1$ 为

$$\mathrm{d}\varpi_1 = \frac{\mathrm{d}A_2 \cos\theta_2}{S^2} \tag{3-37}$$

$\mathrm{d}\omega_1$ 表示从微元面 $\mathrm{d}A_1$ 的中心看去, 微元表面 $\mathrm{d}A_2$ 所张的立体角. 类似地, 单位时间内离开 $\mathrm{d}A_2$ 而落到 $\mathrm{d}A_1$ 上的辐射能量为

$$\mathrm{d}^2 Q'_{d_2-d_1} = i'_{b,2} \mathrm{d}A_2 \cos\theta_2 \mathrm{d}\varpi_2 \tag{3-38}$$

而 $\mathrm{d}\omega_2$ 为

$$\mathrm{d}\varpi_2 = \frac{\mathrm{d}A_1 \cos\theta_1}{S^2} \tag{3-39}$$

从而, 两微元黑表面之间的辐射能交换为

$$\mathrm{d}^2 Q'_{d_1 \leftrightarrow d_2} = \left(i'_{b,1} - i'_{b,2}\right) \frac{\cos\theta_1 \cos\theta_2}{S^2} \mathrm{d}A_1 \mathrm{d}A_2 \tag{3-40}$$

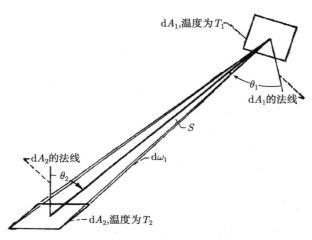

图 3-2　两个微元黑表面之间的辐射换热

对于黑体, 由于其辐射强度不随方向变化, 并且和半球总辐射力存在关系 $i'_b = e_b/\pi = \sigma T^4/\pi$, 故式 (3-40) 可以改写为

$$\mathrm{d}^2 Q'_{d_1 \leftrightarrow d_2} = \sigma \left(T_1^4 - T_2^4\right) \frac{\cos\theta_1 \cos\theta_2}{\pi S^2} \mathrm{d}A_1 \mathrm{d}A_2 \tag{3-41}$$

### 3.3.2　角系数及其计算方法

在辐射传热学中, 为便于计算和讨论, 引入 "几何角系数" 的概念. 所谓 "几何角系数", 是指参与辐射换热的空间固体表面之间的几何关系的一种表征, 它是一个与辐射热特性无关的、纯粹的几何量, 简称 "角系数". 角系数的物理含义是, 一个漫辐射表面向空间发射辐射时, 能够落到空间另一表面的份额. 黑体表面是典型的漫辐射表面, 因此角系数可以从黑体表面间的辐射换热导出. 对于前述讨论的两黑体微元表面间的辐射换热, 从 $\mathrm{d}A_1$ 发射而落到 $\mathrm{d}A_2$ 上的辐射能量的份额应为

$$\begin{aligned}
\mathrm{d}F_{d_1 - d_2} &= \frac{\mathrm{d}^2 Q'_{d_1 - d_2}}{\sigma T_1^4 \mathrm{d}A_1} = \frac{\dfrac{\sigma T_1^4}{\pi} \cos\theta_1 \mathrm{d}A_1 \mathrm{d}\varpi_1}{\sigma T_1^4 \mathrm{d}A_1} = \frac{\cos\theta_1 \mathrm{d}\varpi_1}{\pi} \\
&= \frac{\cos\theta_1 \cos\theta_2}{\pi S^2} \mathrm{d}A_2
\end{aligned} \tag{3-42}$$

同理, 从 $dA_2$ 发射而落到 $dA_1$ 上的辐射能量的份额应为

$$dF_{d_2-d_1} = \frac{\cos\theta_2 d\varpi_2}{\pi} = \frac{\cos\theta_1 \cos\theta_2}{\pi S^2} dA_1 \tag{3-43}$$

比较以上两式, 可见存在如下互换性关系:

$$dA_1 dF_{d_1-d_2} = dA_2 dF_{d_2-d_1} \tag{3-44}$$

角系数的互换性关系是角系数的基本性质之一, 在辐射换热计算中经常用到. 根据以上微元角系数的表达式, 表示 $dA_1$ 和 $dA_2$ 之间辐射换热量的计算式 (3-41) 可以改写成

$$\begin{aligned}
d^2 Q'_{d_1 \leftrightarrow d_2} &= \sigma\left(T_1^4 - T_2^4\right) dF_{d_1-d_2} dA_1 \\
&= \sigma\left(T_1^4 - T_2^4\right) dF_{d_2-d_1} dA_2
\end{aligned} \tag{3-45}$$

(1) 微元表面和有限表面间的角系数.

设微元表面 $dA_1$ 和有限大小的表面 2 之间辐射换热, 二者都为漫射表面, 仿照前面的分析, 可得二者之间的角系数为

$$F_{d_1-2} = \int_{A_2} dF_{d_1-d_2} = \int_{A_2} \frac{\cos\theta_1 \cos\theta_2}{\pi S^2} dA_2 \tag{3-46}$$

$$dF_{2-d_1} = \frac{dA_1}{A_2} \int_{A_2} dF_{d_1-d_2} = \frac{dA_1}{A_2} \int_{A_2} \frac{\cos\theta_1 \cos\theta_2}{\pi S^2} dA_2 \tag{3-47}$$

其互换性关系为

$$dA_1 F_{d_1-2} = A_2 dF_{2-d_1} \tag{3-48}$$

表面 $dA_1$ 和表面 2 之间能量交换为一阶微分关系

$$\begin{aligned}
dQ_{d_1-2} &= \sigma\left(T_1^4 - T_2^4\right) F_{d_1-2} dA_1 \\
&= \sigma\left(T_1^4 - T_2^4\right) dF_{2-d_1} A_2
\end{aligned} \tag{3-49}$$

(2) 两个有限大小面积之间的角系数.

在式 (3-47) 的基础上, 可以进一步确定有限面积 2 和有限面积 1 之间的角系数, 只要对 $dF_{2-d_1}$ 在 $A_1$ 上积分即可

$$F_{2-1} = \frac{1}{A_2} \int_{A_1} \int_{A_2} \frac{\cos\theta_1 \cos\theta_2}{\pi S^2} dA_1 dA_2 \tag{3-50}$$

类似地, 有

$$F_{1-2} = \frac{1}{A_1} \int_{A_1} \int_{A_2} \frac{\cos\theta_1 \cos\theta_2}{\pi S^2} dA_1 dA_2 \tag{3-51}$$

其互换性关系为

$$A_1 F_{1-2} = A_2 F_{2-1} \tag{3-52}$$

辐射能交换为

$$
\begin{aligned}
Q_{1\leftrightarrow 2} &= \sigma \left( T_1^4 - T_2^4 \right) F_{1-2} A_1 \\
&= \sigma \left( T_1^4 - T_2^4 \right) F_{2-1} A_2
\end{aligned}
\tag{3-53}
$$

下面简要介绍几种角系数的计算方法, 某些情形的角系数可从相关手册中直接查到.

1) 确定成对表面间角系数的代数方法

设有空间任意放置的两个表面, 如果将表面 2 划分为互不重叠的两部分, 分别记为表面 3 和 4, 那么, 1 和 3、4 间的角系数存在下面关系:

$$F_{1-(3+4)} = F_{1-3} + F_{1-4} \tag{3-54}$$

对于如图 3-3 所示的两个平行相对的矩形, 上下表面各分为任意两部分 $A_1$、$A_2$ 和 $A_3$、$A_4$. 由于几何对称性, 显然有 $A_2 = A_4$, $F_{2-3} = F_{4-1}$; 另外, 根据角系数的互换性, 有 $A_4 F_{4-1} = A_1 F_{1-4}$. 因此, 下列关系成立:

$$A_2 F_{2-3} = A_1 F_{1-4} \tag{3-55}$$

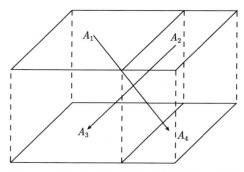

图 3-3 两个相对矩形之间角系数的互换性

对于图 3-4 所示的矩形及其子区域, 可以证明如下互换性成立:

$$A_1 F_{1-2} = A_3 F_{3-4} \tag{3-56}$$

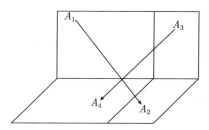

图 3-4  两个相互垂直的矩形之间角系数的互换性

2) 集合理论的符号表示法

如果考察图 3-5 中微元表面 $dA_E$ 与形成L形的两矩形表面 $A_1$ 和 $A_2$ 的并集 $A_1 \cup A_2$ 之间的角系数, 则可表示为

$$F_{d_E-1\cup 2} = F_{d_E-1} + F_{d_E-2} - F_{d_E-1\cap 2} \tag{3-57}$$

并集 $A_1 \cup A_2$ 的含义是二者的边界所包围的面积, 而交集 $A_1 \cap A_2$ 是指二者在拐角处的重叠面积. 式 (3-57) 表明对重叠面积的角系数只能计算一次.

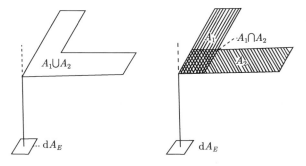

(a)需要确定角系数的结构图形  (b)表示出重叠面积的结构图形

图 3-5  微元表面与 L 形面积之间的角系数

3) 封闭腔中的角系数

考虑由 $N$ 个表面组成的封闭腔, 这些表面可以是任意形状的平面或者曲面, 不同表面之间发生辐射换热. 对于其中任一表面 $k$ 而言, 下列关系成立:

$$F_{k-1} + F_{k-2} + F_{k-3} + \cdots + F_{k-N} = \sum_{j=1}^{N} F_{k-j} = 1 \tag{3-58}$$

此式称为角系数的完整性, 式中 $F_{k-k}$ 亦包括在内, 因为当它对应的表面 $A_k$ 为凹面时, 它对自身的角系数并不等于零.

对于断面为三角形的无限长三棱柱形的封闭空腔, 横截面三个边长分别记为 $L_1$、$L_2$ 和 $L_3$, 根据上述角系数的完整性原理, 可推导出任意两个边之间的角系数

为

$$F_{1-2} = \frac{1}{2L_1}(L_1 + L_2 - L_3) \tag{3-59}$$

进而可以考虑两块宽度相同, 且有一公共边的无限长平板之间的角系数, 两平板之间的夹角为 $\alpha$. 由于 $L_1=L_2$, 式 (3-59) 化为

$$F_{1-2} = \frac{1}{2L_1}(2L_1 - L_3) = 1 - \frac{L_3/2}{L_1} = 1 - \sin\frac{\alpha}{2} \tag{3-60}$$

4) 对已知角系数的微分法

考察图 3-6 所示的方形通道内的辐射换热系统, 现在需要确定端面顶角微元面 $\mathrm{d}A_1$ 与距离端面 $x$、高度为 $\mathrm{d}x$ 的环状微元内表面 $\mathrm{d}A_2$ 之间的角系数. 显而易见, 离开 $\mathrm{d}A_1$ 而落到 $\mathrm{d}A_2$ 的辐射能应该等于落到正方形面积 $A_3$ 和 $A_4$ 上的能量之差, 相应的角系数 $\mathrm{d}F_{d_1-d_2}$ 就是 $F_{d_1-3}$ 和 $F_{d_1-4}$ 之差. 于是

$$\begin{aligned}
\mathrm{d}F_{d_1-d_2} &= F_{d_1-3} - F_{d_1-4} = -\frac{\Delta F_{d_1-3}}{\Delta x}\,\Delta x\big|_{\Delta x \to 0} \\
&= -\frac{\partial F_{d_1-3}}{\partial x}\mathrm{d}x
\end{aligned} \tag{3-61}$$

式中 $F_{d_1-3}$ 是 $\mathrm{d}A_1$ 对 $x$ 处的矩形断面的角系数, 可在角系数手册中查到.

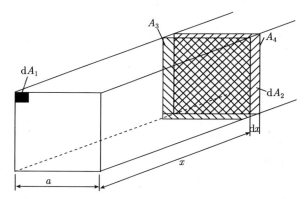

图 3-6　方形通道端面顶角微元面与通道微元内表面之间的角系数

5) 单位球法

这个方法是 Wilhelm Nusselt 在 1928 年提出来的, 由于容易实施, 所以为用实验方法确定角系数提供了可能性. 如图 3-7 所示, 以微元面 $\mathrm{d}A_1$ 作为球心, 覆盖一个半径 $r=1$ 的半球, 那么 $\mathrm{d}A_1$ 与有限大小面积 $A_2$ 之间的角系数表示为

$$F_{d_1-2} = \int_{A_2} \mathrm{d}F_{d_1-d_2} = \int_{A_2} \frac{\cos\theta_1 \cos\theta_2}{\pi S^2}\mathrm{d}A_2$$

根据空间表面 $A_2$ 在半球面上的投影关系, 有

$$\frac{\cos\theta_2}{S^2}\mathrm{d}A_2 = \frac{\mathrm{d}A_s}{r^2} = \mathrm{d}A_s$$

其中 $\mathrm{d}A_s$ 为 $\mathrm{d}A_2$ 在半球面上的投影面积. 于是, 角系数变为

$$F_{d_1-2} = \frac{1}{\pi}\int_{A_s}\cos\theta_1\mathrm{d}A_s$$

式中的积分代表半球表面上的一次投影面积 $\mathrm{d}A_s$ 在半球底面上的二次投影面积, 用 $A_b$ 来表示, 于是有

$$F_{d_1-2} = \frac{A_b}{\pi} \tag{3-62}$$

采用实验方法确定角系数时, 可通过作图法或者照相的方法确定二次投影面积 $A_b$, 从而得到 $F_{d_1-2}$.

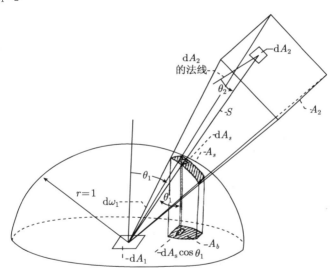

图 3-7 确定角系数的单位球法图示

### 3.3.3 由宏观黑表面构成的封闭腔内的辐射换热

本小节讨论有限大小的且温度均匀的黑体表面所组成的封闭腔内的辐射换热, 这些限制条件使得所讨论的问题相对于后面将要讨论的实际表面之间的辐射换热简单一些, 作为入门, 为后面复杂系统的辐射换热学习奠定基础.

考虑由 $N$ 个等温黑表面组成的封闭空腔, 见图 3-8. 首先对各表面的辐射换热的正负做出规定: 净失去辐射热量为正, 净得到为负. 这样规定是考虑与最初计算表面的辐射力是代表其向外辐射散热的观点相一致. 另外, 各个表面之间如果要维

持稳态的辐射能交换, 它们就必须有辐射之外的其他渠道失去或者得到热量, 通常可能是以导热方式或对流方式. 辐射换热计算也恰恰是为其他传热方式的热能平衡提供依据.

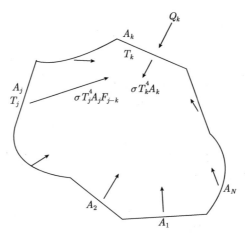

图 3-8　由 $N$ 个等温黑表面组成的封闭空腔截面图

考虑封闭腔中的第 $k$ 个表面, 其面积记为 $A_k$, 它在单位时间内发出的总辐射能为 $\sigma T_k^4 A_k$, 从第 $i$ 个表面所接收到并全部吸收的辐射能为 $\sigma T_i^4 A_i F_{i-k}$, 于是, 其热平衡为

$$Q_k = \sigma T_k^4 A_k - \sum_{i=1}^{N} \sigma T_i^4 A_i F_{i-k} \tag{3-63}$$

利用角系数的互换性和完整性原理, 有 $A_i F_{i-k} = A_k F_{k-i}$ 以及 $\sum_{i=1}^{N} F_{k-i} = 1$, 代入式 (3-63) 得

$$Q_k = \sigma T_k^4 A_k \sum_{i=1}^{N} F_{k-i} - \sigma A_k \sum_{i=1}^{N} T_i^4 F_{k-i}$$
$$= \sigma A_k \sum_{i=1}^{N} \left( T_k^4 - T_i^4 \right) F_{k-i} \tag{3-64}$$

式 (3-64) 对于工程计算和计算机编程来说更为方便.

【例题 3-1】　如图 3-9 所示, 一根长度远大于其直径的受热小圆柱, 被同心地放置在一根对半切开的、长度与其相等的大圆桶内, 二者均为黑体. 切开的大圆桶的内径是小圆柱直径的两倍. 小圆柱的表面温度 $T_1 = 1700\mathrm{K}$, 其表面热流密度 $Q_1/A_1 = 3 \times 10^5 \mathrm{W/m^2}$. 希望从切开的大圆桶上表面 $A_3$ 所传出去的热流密度是下表面热流密度的一半, 问 $T_2$、$T_3$、$Q_2/A_2$、$Q_3/A_3$之值各为多大? 略去圆管的端部影响.

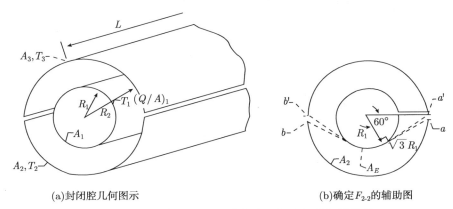

(a)封闭腔几何图示　　　　　　　　(b)确定$F_{2\text{-}2}$的辅助图

图 3-9　由小圆柱与切开的外包大圆桶之间的辐射换热

对每个表面写出净辐射换热量

$$Q_1 = A_1 F_{1-2}\sigma\left(T_1^4 - T_2^4\right) + A_1 F_{1-3}\sigma\left(T_1^4 - T_3^4\right)$$
$$Q_2 = A_2 F_{2-1}\sigma\left(T_2^4 - T_1^4\right) + A_2 F_{2-3}\sigma\left(T_2^4 - T_3^4\right)$$
$$Q_3 = A_3 F_{3-1}\sigma\left(T_3^4 - T_1^4\right) + A_3 F_{3-2}\sigma\left(T_3^4 - T_2^4\right)$$

由已知条件, $D_2 = 2D_1$, 相应面积之比为

$$\frac{A_1}{A_2} = \frac{A_1}{A_3} = \frac{\pi D_1 L}{\frac{1}{2}\pi D_2 L} = 1$$

作为一个孤立系统, 三个表面总辐射换热量的代数和应等于零, 并且由于 $A_1 = A_2 = A_3$, 所以应有 $Q_1/A_1 + Q_2/A_2 + Q_3/A_3 = 0$. 由问题的条件, $Q_3/A_3 = Q_2/2A_2$, 于是得

$$\frac{Q_2}{A_2} = -\frac{2}{3}\frac{Q_1}{A_1} = -2.0\times 10^5\,(\mathrm{W/m^2})$$
$$\frac{Q_3}{A_3} = -\frac{1}{3}\frac{Q_1}{A_1} = -1.0\times 10^5\,(\mathrm{W/m^2})$$

由几何对称性及角系数的代数关系可知, $F_{1-2} = F_{1-3} = 1/2$, $F_{2-1} = F_{3-1} = A_1 F_{1-3}/A_3 = 1/2$, 以及 $F_{2-3} = F_{3-2}$. 为了确定 $F_{2-3}$, 利用角系数的完整性 $F_{2-1} + F_{2-2} + F_{2-3} = 1$, 得到 $F_{2-3} = 1/2 - F_{2-2}$. 在图 3-9(b) 中, $F_{2-2} = 1 - F_{2-E}$. 图中虚线所表示的 $A_E$ 是为了分析方便而增加的一个辅助面, $A_E$ 代表从 $a$ 到 $b$ 两段切线和一段圆弧所形成的面积, 大小为 $A_E = (2\sqrt{3}R_1 + \pi R_1/3)L$. 注意 $b$ 与 $b'$、$a$ 与

$a'$ 之间的距离为零, 故辅助面的存在并不影响外圆桶的完整性. 显然凸表面 $A_E$ 对 $A_2$ 的角系数 $F_{E-2} = 1$, 从而根据角系数的相对性有

$$F_{2-E} = \frac{A_E}{A_2} = \frac{(2\sqrt{3}R_1 + \pi R_1/3)L}{\pi D_2 L/2} = \frac{\sqrt{3}}{\pi} + \frac{1}{6}$$

从而 $F_{2-3} = \frac{1}{2} - F_{2-2} = \frac{1}{2} - (1 - F_{2-E}) = 0.218$.

把这些角系数和已经确定的各个表面的热流密度代入上面的净辐射换热计算式, 有

$$3 \times 10^5 = \frac{\sigma}{2}\left(1700^4 - T_2^4\right) + \frac{\sigma}{2}\left(1700^4 - T_3^4\right)$$

$$-2.0 \times 10^5 = \frac{\sigma}{2}\left(T_2^4 - 1700^4\right) + 0.218\sigma\left(T_2^4 - T_3^4\right)$$

$$-1.0 \times 10^5 = \frac{\sigma}{2}\left(T_3^4 - 1700^4\right) + 0.218\sigma\left(T_3^4 - T_2^4\right)$$

上面三式中只有两式是独立的, 解其中任意两式即可得到 $T_2$=1216K, $T_3$=1418K.

## 3.4　由漫–灰表面构成的封闭腔内的辐射换热

前已述及, 所谓漫灰表面是指其方向光谱发射率和方向光谱吸收率均与方向和波长无关的表面, 但可能与温度有关. 对于漫灰表面, 半球总吸收率和发射率是相等的, 并且只取决于温度. 为了简化封闭腔内的辐射换热计算, 漫射–灰的近似处理方法是经常采用的. 这里的 “漫射” 既是漫辐射也是漫反射. 当一个表面满足漫灰条件时, 离开表面的辐射强度与方向角度无关, 前面对黑体表面导出的角系数就可以直接应用.

讨论封闭腔内的辐射换热, 需要预先确定参与换热的表面数. 由于要求每一个表面只能有一个均匀的温度和一个同一的热流密度, 所以表面的划分就不完全是几何意义上的, 还需要考虑温度条件. 如果某个表面的温度有剧烈的变化, 那么该表面应该进一步地划分为若干个近似等温的子区域; 如果需要, 这些子区域可以具有微元尺寸的大小. 当然, 划分的越精细, 结果的精度越高, 计算的工作量也会越大. 实际计算中二者需要兼顾.

### 3.4.1　由有限大面积构成的封闭腔

考虑如图 3-10 所示的由 $N$ 个等温漫灰表面组成的封闭腔内的辐射换热, 其中第 $k$ 个表面的面积为 $A_k$, 单位时间内投射到 $k$ 表面单位面积上的辐射能量为 $q_{i,k}$, 离开该表面的能量为 $q_{o,k}$, 则第 $k$ 表面的辐射换热损失为

$$Q_k = A_k\left(q_{o,k} - q_{i,k}\right) \tag{3-65}$$

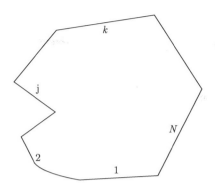

图 3-10  由 $N$ 个等温漫灰表面组成的封闭腔

在稳态情况下, $Q_k$ 即为 $k$ 表面需要通过辐射以外的方式补充的热量. 离开某表面的辐射能由自身辐射能和反射辐射能组成, 该两项之和称为有效辐射 $q_o$. 对第 $k$ 个表面, 有效辐射为

$$q_{o,k} = \varepsilon_k \sigma T_k^4 + \rho_k q_{i,k} = \varepsilon_k \sigma T_k^4 + (1 - \varepsilon_k) q_{i,k} \tag{3-66}$$

对不透明的漫灰表面, 式 (3-66) 应用了 $\rho_k = 1 - \alpha_k = 1 - \varepsilon_k$.

现在考虑如何用各表面的有效辐射来表示第 $k$ 表面所接收到的入射辐射 $q_{i,k}$. 根据角系数的定义, 投射到 $k$ 表面的总能量可表示为

$$\begin{aligned}
A_k q_{i,k} &= A_1 q_{o,1} F_{1-k} + A_2 q_{o,2} F_{2-k} + \cdots + A_N q_{o,N} F_{N-k} \\
&= A_k q_{o,1} F_{k-1} + A_k q_{o,2} F_{k-2} + \cdots + A_k q_{o,N} F_{k-N}
\end{aligned}$$

所以
$$q_{i,k} = \sum_{j=1}^{N} q_{o,j} F_{k-j} \tag{3-67}$$

式 (3-66) 和式 (3-67) 是联系 $q_{i,k}$ 和有效辐射 $q_o$ 的两种不同表达式. 将 $q_{i,k}$ 解出后分别代入式 (3-65), 得到下列两个用有效辐射表示的关于 $Q_k$ 的基本热平衡表达式:

$$Q_k = A_k \frac{\varepsilon_k}{1 - \varepsilon_k} \left( \sigma T_k^4 - q_{o,k} \right) \tag{3-68}$$

$$Q_k = A_k \left( q_{o,k} - \sum_{j=1}^{N} q_{o,j} F_{k-j} \right) \tag{3-69}$$

对于封闭空腔中的 $N$ 个表面中的每一个表面, 都可以按照以上二式列出两个方程, 则总共有 $2N$ 个方程, 从而可以解出 $2N$ 个未知量, 其中 $N$ 个未知量是有效辐射 $q_o$, 另外的 $N$ 个未知量可以是 $Q$ 或者 $T$, 取决于给定的条件.

【例题 3-2】  试推导出如图 3-11 所示两个同心漫射灰体圆球表面之间的净辐射换热量的计算式, 两圆球各自具有均匀的温度.

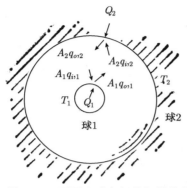

图 3-11 两同心球之间的辐射换热

由于小球 1 被大球 2 完全包围, 所以角系数 $F_{1-2} = 1$, 根据角系数的互换性, $F_{2-1} = A_1/A_2$, 从而 $F_{2-2} = 1 - A_1/A_2$. 对两个球面应用式 (3-68) 和式 (3-69), 有

$$Q_1 = A_1 \frac{\varepsilon_1}{1 - \varepsilon_1} \left( \sigma T_1^4 - q_{o,1} \right) \quad (1)$$

$$Q_1 = A_1 \left( q_{o,1} - q_{o,2} \right) \quad (2)$$

$$Q_2 = A_2 \frac{\varepsilon_2}{1 - \varepsilon_2} \left( \sigma T_2^4 - q_{o,2} \right) \quad (3)$$

$$Q_2 = A_2 \left( q_{o,2} - \frac{A_1}{A_2} q_{o,1} - \left( 1 - \frac{A_1}{A_2} \right) q_{o,2} \right) = A_1 \left( -q_{o,1} + q_{o,2} \right) \quad (4)$$

比较式 (2) 和式 (4), 可见 $Q_1 = -Q_2$, 这正是系统总体热平衡的反映. 由以上四个方程可以解出 $q_{o,1}, q_{o,2}, Q_1$ 和 $Q_2$, 净辐射换热量为

$$Q_1 = \frac{A_1 \sigma \left( T_1^4 - T_2^4 \right)}{1/\varepsilon_1 + (A_1/A_2) (1/\varepsilon_2 - 1)}$$

如果大、小球不同心放置, 分析过程和上述一样, 最后仍然得出与上式相同的结果. 从直觉上讲, 小球偏心放置的换热量应该不同于同心放置时的换热量. 偏心放置仍然得出上述计算结果的错误根源, 在于没有顾及有效辐射在各个计算表面上必须均匀的假设条件. 同心放置时此条件是满足的, 偏心程度越大就越不满足, 从而就越不能够把各个球面当做一个整体来对待.

从实际工程应用来看, 封闭腔内的辐射换热计算的多数情况是已知温度 $T$ 求解换热量 $Q$, 或者是已知 $Q$ 确定 $T$, 有效辐射不是必求量. 但是从数学求解方法来讲, 特别是借助于计算机编程求解时, 以有效辐射 $q_o$ 作为中间量而先行求解, 进而再确定 $T$ 和 $Q$, 也不失为一种有效的选择. 下面对这两种解法分别讨论.

1) 联系换热量 $Q$ 和壁温 $T$ 的方程组

联立式 (3-68) 和式 (3-69), 消去 $q_{o,k}$, 可以得到 $N$ 个联系 $Q$ 和 $T$ 的方程组. 首先从式 (3-68) 有

$$q_{o,k} = \sigma T_k^4 - \frac{Q_k}{A_k} \frac{1 - \varepsilon_k}{\varepsilon_k}$$

$$q_{o,j} = \sigma T_j^4 - \frac{Q_j}{A_j} \frac{1 - \varepsilon_j}{\varepsilon_j}$$

将此二式代入式 (3-69), 得

$$\frac{Q_k}{A_k} = \sigma T_k^4 - \frac{Q_k}{A_k}\frac{1-\varepsilon_k}{\varepsilon_k} - \sum_{j=1}^{N} F_{k-j}\left(\sigma T_j^4 - \frac{Q_j}{A_j}\frac{1-\varepsilon_j}{\varepsilon_j}\right)$$

合并上式中等号两端的 $Q_k/A_k$, 得

$$\frac{1}{\varepsilon_k}\frac{Q_k}{A_k} = \sigma T_k^4 - \sum_{j=1}^{N} F_{k-j}\sigma T_j^4 + \sum_{j=1}^{N} F_{k-j}\frac{Q_j}{A_j}\frac{1-\varepsilon_j}{\varepsilon_j}$$

采用 Kronecker 算符, 上式可写为

$$\sum_{j=1}^{N} \left(\frac{\delta_{kj}}{\varepsilon_j} - F_{k-j}\frac{1-\varepsilon_j}{\varepsilon_j}\right)\frac{Q_j}{A_j} = \sum_{j=1}^{N} \left(\delta_{kj} - F_{k-j}\right)\sigma T_j^4 \tag{3-70}$$

$$k = 1, 2, \cdots, N$$

$$\delta_{kj} = \begin{cases} 1, & k = j \\ 0, & k \neq j \end{cases}$$

利用式 (3-70), 当给定封闭腔内 $m$ 个表面的温度 $T$ 和 $(N-m)$ 个表面的热流 $Q$ 时, 可求出 $m$ 个表面的热流和 $(N-m)$ 个表面的温度. 但当发射率 $\varepsilon$ 和壁温有关时, 对已知热流求温度的情况求解时, 需要反复迭代.

2) 利用有效辐射 $q_o$ 的求解方法

利用式 (3-68) 和式 (3-69) 消去 $Q_k$, 得到关于 $q_o$ 的联立方程组

$$q_{o,k} - (1-\varepsilon_k)\sum_{j=1}^{N} F_{k-j}q_{o,j} = \varepsilon_k\sigma T_k^4 \tag{3-71}$$

或写成

$$\sum_{j=1}^{N} \left[\delta_{kj} - (1-\varepsilon_k) F_{k-j}\right]q_{o,j} = \varepsilon_k\sigma T_k^4, \quad k = 1, 2, \cdots, N \tag{3-72}$$

此式用来求解空腔内每个表面温度都已知的情况. 如果空腔内只有 $m$ 个表面的温度给定, 其余 $N-m$ 个表面给定热流密度, 则对给定温度 $T$ 的表面应用式 (3-72), 给定热流的表面应用式 (3-69), 仍然可以得到关于未知量 $q_o$ 的 $N$ 个联立方程

$$\sum_{j=1}^{N} \left[\delta_{kj} - (1-\varepsilon_k) F_{k-j}\right]q_{o,j} = \varepsilon_k\sigma T_k^4, \quad 1 \leqslant k \leqslant m \tag{3-73a}$$

$$\sum_{j=1}^{N} \left(\delta_{kj} - F_{k-j}\right)q_{o,j} = \frac{Q_k}{A_k}, \quad m+1 \leqslant k \leqslant N \tag{3-73b}$$

注意, 对于给定温度 $T_k$ 的黑体表面, 由式 (3-72) 马上给出 $q_{o,k} = \sigma T_k^4$, 联立方程的个数可立即减少一个. 另外需要提醒的是, 绝热表面的发射率 $\varepsilon$ 在辐射换热中是不起作用的, 投射来的辐射能全部被反射回空间, 表面自身不发射能量. 这种表面被称为 "重辐射表面".

3) 求解大型联立方程组的矩阵方法

当一个封闭腔中有多个表面, 或者由于某些表面上的温度不均匀从而必须把它们划分成许多子区域时, 由式 (3-73) 可知会产生众多方程形成的方程组, 这时往往需要借助计算机进行求解. 计算机求解代数方程组的基本方法之一就是 "矩阵置逆法".

首先将式 (3-73) 中 $q_{o,j}$ 的系数和方程右端的已知项表示成以下形式:

$$a_{kj} = \begin{cases} \delta_{kj} - (1 - \varepsilon_k)\, F_{k-j}, \\ \delta_{kj} - F_{k-j}, \end{cases} \qquad C_k = \begin{cases} \varepsilon_k \sigma T_k^4, & 1 \leqslant k \leqslant m \\ \dfrac{Q_k}{A_k}, & m+1 \leqslant k \leqslant N \end{cases}$$

那么式 (3-73) 就可以写成

$$\sum_{j=1}^{N} a_{kj} q_{o,j} = C_k, \quad k = 1, 2, \cdots, N \tag{3-74}$$

或写成矩阵的形式

$$A q_o = C$$

式中 $A$ 代表 $N \times N$ 的系数矩阵, $q_o$ 和 $C$ 均是长度为 $N$ 的列矩阵. 借助计算机程序可以方便地求得 $A$ 的逆矩阵 $A^{-1}$, 进而得到

$$q_o = A^{-1} C$$

### 3.4.2　由无限小面积构成的封闭腔

上一小节讨论了在如下限制条件下的封闭腔内的辐射换热: ①辐射腔内每一个表面上的温度是均匀的; ②入射来的能量和离开的能量对某一表面而言是均匀的. 如果上面的条件不能够满足, 比如在某一 $k$ 表面上温度随处不同, 或者如上一小节中讨论的非同心放置的大小球, 即使各自有均匀的温度, 由于空间位置的原因而导致有效辐射不均匀的情形, 就不能用有限大面积之间的辐射换热来处理, 需要按照无限小的微元面积间的换热来考虑, 这将导致一组积分方程的出现.

讨论无限小面积间的辐射换热时, 除假定各表面都是漫射灰体之外, 还要假定辐射性质和温度无关. 根据后一个假定, 对某一表面来说, 不论该表面上的温度均匀与否, 它的发射率 $\varepsilon$ 是一个定值, 不随地点而变化.

如图 3-12 所示的由 $N$ 个表面组成的封闭腔, 各个表面又划分成多个微小面积, 对 $\vec{r}_k$ 位置的微元面积 $\mathrm{d}A_k$, 热平衡关系为

$$q_k(\vec{r}_k) = q_{o,k}(\vec{r}_k) - q_{i,k}(\vec{r}_k) \tag{3-75}$$

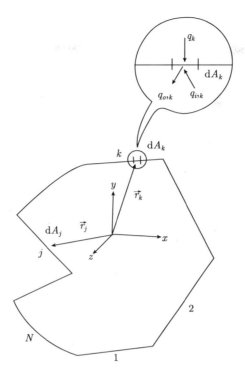

图 3-12 由 $N$ 个表面组成的封闭腔 (各个表面又划分成多个微小面积)

其中的有效辐射为

$$q_{o,k}(\vec{r}_k) = \varepsilon_k \sigma T_k^4(\vec{r}_k) + (1 - \varepsilon_k) q_{i,k}(\vec{r}_k) \tag{3-76}$$

而入射辐射由各表面的有效辐射 $q_{o,j}(\vec{r}_j)$ 对 $\mathrm{d}A_k$ 的总影响构成, 即

$$q_{i,k}(\vec{r}_k) = \sum_{j=1}^{N} \int_{A_j} q_{o,j}(\vec{r}_j) \, \mathrm{d}F_{d_k - d_j}(\vec{r}_j, \vec{r}_k) \tag{3-77}$$

式 (3-76) 和式 (3-77) 是 $q_{i,k}(\vec{r}_k)$ 的两种不同表达式, 从式中解出 $q_{i,k}(\vec{r}_k)$ 然后分别代入式 (3-75), 就得到关于微元面 $\mathrm{d}A_k$ 净辐射换热量的两个计算式

$$q_k(\vec{r}_k) = \frac{\varepsilon_k}{1 - \varepsilon_k} \left[ \sigma T_k^4(\vec{r}_k) - q_{o,k}(\vec{r}_k) \right] \tag{3-78}$$

$$q_k(\vec{r}_k) = q_{o,k}(\vec{r}_k) - \sum_{j=1}^{N} \int_{A_j} q_{o,j}(\vec{r}_j) \, \mathrm{d}F_{d_k - d_j}(\vec{r}_j, \vec{r}_k), \quad k = 1, 2, \cdots, N \tag{3-79}$$

式 (3-79) 代表了一个积分方程组, 因为未知量被包含在积分号内. 当各个表面上的热流密度分布 $q_k(\vec{r}_k)$ 已知时, 该方程组的求解结果是各个表面上的有效辐射分布.

为使式 (3-79) 中的积分变量 $\mathrm{d}A_j$ 明显地表示出来, 可以定义

$$K\left(\vec{r}_j, \vec{r}_k\right) = \frac{\mathrm{d}F_{d_k-d_j}\left(\vec{r}_j, \vec{r}_k\right)}{\mathrm{d}A_j} \tag{3-80}$$

则式 (3-79) 可以写成

$$q_k\left(\vec{r}_k\right) = q_{o,k}\left(\vec{r}_k\right) - \sum_{j=1}^{N} \int_{A_j} q_{o,j}\left(\vec{r}_j\right) K\left(\vec{r}_j, \vec{r}_k\right) \mathrm{d}A_j, \quad k = 1, \quad 2, \cdots, N \tag{3-81}$$

$K\left(\vec{r}_j, \vec{r}_k\right)$ 称为积分方程的 "核". 类似于前述有限大面积之间辐射换热的讨论, 这里也可以推导出直接联系表面温度和表面热流的方程, 或者是借助于有效辐射的求解, 再进而确定未知的温度和热流.

1) 联系温度 $T$ 与热流密度 $q$ 的方程

联立式 (3-78) 和式 (3-79) 可以得到联系 $T$ 与 $q$ 的方程. 由式 (3-78) 解出

$$q_{o,k}\left(\vec{r}_k\right) = \sigma T_k^4\left(\vec{r}_k\right) - \frac{1 - \varepsilon_k}{\varepsilon_k} q_k\left(\vec{r}_k\right) \tag{3-82}$$

在式 (3-82) 的基础上, 将下标 $k$ 换成 $j$, 得到 $q_{o,j}\left(\vec{r}_j\right)$, 然后代入式 (3-79), 以消去 $q_{o,k}\left(\vec{r}_k\right)$ 和 $q_{o,j}\left(\vec{r}_j\right)$, 得到

$$\begin{aligned} q_k\left(\vec{r}_k\right) =&\sigma T_k^4\left(\vec{r}_k\right) - \frac{1 - \varepsilon_k}{\varepsilon_k} q_k\left(\vec{r}_k\right) - \sum_{j=1}^{N} \int_{A_j} \sigma T_j^4\left(\vec{r}_j\right) \mathrm{d}F_{d_k-d_j}\left(\vec{r}_j, \vec{r}_k\right) \\ &+ \sum_{j=1}^{N} \int_{A_j} \frac{1 - \varepsilon_j}{\varepsilon_j} q_j\left(\vec{r}_j\right) \mathrm{d}F_{d_k-d_j}\left(\vec{r}_j, \vec{r}_k\right) \end{aligned}$$

对上式进行整理, 并注意到 $\varepsilon_j$ 与位置无关, 得到

$$\begin{aligned} &\frac{q_k\left(\vec{r}_k\right)}{\varepsilon_k} - \sum_{j=1}^{N} \frac{1 - \varepsilon_j}{\varepsilon_j} \int_{A_j} q_j\left(\vec{r}_j\right) \mathrm{d}F_{d_k-d_j}\left(\vec{r}_j, \vec{r}_k\right) \\ =&\sigma T_k^4\left(\vec{r}_k\right) - \sum_{j=1}^{N} \int_{A_j} \sigma T_j^4\left(\vec{r}_j\right) \mathrm{d}F_{d_k-d_j}\left(\vec{r}_j, \vec{r}_k\right) \end{aligned} \tag{3-83}$$

这样, 对于由 $N$ 个表面组成的封闭空腔, 可以列出 $N$ 个方程, 从而求出 $N$ 个未知数.

2) 借助于有效辐射 $q_o$ 的求解方法

当已知各表面的温度分布时, 应用式 (3-78) 和式 (3-79) 消去未知的 $q_k\left(\vec{r}_k\right)$, 得到有效辐射和温度 $T$ 之间的关系式

$$q_{o,k}\left(\vec{r}_k\right) = \varepsilon_k \sigma T_k^4\left(\vec{r}_k\right) + (1 - \varepsilon_k) \sum_{j=1}^{N} \int_{A_j} q_{o,j}\left(\vec{r}_j\right) \mathrm{d}F_{d_k-d_j}\left(\vec{r}_j, \vec{r}_k\right) \tag{3-84}$$

一般地, 如果封闭腔内的 $m$ 个表面的温度给定, 另外 $N-m$ 个表面的热流密度的分布给定, 这时已知温度分布的表面应用式 (3-84), 已知热流密度分布的表面应用式 (3-79), 仍然得到关于未知量 $q_o$ 的 $N$ 个方程

$$q_{o,k}\left(\vec{r}_k\right) - (1-\varepsilon_k)\sum_{j=1}^{N}\int_{A_j} q_{o,j}\left(\vec{r}_j\right)\mathrm{d}F_{d_k-d_j}\left(\vec{r}_j, \vec{r}_k\right) = \varepsilon_k\sigma T_k^4\left(\vec{r}_k\right), \quad 1\leqslant k\leqslant m$$

$$\text{(3-85a)}$$

$$q_{o,k}\left(\vec{r}_k\right) - \sum_{j=1}^{N}\int_{A_j} q_{o,j}\left(\vec{r}_j\right)\mathrm{d}F_{d_k-d_j}\left(\vec{r}_j, \vec{r}_k\right) = q_k\left(\vec{r}_k\right), \quad m+1\leqslant k\leqslant N \quad \text{(3-85b)}$$

据此可以求出 $q_{o,1}, q_{o,2}, \cdots, q_{o,N}$ 个有效辐射的分布, 然后再应用式 (3-78) 来确定未知的 $q$ 或 $T$.

3) 所有表面的加热量均已给定的特例

当封闭腔内所有表面的热流密度均预先给定时, 通过式 (3-85b) 求出 $q_o$ 后再求 $T$ 比直接由式 (3-83) 求 $T$ 要来得简单, 原因是式 (3-85b) 与表面的辐射性质无关, 只需求解一次即可, 然后再用式 (3-82) 确定温度. 另外, 假定各表面的热流密度保持不变, 但是均为黑体表面时, $\varepsilon_k=1$, 其有效辐射等于辐射力, 即

$$\sigma T_k^4\left(\vec{r}_k\right)_{\text{black}} = q_{o,k}\left(\vec{r}_k\right)$$

由式 (3-85b) 可知, 求解 $q_{0,k}$ 不涉及 $\varepsilon$, 因此, 只要 $q_k$ 保持不变, 不论 $\varepsilon \neq 1$ 或 $\varepsilon = 1, q_{0,k}$ 的解都一样. 这样, 上式 $q_{0,k}$ 与黑体温度的联系也可以应用到 $\varepsilon \neq 1$ 的系统中. 将此式代入式 (3-82), 得

$$\sigma T_k^4\left(\vec{r}_k\right) = \frac{1-\varepsilon_k}{\varepsilon_k} q_k\left(\vec{r}_k\right) + \sigma T_k^4\left(\vec{r}_k\right)_{\text{black}} \quad \text{(3-86)}$$

此式把 $\varepsilon_k \neq 1$ 的封闭腔中的壁面温度分布与具有相同热流密度的黑体封闭腔中的温度分布联系起来, 一旦找出了黑体情形的温度分布, 各灰体表面的温度分布就可由式 (3-86) 确定.

## 参 考 文 献

埃克特 E R G , 德雷克 R M , 1983. 传热与传质分析. 航青译, 北京: 科学出版社.

葛绍岩, 那鸿悦. 1989. 热辐射性质及其测量. 北京: 科学出版社.

葛新石, 龚堡, 陆维德, 等. 1988. 太阳能工程 —— 原理和应用. 北京: 科学出版社.

斯帕罗 E M, 塞斯 R D. 1982. 辐射传热. 顾传保, 张学学译. 北京: 高等教育出版社.

王补宣 1982. 工程传热传质学. 上册. 北京: 科学出版社.

西格尔 R, 豪威尔 J R. 1990. 热辐射传热. 曹玉章, 等译. 北京: 科学出版社.

杨贤荣, 马庆芳. 1982. 辐射换热角系数手册. 北京: 国防工业出版社.

余其铮. 2000. 辐射换热原理. 哈尔滨: 哈尔滨工业大学出版社.

Farrell R. 1976. Determination of configuration factors of irregular shapes. J Heat Transfer, 98(2): 311-318.

Gebel R K H. 1969. The Normalized Cumulative Blackbody Functions, Their Applications in Thermal Radiation Calculations, and Related Subjects, ARL-69-0004. Aerospace Research Laboratorires.

Incropra F P. DeWitt D P. 1996. Introduction to Heat Hransfer. 3rd ed. New York: John Wiley & Sons.

Rohsenow W M, Hartnett J P, Ganic E N. 1985. Handbook of Heat Transfer Fundamentals. 2nd ed. New York: McGraw-Hill Book Company, Inc.

Sparrow E M, Albers L U, Eckert E R G. 1962. Thermal radiation characteristics of cylindrical enclosures. J Heat Transfer, 84:73-81.

White F M. 1989. Heat and Mass Transfer, Reading. Addison-Wesley Publishing Company.

# 第 4 章　建筑环境传热

随着人类社会的发展, 用于居住环境的能耗会逐渐增加. 统计资料表明, 目前我国建筑能耗已经占到社会总能耗的大约 20%, 其中占比例最大的部分是冬季采暖用能 (占 40%), 其次是城镇住宅用能, 包括照明、家电、空调、炊事等除采暖之外的能耗, 占 21%. 尽管我国人均建筑能耗还远低于欧洲、美国、日本等发达国家, 但是与中国十几年以前自身的情况比较, 已经发生了巨大变化. 另外, 与世界上大致同纬度的技术先进的国家相比, 我国单位建筑的能耗又明显偏大. 从传热学的角度来说, 建筑物的能量消耗实质上是一个热量的耗散过程. 了解和掌握建筑环境中热量传递的规律性, 才能够有效地控制传入和传出建筑物的热量, 提高建筑用能效率. 本章从建筑物的环境要求入手, 系统介绍室内、外参数, 建筑热工设计地区分类, 建筑稳态和瞬态传热, 建筑蓄热特性等基本知识, 最后对常用的建筑节能技术做一概要介绍.

## 4.1　建筑环境参数

### 4.1.1　室内参数

从大类上划分, 建筑分为工业建筑和民用建筑, 前者的室内参数由生产工艺决定, 后者的室内参数则主要考虑居住者的舒适感和卫生要求, 包括温度、湿度、风速、换气次数及负离子浓度等. 需要指出的是, 人的舒适感与民族、文化以及对当地气候环境的长期适应性有关, 比如欧美民族的人, 冬季采暖温度标准比我国高 $4 \sim 6°C$, 而夏季空调温度则低 $3 \sim 4°C$; 又比如居住在北极圈内的爱斯基摩人, 能够在零度以下的冰屋内安然入睡, 都是不同文化的体现. 另外, 室内参数的标准又直接影响到建筑能耗, 因此它又是具有经济意义的, 是一个社会经济发展水平的表征.

我国建筑设计规范规定, 一般居住建筑的冬季采暖室内设计温度为 $18°C$, 饭店、宾馆以及医院的病房等室内设计温度 $20 \sim 22°C$. 空调室内参数分冬季参数和夏季参数, 与采暖室内设计温度取确定值不同, 一般居住建筑物舒适性空调的室内设计温度只给出温度上限 (冬季) 或下限 (夏季), 见表 4-1. 从环境卫生学的角度, 除了要求适宜的温度外, 还要求有合适的相对湿度. 与温度相比较, 人体对相对湿度的敏感度要差一些, 因此相对湿度的参数范围相对较宽, 夏季取 40% ~70%, 冬季取 30%~60%. 由于室外自然环境的季节变化, 我国大多数地区都呈现出冬季空气干燥、夏季潮湿的气候特征. 空气调节的一个主要内容是对空气的除湿或者加湿. 冬季和夏季室内相对湿度的取值差别, 是综合考虑室外空气湿度季节变化和人体对室内外环境的适应性结果.

表 4-1　舒适性空调室内温度、湿度设计参数 (依据 GB50019—2003)

| 参数名称 | 冬季 | 夏季 |
|---|---|---|
| 温度/°C | ≤ 22 | ≥ 24 |
| 相对湿度/% | 30~60 | 40~70 |

按照《采暖通风和空气调节设计规范》, 民用建筑的空调系统必须有新风补充, 这是人体卫生学的要求. 长时间的人员活动会导致室内空气品质下降, 二氧化碳等有害气体的浓度增加, 客观上要求有一定的换气次数. 但是, 不论夏季还是冬季空调, 输入新风量就意味着空调设备热、湿负荷的增加, 因为要把室外参数下的空气处理到室内参数状态下, 引入多少新风量的同时, 也必须排走多少室内的空气, 以保持室内压力稳定. 因此, 除了过渡季节最大限度地利用新风外, 冬季和夏季空调新风量要由人体卫生学和系统运行的经济性综合给出. 表 4-2 是我国典型空调房间新风量的设计标准, 按照每人、每小时的室外空气体积计算, $10 \sim 30\text{m}^3/(\text{h} \cdot \text{人})$不等.

表 4-2　空调新风量设计参数

| 房间功能 | 新风量标准/($\text{m}^3/(\text{h} \cdot \text{人})$) |
|---|---|
| 办公室 | 30 |
| 餐厅、宴会厅 | 20 |
| 商场、书店 | 20 |
| 茶座、咖啡厅 | 10 |

### 4.1.2　室外参数

建筑热工室外计算参数分为两个层面, 一是按气候冷热程度划分的地区分类, 它以累年最冷月 (即一月份) 和最热月 (即七月份) 平均温度作为主要指标, 累年日平均温度 ≤5°C 和 ≥25°C 的天数作为辅助指标, 将全国划分为五个区, 即严寒、寒冷、夏热冬冷、夏热冬暖和温和地区见图 4-1. 与图 4-1 所对应的分区指标及建筑热工设计要求见表 4-3. 笼统来说, 按照气候条件我国划分成 "二部五带", "二部" 指东西划分, 新疆和青藏高原为西部, 其余部分为东部. 新疆北部和青藏高原北部属于严寒地区, 新疆南部和青藏高原南部属于寒冷地区. "五带" 是指东部地区从北向南的气候划分, 依次分为严寒地区 —— 鞍山、朝阳、张家口、大同、榆林和武威往北; 寒冷地区 —— 华北和西北地区东部, 南至秦岭 — 淮河一线; 夏热冬冷地区 —— 主要指长江流域和江淮地区, 南边以福州、韶关和桂林为界. 广东、广西、海南和福建南部属于夏热冬暖地区. 温和地区特指云南、贵州西北和四川西南部, 这里地处北方冷气流与印度洋暖湿气流的交汇处, 常年温度变化不大.

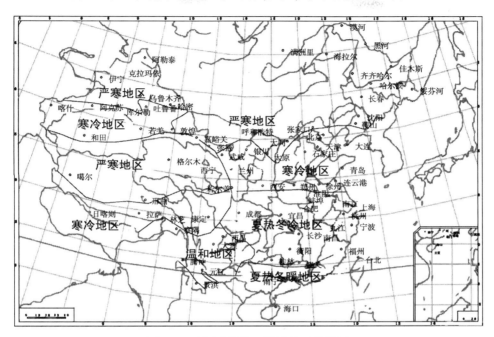

图 4-1 我国建筑热工设计地区分类图

表 4-3 建筑热工设计地区分类及设计要求

| 分区名称 | 分区指标 | | 设计要求 |
| --- | --- | --- | --- |
| | 主要指标 | 辅助指标 | |
| 严寒地区 | 最冷月平均温度 ≤ −10°C | 日平均温度 ≤ 5°C 的天数 ≥145 天 | 必须充分满足冬季保温要求, 一般可不考虑夏季防热 |
| 寒冷地区 | 最冷月平均温度 0∼ −10°C | 日平均温度 ≤ 5°C 的天数 90∼145 天 | 应满足冬季保温要求, 部分地区兼顾夏季防热 |
| 夏热冬冷地区 | 最冷月平均温度 0∼10°C, 最热月平均温度 25∼30°C | 日平均温度 ≤ 5°C 的天数 0∼90 天, 日平均温度 ≥ 25°C 的天数 40∼110 天 | 必须满足夏季防热要求, 适当兼顾冬季保温 |
| 夏热冬暖地区 | 最冷月平均温度 > 10°C, 最热月平均温度 25∼29°C | 日平均温度 ≥ 25°C 的天数 100∼200 天 | 必须充分满足夏季防热要求, 一般可不考虑冬季保温 |
| 温和地区 | 最冷月平均温度 0∼13°C, 最热月平均温度 18∼25°C | 日平均温度 ≤ 5°C 的天数 0∼90 天 | 部分地区应考虑冬季保温, 一般可不考虑夏季防热 |

地区分类的目的是对建筑热工设计提供宏观的指导原则, 不同地区的设计要求不同. 我国《建筑热工设计规范》规定, 严寒地区和寒冷地区的热工设计以冬季

保温为主, 适当兼顾夏季防热; 炎热地区的热工设计以夏季防热为主, 一般不专门设置冬季采暖设备. 这些作为国家标准颁布, 就为我国建筑能耗水平确定了整体基调. 建筑能耗水平反映了一个国家的经济发展水平, 目前我国年人均建筑能耗大约是 750kW· h /(m². 年), 大致相当于美国人均建筑能耗的 4.7%(清华大学编, "中国建筑节能年度发展研究报告 2007", 第 1 章), 反映我国经济水平尚处于较低的阶段. 随着经济的发展和人民生活水平进一步提高, 我国建筑用能总量所占比例可能还会增大.

室外参数的第二层含义, 是指室外空气温度、湿度、风速和日照等因素, 它们一般都能够在设计手册中查到. 这里着重介绍室外设计温度和太阳辐射. 首先, 室外设计温度需要区分冬季供暖和夏季空调, 而且冬季供暖室外设计温度还必须区分空调供暖和散热器供暖, 它们各自有不同的计算温度. 其次, 冬季采暖负荷是按照稳态传热计算的, 也就是室内、室外的温度各取固定不变的常数. 国家标准规定, 冬季空调供暖室外计算温度, 采用历年平均每年不保证一天的日平均温度; 而散热器供暖室外计算温度, 是采用历年平均每年不保证五天的日平均温度. 这两个温度有明显差别, 以北京为例, 前者是 −12°C, 后者是 −9°C. 采暖室外温度按不同规则进行取值的理念是: 散热器供暖的应用场合多为针对住宅性建筑物的连续供暖, 建筑围护结构的热惰性对室外温度波有相当的衰减作用, 只要极端寒冷天数不是过多, 对室内居住环境不至引起大的影响; 而空调供暖通常针对大型公共建筑, 其人员活动集中, 且不需要 24 小时连续供暖, 但通常要求室内升温迅速, 利用围护结构热惰性进行调节的余地小, 因此室内计算温度的取值相对苛刻一些.

相对于冬季采暖设备, 夏季空调设备造价比较高, 客观上要求冷负荷的计算准确, 因此, 夏季空调的冷负荷计算必须按非稳态传热考虑. 通常, 空调室外计算温度按昼夜 24 小时为周期的余弦函数逐时计算, 即

$$t(z) = t_{\mathrm{m}} + A \cos 15 (z - z_{\max}) \tag{4-1}$$

式中 $t_{\mathrm{m}}$ 为夏季空调计算用室外日平均温度, 国家规范规定, 它采用历年平均每年不保证五天的日平均温度. $z$ 为按小时计算的时刻, $z_{\max}$ 代表当地气温达到最高的时刻. $A$ 为温度波幅, 它是夏季空调计算用室外干球温度 (即所选用的夏季最高空气温度) $t_{\max}$ 与 $t_{\mathrm{m}}$ 之差值, $A = t_{\max} - t_{\mathrm{m}}$. 按照国家规范规定, 室外干球温度 $t_{\max}$ 取近十年内每年不保证 50 小时的干球温度的平均值, 近似认为这不保证的 50 小时主要分布在五天左右的时间内.

太阳辐射是形成民用建筑夏季空调冷负荷的主要因素, 太阳辐射强度与当地的地理纬度、季节或月份、一天当中的时刻有关. 对建筑物的太阳辐射得热来说, 还必须考虑围护结构的朝向. 地球大气层外的太阳辐射强度的年平均值为 1367W/m², 夏至时为 1322W/m², 冬至时为 1414W/m². 经过大气层的反射和吸收, 到达地面

时太阳辐射强度明显减弱. 空调冷负荷的计算, 是依据当地在某个方向上多年实测所获得的太阳辐射的逐时平均值. 表 4-4 给出了北京、西安和上海三地夏季在朝南方向上透过单层玻璃窗的太阳辐射 $J_\tau$ 的逐时变化, 用于夏季空调负荷计算.

**表 4-4 北京、西安和上海南向透过单层钢框玻璃窗的太阳辐射强度 $J_\tau$ (单位: W/m²)**

| 时刻 | 6 | 8 | 10 | 12 | 14 | 16 | 18 | 20 | 22 |
|---|---|---|---|---|---|---|---|---|---|
| 北京 | 19 | 55 | 150 | 219 | 181 | 90 | 49 | 22 | 15 |
| 西安 | 15 | 52 | 111 | 159 | 133 | 79 | 37 | 17 | 12 |
| 上海 | 12 | 44 | 86 | 119 | 102 | 64 | 29 | 14 | 9 |

# 4.2 建筑稳态传热

前已述及, 稳态传热主要是针对建筑物的冬季采暖计算而言的. 采暖设备的配置要根据采暖负荷的大小决定. 采暖负荷由围护结构的基本散热损失和附加耗热量组成, 基本散热量取决于围护结构各个部分的传热系数和面积, 附加耗热量则与朝向、风速、房屋高度及门窗缝隙等有关.

## 4.2.1 维护结构的导热

维护结构的稳态传热计算方法是应用传热基本公式 $Q = KF(t_n - t_w)$, 计算外墙、屋顶、门窗、地面等的散热量. 式中 $K$ 为传热系数. 不同维护结构具有不同的传热系数, 需要根据产品情况具体确定. 普通 240mm 和 370mm 砖外墙的传热系数分别为 $K=2.24$ W/(m² · °C) 和 1.65 W/(m² · °C), 单层金属框外窗的传热系数 $K=6.4$ W/(m² · °C), 但是随室外风速及楼层高度的增加而增大. 底层地面的传热系数取决于两个因素 —— 房间进深和外墙个数. 单面外墙, 且房间进深大的地面的 $K$ 值小, 双面外墙, 且房间进深小的地面的 $K$ 值大, $K$ 相应地在 0.2~0.65 W/(m² · °C) 范围内变化. 对于用加气混凝土或水泥膨胀珍珠岩作保温层的普通保温屋顶, 随着保温层的厚度不同, $K$ 值在 0.8~1.8W/(m² · °C) 变化.

## 4.2.2 附加耗热量

附加耗热量按照维护结构基本耗热量的百分比计算, 内容包括朝向修正、风力修正、房高修正等. 对于朝向修正, 北向、东北或西北向, 需考虑 0~10%附加耗热量, 东、西和南向要适当地减掉一些 ($-30\% \sim -10\%$); 建在海边或者高地上的建筑, 需要考虑风力修正的附加耗热量, 在 5%~10%的范围内.

## 4.2.3 门窗缝隙冷风渗透耗热量

该项耗热量与门窗的结构形式有关, 如单层窗、双层窗、木窗或钢窗渗透量有差别, 高层建筑和普通建筑有差别. 朝向也影响冷风渗透量, 因为对某一地区, 通常冬季会有一个相对固定的主导风向, 在该方向上的外门窗, 风压作用下的缝隙渗透量相对较大. 通常冷风渗透量是按照每单位长度的缝隙在一个小时之内所渗入的冷空气体积量计算. 在北京地区, 单层钢窗的基准冷风渗透量 $L=2.38\text{m}^3/(\text{m·h})$, 相应地耗热量为 24W/m; 推拉铝窗的基准冷风渗透量 $L=0.9\text{m}^3/(\text{m·h})$, 相应地耗热量为 9 W/m.

### 4.2.4    室内外对流换热系数

在没有空调、风扇等驱动力的情况下, 室内空气处在自然对流的换热工况. 室内表面的对流换热系数 $h_n$ 与室内温度场和流场有关. 建筑热工设计规范给出的推荐值为:

室内地面、平屋顶内表面、墙壁内表面等

$$h_n = 8.72 \text{ W}/(\text{m}^2 \cdot \text{°C})$$

有井字形突出物的顶棚或楼板, 当肋高与肋间距之比 $h/s > 0.3$时

$$h_n = 7.56 \text{ W}/(\text{m}^2 \cdot \text{°C}).$$

室外对流换热系数 $h_w$ 需要考虑风速的影响, 风速越大, 热换系数越大, $h_w$ 与风速的关系见表 4-5.

**表 4-5    不同风速下室外对流换热系数 $h_w$**

| 室外风速/(m/s) | 1 | 1.5 | 2 | 2.5 | 3 | 3.5 | 4 |
| --- | --- | --- | --- | --- | --- | --- | --- |
| $h_w/(\text{W}/(\text{m}^2 \cdot\text{°C}))$ | 14 | 17.4 | 19.8 | 22.1 | 24.4 | 25.6 | 27.9 |

## 4.3    建筑瞬态传热

### 4.3.1    土壤内的温度波动

地源热泵的地下埋管、铁路地基及地下室等建筑的传热计算都涉及土壤内的温度场. 将大地看成半无限大物体, 地表温度按照如下周期函数变化:

$$\theta_w = A_w \cos\left(\frac{2\pi}{T}\tau\right), \quad \tau > 0 \tag{4-2}$$

式中 $A_w$ 为温度波幅, $T$ 为波动周期. 根据第 1 章例题 1-6 的求解结果式 (1-95), 半无限大物体达到准稳态时内部温度场的变化规律为

$$\theta(x,\tau) = A_w \text{e}^{-x\sqrt{\frac{\pi}{aT}}} \cos\left(\frac{2\pi}{T}\tau - x\sqrt{\frac{\pi}{aT}}\right) \tag{4-3}$$

图 4-2 给出表面温度波和半无限大物体内部某一点温度波的相对关系. 由图可以看出, 这种传热类型有两个突出特点: 一是温度波的衰减, 物体内部的温度波幅

小于边界上的温度波幅; 二是温度波的时间延迟, 内部温度波与边界温度波相比滞后一个相位角. 根据式 (4-3), 对于距离边界 $x$ 处的某点, 其温度波的波幅为

$$A_x = A_w \mathrm{e}^{-x\sqrt{\frac{\pi}{aT}}} \tag{4-4}$$

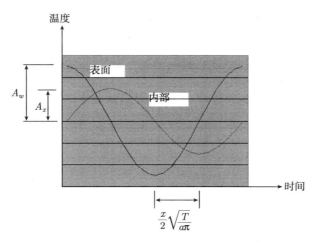

图 4-2 表面温度波动引起的内部波动

于是, 波幅衰减度定义为

$$V = \frac{A_w}{A_x} = \mathrm{e}^{x\sqrt{\frac{\pi}{aT}}} \tag{4-5}$$

温度的时间延迟与该点的相位角 $\varphi(x)$ 和温度波动的角速度 $\omega$ 有关, 即

$$\xi(x) = \frac{\varphi(x)}{\omega} = \frac{x\sqrt{\frac{\pi}{aT}}}{2\pi/T} = \frac{x}{2}\sqrt{\frac{T}{a\pi}} \tag{4-6}$$

可见, 对于周期一定的温度波, 波幅衰减和时间延迟都随 $x$ 的增大而增大. 计算表明, 一般黄土土壤的年温度波的显变化层可达地下 15m, 超过 15m 以下温度波幅小于 $0.1°\mathrm{C}$, 可以认为是终年保持不变. 另外, 温度波的周期越短, 振幅衰减越快, 所以, 以 24 小时为周期的日变化温度比年温度波的土壤穿透能力小得多, 一般在深度 1.5m 左右的地方就几乎消失了.

最后, 令相位角 $x_0\sqrt{\frac{\pi}{aT}} = 2\pi$, 得到半无限大物体内部温度波的波长为

$$x_0 = 2\sqrt{\pi aT} \tag{4-7}$$

### 4.3.2 墙体的温度波动

相对于半无限大物体的土壤, 建筑物的墙壁和屋顶都是有限大物体, 其传热规律受内、外两个热边界条件的影响. 一般地, 建筑保温设计考虑的是墙体的稳态传

热特性 (热阻), 而夏季隔热设计则主要考虑其波动特性. 具体而言, 夏季隔热设计中维护结构的功能主要体现在对外界热波的衰减能力上. 建筑设计规范规定, 在自然通风的条件下, 夏季房屋屋顶和东/西外墙的内表面最高温度 $\theta_{n,\max}$ 应满足下式要求:

$$\theta_{n,\ \max} \leqslant t_{w,\max} \tag{4-8}$$

$t_{w,\max}$ 为夏季室外计算最高空气温度. 对长江沿岸的炎热地区, 还要将上式中的 "$\leqslant$" 改成 "$<$". 注意, $\theta_{n,\max}$ 是在室外气温和日照的综合作用下, 维护结构内表面所表现出的最大温度, 所以它有可能超过室外气温的最大值.

确定 $\theta_{n,\max}$ 要用到 "太阳–空气综合温度" 的概念, 它由两个指标构成: 太阳–空气综合温度平均值 $t_{z,p}$ 和太阳–空气综合温度的波幅 $A_z$, 它们分别表示为

$$t_{z,p} = t_{w,p} + \frac{\alpha J_p}{h_w} \tag{4-9}$$

$$A_z = \left[ A_w + \frac{\alpha (J_{\max} - J_p)}{h_w} \right] \beta \tag{4-10}$$

两式中 $\alpha$ 为维护结构外表面对太阳辐射的吸收系数, $J_p$ 和 $J_{\max}$ 分别为当地太阳辐射在该方向的平均辐射强度和最大辐射强度. $\beta$ 为室外空气温度波和太阳辐射当量温度波的相位差修正系数, 二者一般不同步.

太阳–空气综合温度波经过围护结构的衰减作用, 到达室内表面时波动减弱, 通常用 $A_z$ 和围护结构内表面温度波幅 $A_n$ 之比来表示其温度阻尼作用的大小, 称为围护结构的衰减倍数, 用 $\nu$ 表示

$$\nu = \frac{A_z}{A_n} \tag{4-11}$$

$\nu$ 与围护结构的材料特性和厚度有关, 通常可从建筑热工设计手册中查到. 在此基础上, 可以确定围护结构内表面最高温度 $\theta_{n,\max}$ 为

$$\theta_{n,\max} = \overline{\theta}_n + \frac{A_z}{\nu} \tag{4-12}$$

其中内表面平均温度 $\overline{\theta}_n$ 表示为

$$\overline{\theta}_n = t_n + \frac{t_{z,p} - t_n}{R_0 h_n} \tag{4-13}$$

式中 $R_0$ 为包括围护结构内、外表面对流热阻和导热热阻在内的总传热热阻, $h_n$ 为内表面对流换热系数. 在室外综合温度作用下, 墙体内部及室内外温度变化见图 4-3. 图中墙内表面温度波 2 的最高点即为 $\theta_{n,\max}$.

举例来说, 北京和武汉的夏季室外计算温度 $t_{w,\max}$ 分别是 $36.3^\circ\mathrm{C}$ 和 $36.9^\circ\mathrm{C}$, 采用 240 砖墙, 内外无抹灰时, 对应的内表面最高温度 $\theta_{n,\max}$ 分别是 $35.63^\circ\mathrm{C}$ 和

37.20°C, 在北京能够满足规范要求, 而在武汉不能满足; 如果对 240mm砖墙做内外抹灰 (外抹灰为水刷石, $\alpha=0.7$), 那么, $\theta_{n,\max}$ 分别变成 34.67°C 和 34.05°C, 两地都能够满足规范要求.

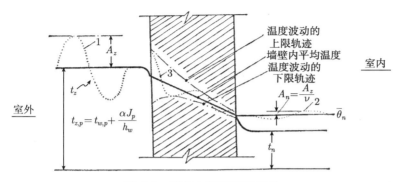

图 4-3　墙体内部的温度波动

### 4.3.3 蓄热系数与热惰性指标

对于前述周期性温度波作用下的半无限大物体, 根据傅里叶定律, 可以求出边界处温度波所导致的热流波为

$$q_w\left(\tau\right) = kA_w\sqrt{\frac{2\pi}{aT}}\cos\left(\frac{2\pi}{T}\tau+\frac{\pi}{4}\right) \tag{4-14}$$

将表面热流波振幅 $kA_w\sqrt{\dfrac{2\pi}{aT}}$ 与表面温度波振幅 $A_w$ 之比值, 定义为材料的蓄热系数

$$s = \sqrt{\frac{2\pi\rho ck}{T}} \tag{4-15}$$

在此基础上, 进一步定义热惰性指标 $D = Rs$, $R$ 为材料层的热阻 (m²·°C/W). 根据 $s$ 的定义式 (4-15), 蓄热系数的单位为 W/(m²·°C), 因此 $D$ 是一个没有量纲的物理量, 它反映了材料抵抗外界温度波干扰的能力. 蓄热系数 $s$ 是材料的表面特性, 而 $D$ 是综合了表面特性和内部导热阻力的材料指标. 建筑物中经常采用的 240mm普通砖墙的 $D=3.12$, 有内外粉刷层的 370mm普通砖墙 $D=5.30$, 而 660mm空心砖外墙的 $D=8.54$. 我国建筑热工设计规范规定, 按 $D$ 的大小不同划分成四类维护结构, 其冬季室外计算温度按不同的方法取值, 见表 4-6.

表 4-6 中, $t_z$ 为正常情况采暖室外计算温度, $t_{w,\min}$ 为累年最冷一天的日平均温度. 以北京为例, 对应表中四种类型, $t_w$ 依次取 $-9$°C, $-12$°C, $-14$°C, 和 $-16$°C. 这种 $t_w$ 取值方法的含义是, 如果拟选用的维护结构材料的热惰性指标过低, 那么, 就需要适当地加大供暖设备的负荷来保证室内温度水平.

表 4-6    冬季室外计算温度 $t_w$ 与热惰性指标的关系

| 类型 | 热惰性指标 $D$ | $t_w$ 的取值方法 |
|------|----------------|------------------|
| I | $> 6.0$ | $t_w = t_z$ |
| II | $4.1 \sim 6.0$ | $t_w = 0.6t_z + 0.4t_{w,\min}$ |
| III | $1.6 \sim 4.0$ | $t_w = 0.3t_z + 0.7t_{w,\min}$ |
| IV | $< 1.5$ | $t_w = t_{w,\min}$ |

### 4.3.4    夏季空调负荷计算简介

夏季舒适性空调主要是调节温度和湿度, 相应地, 空调设备选择所对应的两个基本依据就是 "冷负荷" 和 "湿负荷". 与采暖热负荷计算不同, 空调冷、湿负荷必须逐时计算构成总负荷的各个分量, 然后按照时间序列进行叠加, 最后取其中的最大值作为设备选取依据.

房间冷负荷的构成主要包括:

(1) 由外维护结构传入的热量;

(2) 由外窗进入的太阳辐射热量;

(3) 设备、人体和照明散热量;

(4) 伴随各种散湿过程产生的潜热量.

房间湿负荷的构成主要包括:

(1) 人体散湿量;

(2) 渗透空气带入室内的湿量;

(3) 各种潮湿表面、液面的散湿量;

(4) 设备或物料的散湿量.

下面以冷负荷的计算为例作简要介绍. 首先考虑外墙和屋面传热所形成的冷负荷, 其计算公式为

$$Q_\tau = KF\Delta t_{\tau - \xi} \tag{4-16}$$

式中 $K$, $F$ 分别是维护结构的传热系数和传热面积, $\tau$ 是计算时刻, $\xi$ 为维护结构的延迟时间. $\Delta t_{\tau - \xi}$ 是太阳-空气综合温度作用下的室内外温差, 其中包含了温度波衰减和时间延迟的因素, 称为 "冷负荷计算温差", 它可以在供热空调设计手册中查出. 例如, 对于延迟时间为 5 小时的外墙, 在确定下午 16 时的传热冷负荷时, 应取计算时刻 $\tau = 16$, 时间延迟为 $\xi = 5$, 作用时刻为 $\tau - \xi = 11$. 这是因为下午 16 时外墙内表面温度波动所形成的房间冷负荷是 5 小时之前作用于外墙外表面上的温度波动产生的结果. 延迟时间的长短, 取决于墙体厚度和所用材料, 有内外粉刷的普通 240mm 砖墙, 延迟时间为 8.5 小时; 普通 370mm 砖墙, 延迟时间为 12.7 小时. 另外需要说明的是, 当式 (4-16) 用于计算外窗传热的冷负荷时因玻璃的蓄热能力和热

惰性都很小, 故认为热量通过外窗不存在温度波的衰减和延迟, 热量是立即传入室内的.

由外窗进入的太阳辐射所形成的冷负荷, 主要取决于当地的太阳辐射强度和窗户的构造, 按下式计算:

$$Q_\tau = F X_g J_\tau \tag{4-17}$$

式中 $X_g$ 为窗户的构造修正系数, $J_\tau$ 为太阳辐射强度, 与计算时刻和朝向有关. 一般而言, 东、西墙 $J_\tau$ 的最大值高于正南墙, 原因在于太阳的高度角不同.

对于有人员活动的房间, 需要考虑由于人体散热而形成的冷负荷, 其计算公式为

$$Q_\tau = \varphi n q X_{\tau-T} \tag{4-18}$$

$\varphi$ 为群集系数, 主要针对影剧院、体育馆、商场等公共建筑, 取值在 0.89~0.96. $n$ 为房间内人数, $q$ 为人体的散热功率, 与劳动强度和室内温度有关. 成年男子在轻度劳动的情况下散热功率取 50 ~ 90W/人 (对应室内温度 20 ~ 28°C), 散湿量 69 ~ 123g/h. 成年女子的散热、散湿量为成年男子的 85%, 儿童为成年男子的 75%. $X_{\tau-T}$ 称为人体散热的冷负荷系数 ($T$ 是人员进入空调房间的时刻), 它反映人体散热量变成为冷负荷在时间上的分布 (或者说滞后效应), 与房间维护结构的类型有关. 重型维护结构的冷负荷滞后效应大于轻型结构. 作为示例, 将轻型结构房间的人体散热冷负荷系数列于表 4-7.

表 4-7　人体散热的冷负荷系数 $X_{\tau-T}$ (轻型结构房间)

| 连续工作总时数 | 工作开始后的小时数 $\tau - T$ | | | | | | | |
|:---:|:---:|:---:|:---:|:---:|:---:|:---:|:---:|:---:|
| | 2 | 4 | 6 | 8 | 10 | 12 | 14 | 16 |
| 2 | 0.78 | 0.11 | 0.04 | 0.02 | 0.01 | 0.01 | 0.01 | 0.01 |
| 4 | 0.79 | 0.89 | 0.15 | 0.07 | 0.04 | 0.04 | 0.03 | 0.02 |
| 6 | 0.80 | 0.89 | 0.93 | 0.17 | 0.08 | 0.04 | 0.03 | 0.02 |
| 8 | 0.81 | 0.89 | 0.93 | 0.95 | 0.19 | 0.09 | 0.05 | 0.03 |

由表 4-7 可以看出人体散热的冷负荷转化有两个特点: 一是人员进入房间后, 其散热量并非全部迅速转化为冷负荷, 而是有一个转化比例逐渐增加的过程; 二是当人员离开房间后, 其散热量仍然有一部分继续转化为室内冷负荷, 这是因维护结构的蓄热效应所导致. 人员在室内时, 所散发的热量中大部分立即转化为冷负荷, 其余部分为维护结构所吸收. 人员离开房间之后, 被维护结构所吸收的热量再慢慢地释放出来, 形成冷负荷. 由于重型结构房间的蓄热能力大于轻型房间, 所以, 对于重型结构房间来说, 其冷负荷转化的滞后效应要大于轻型结构房间.

# 4.4 建筑节能技术概述

## 4.4.1 保温隔热技术

热阻是建筑维护结构的重要技术指标. 从保温隔热的技术角度来讲, 人们希望维护结构的热阻大一些, 但这牵涉到建筑成本的问题, 因此需要进行技术经济评估. 我国地域辽阔, 气候类型相差悬殊, 因此不同城市有不同的设计标准. 表 4-8 给出四个代表城市主要外维护结构传热系数的设计标准. 寒冷地区的传热系数还要根据建筑物的体型系数来划分范围. 体形系数原本是用于估算大型建筑的采暖负荷, 大型建筑围护结构面积与其体积之比相对较小, 体型系数也小, 按体积估算出的采暖负荷折扣可考虑大一些; 反之, 中、小型建筑体型系数较大, 所估算的采暖负荷更接近于实际值, 传热系数的取值也就更苛刻一些. 各种建筑物体型系数的范围大致为

$$
\begin{aligned}
&\text{大型公寓式住宅} \quad 0.2 \sim 0.3\,\text{m}^{-1} \\
&\text{巨型公共建筑} \quad\ \ < 0.1\,\text{m}^{-1} \\
&\text{单体别墅} \qquad\quad\ \ \ 0.7 \sim 0.9\,\text{m}^{-1}
\end{aligned}
$$

表 4-8    我国代表城市外维护结构传热系数的设计标准(单位: $\text{W}/(\text{m}^2{\cdot}\text{K})$)

| 代表城市 | 屋顶 | | 外墙 | | 窗户 | 备注 |
|---|---|---|---|---|---|---|
| | 体形系数 $\leqslant 0.3\text{m}^{-1}$ | 体形系数 $>0.3\text{m}^{-1}$ | 体形系数 $\leqslant 0.3\text{m}^{-1}$ | 体形系数 $>0.3\text{m}^{-1}$ | | |
| 哈尔滨 | 0.5 | 0.3 | 0.52 | 0.4 | 2.5 | |
| 北京 | 0.6 | | 0.6 | | 2.8 | 五层及以上建筑 |
| | 0.45 | | 0.45 | | | 四层及以下建筑 |
| 上海 | 1 | | 1.5 | | 4.7 | |
| 广州 | 1 | | 2 | | 6.5 | |

## 4.4.2 热泵技术

传统的空调系统以室外空气作为环境热源, 冷凝器或蒸发器与空气进行强制对流换热, 从而将室内热量排到室外 (夏季空调) 或将室外空气中的热量汲取后送入室内 (冬季空调供暖). 从传热的角度来看, 室外空气温度随季节变化剧烈, 并且与室内所需热能的时间反向, 即室外越冷越需要供暖、室外越热越需要制冷, 因此不利于热量的传递. 另外, 空气的比热容较小, 与水、土壤等相比传热能力差. 鉴于此, 近年来地源、水源热泵技术发展势头迅猛. 地源热泵的工作原理示于图 4-4. 通过循环水泵 2 将冷凝器 3 中的制冷工质的排热量送入地下土壤, 制冷工质经节流阀 6 节流降压之后, 进入蒸发器 7 蒸发吸热, 从而产生室内空调用的低温冷水. 蒸发后的气态工质经压缩机 4 压缩升温升压, 再回到冷凝器 3 放热, 完成循环. 蒸发

器 7 所产生的冷水, 在内循环水泵的驱动下进入室内, 利用风机盘管系统 8 与室内空气换热, 使其达到冷却降温的目的. 如果冬季需要供暖, 当达到一定条件时换向阀 5 动作, 使制冷循环反向进行, 原冷凝器 3 改作蒸发器, 原蒸发器 7 改作冷凝器, 从而对室内环路中的水进行加热, 形成热泵循环. 根据需要, 地埋管换热器既可以水平埋设, 也可以竖直埋设. 根据《地源热泵系统工程技术规范》, 水平地埋管换热器最上层埋管顶部应在冻土层以下 0.4m, 并且距地面不宜小于 0.8m; 当竖直埋设时, 地埋管一般埋深 20~100m, 管与管间距 3~6m, 每根管可以提供的冷量和热量为 $20 \sim 30\mathrm{W/m}$.

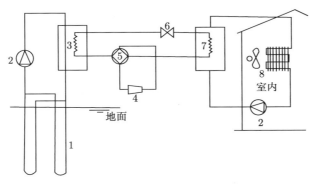

图 4-4 地源热泵工作原理图 (夏季空调)

1- 地下埋管; 2- 循环水泵; 3- 冷凝器; 4- 压缩机; 5- 换向阀; 6- 节流阀; 7- 蒸发器; 8- 风机盘管

可资热泵利用的低温热源除了室外空气和土壤外, 地表水、海水、地下水、城市污水等亦可作为室外热源. 表 4-9 对不同水体的特点的给出了定性描述.

表 4-9 不同水体的特点汇总表

| 不同水体 | 固态污杂物含量 (平均, 近似) | 腐蚀性 | 可否直接进入机组的蒸发器与冷凝器 | 冬夏季温度范围 |
|---|---|---|---|---|
| 1 浅层地下水 | 很小 | 弱 | 可 | 在当地年均温附近 |
| 2 污水处理厂中的二级出水 | 不稳定 | 弱 | 可 | 15~30°C, 夏季高, 冬季低 |
| 3 江、河、湖水 | 0.003% | 弱 | 不可 | 接近当时大气湿球温度 |
| 4 海水 | 0.005% | 强 | 不可 | 略高于当时大气湿球温度 |
| 5 城市污水渠中的原生污水 | 0.3% | 弱 | 不可 | 当时自来水温度与当时日均室外温度的平均值 |

地源热泵系统需要大量的地下埋管, 因此初投资相对较大. 对于高层建筑而言, 由于建筑容积率高, 可容许埋设地下换热器管的地面面积不足, 所以一般不适宜采用地源热泵技术. 地下水水源热泵存在水的回灌问题, 只有所涉及的地下含水层有

回灌的可能性时才能采用这种热泵技术.

### 4.4.3　蓄冷技术

由于我国的发电厂以燃煤发电为主, 它的调峰能力很差, 调峰主要采用多余蒸气排空方式进行. 为了减少电网的电量峰谷差额, 我国实行分时电价, 白天高峰电价通常是夜间低谷电价的 3 ~ 5 倍, 以此鼓励人们夜间用电, 减少白天用电.

作为建筑节能技术的一种, 蓄冷技术就是利于夜晚电网的低谷电价制冷并将冷量加以蓄积, 以备白天使用, 从而减少白天的用电量. 根据工作原理的不同, 蓄冷通常分为三种不同方式: 水蓄冷、冰蓄冷和相变蓄冷.

水蓄冷用低谷电驱动制冷机, 产生 4 ~ 6°C 的冷水, 储存在水罐中, 以备白天空调使用. 水罐可单独制作, 也可利用消防水池等. 采用水蓄冷技术的投资回收期比普通空调系统较长一些, 通常 3 ~ 5 年. 冰蓄冷式制冷机产生 −4 ~ −8°C 的低温环境, 直接将冰槽中的水冻结成冰. 在相同冷量下冰蓄冷所需的体积只是水蓄冷的 1/10, 能够大大节省占地面积. 冰蓄冷需要购置低温制冷机, 初投资更长, 投资回收期更长, 通常 5 ~ 10 年. 目前冰蓄冷技术一般用于新建建筑物, 或者制冷系统需要更换的既有建筑中. 用于蓄冷技术的相变材料是特殊材料, 通常 7 ~ 9°C 时发生固液相变. 夜间利用环境低温使其冷却凝固, 放出热量, 白天移入室内融化吸热, 从而产生制冷效果. 但是目前相变材料的制造成本很高, 且性能不稳定, 所以实际工程中尚未大量使用.

### 4.4.4　热电冷联供系统

根据火力发电厂的生产特点, 并从电力和热能供应的集约化角度出发, 近年来又研发出区域热、电、冷三联供技术. 以热电联产电厂作为动力源, 冬季利用发电的余热为建筑采暖热源, 夏季则把发电的余热转换为冷量, 作为建筑物空调的冷源. 夏季制冷是利用发电后的低压蒸气, 采用蒸气吸收式制冷机制冷, 产生 5 ~ 7°C 的冷水, COP 可以达到 1.2 ~ 1.3. 这种系统存在的缺点是, 由于冷水需要通过管网输送到末端各建筑物, 所以冷量会沿程泄漏, 存在长距离输送冷量的困难. 为克服这方面的不足, 当输送距离在 3km 以内时, 可以采用直接输送蒸气到末端建筑物、在末端建筑物内设置蒸气吸收式制冷机的方式, 以避免长距离输送冷量的问题. 只这种系统中冷凝水的回收比较困难.

另一种小型化的、用于单体建筑物内的热电冷联供系统, 俗称 BCHP 系统, 属于分布式供电系统的一种. 它直接在建筑物内安装燃气或燃油发电机组, 一方面满足建筑物的基础用电负荷, 同时还利用发电系统的余热解决供暖、供热水, 以及夏季空调用冷问题.

### 4.4.5 太阳能采暖与空调

随着世界上对绿色能源的日益重视, 各种形式的太阳能利用技术不断发展. 太阳能采暖和太阳能空调是建筑领域重要的节能技术形式. 冬季太阳能采暖分为被动式和主动式. 被动式太阳能采暖是根据太阳高度角冬季低、夏季高的自然特征, 通过合理设计, 依靠建筑物自身构造来完成集热、储热和释热功能的采暖系统. 其特点是结构简单, 造价不高, 节能效果显著. 每平方米建筑面积每年可节约近 20kg 标煤.

图 4-5 为被动式太阳房的一个实例及采暖示意图. 在地球的高纬度地区, 太阳高度角在不同季节的变化明显, 对于北半球来说夏季高、冬季低. 利用这一自然规律, 高纬度地区的房屋经过仔细设计, 适当增大南向外窗的面积, 在室内的墙壁、地板表面上布置高吸收率的表层材料, 以利于充分吸收太阳辐射热, 提高室内温度. 另外, 适当增加屋顶挑檐的宽度, 使其在夏季能够有效地遮挡阳光进入室内, 达到隔热的目的. 被动式太阳房还能起到室内防潮、除湿和防霉变等作月.

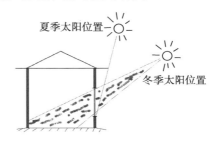

(a)建筑实例 (b)冬季和夏季太阳高度角变化

图 4-5 被动式太阳房

主动式太阳能采暖系统一般由太阳能集热系统和室内供热系统组成, 前者是产生热水, 并储存到水箱中, 后者是采用泵或者风机, 把热量通过散热器向室内供热. 主动式太阳能采暖与被动式的本质差别在于, 前者需要消耗一定的电力能耗来维持系统的运转, 而后者不需要.

主动式太阳能供暖系统如图 4-6 所示, 它由太阳能集热器、供暖管道、散热器、储热器和辅助热源等组成. 通过太阳能集热器收集太阳辐射能, 其中的热媒被加热, 在循环泵的驱动下热媒沿供热管道被送往热用户的散热器, 散热器将热量散给房间. 当集热器的集热量不足时, 则由辅助热源补充热量; 当集热量超过用户的需热量时, 将多余的热量储存在储热器中.

与采暖系统直接利用太阳能的热量不同, 太阳能空调首先由太阳能集热器产生热能, 再用热能来驱动吸收式或吸附式制冷机制冷. 太阳能空调系统的制冷效率与集热温度有关, 当集热温度在 90°C 以下时, 无论是吸收式制冷还是吸附式制冷, 其热量-冷量转换率一般仅为 0.5 ~ 0.8, 这导致所需太阳集热面积大、投资高、技术经济效益差. 如果采用太阳能光伏发电, 由电力驱动压缩式制冷机的技术路线, 假设集热面上的热-电转换律为 10%, 压缩式制冷机的电-冷转换系数是 4 ~ 6, 那么按照集热面上得到的太阳能热量计算, 制冷效率也只在 0.4 ~ 0.6, 也不是非常可取的. 然而, 要想提高吸收式制冷效率, 必须提高集热温度. 目前有人采用聚焦式太阳能集热器, 能够产生 150°C 左右的高温热源, 从而能够驱动双效吸收式制冷机, 热量-冷量的转换效率可达 1.2 ~ 1.3. 它的缺点是系统复杂、投资大. 太阳能空调的另一条技术路线是利用太阳能产生的热量进行空气除湿, 目前已有利用太阳能产生热风来再生带有固体吸湿剂的转轮问世, 这在一定程度上实现了除湿空调.

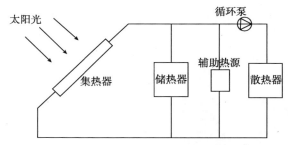

图 4-6　主动式太阳能采暖系统示意图

　　目前各类太阳能空调方式都存在造价高、系统复杂、回收年限长的问题. 由于我国大部分地区空调时间短, 导致系统设备全年运行时间少、设备投资回收慢. 按照目前的能源价格和设备材料价格计算, 在这些装置的使用年限内很难收回投资, 这是太阳能空调发展的主要制约因素.

## 参 考 文 献

采暖通风与空气调节设计规范. GB50019-2003.

陈沛霖, 岳孝芳. 1990. 空调与制冷技术手册. 上海: 同济大学出版社.

陈启高. 1991. 建筑热物理基础. 西安: 西安交通大学出版社.

丹尼尔 D 希拉. 2009. 太阳能建筑 —— 被动式采暖和降温. 薛一冰, 管振忠, 等译. 北京: 中国建筑工业出版社.

董仁杰, 彭高军. 1996. 太阳能热利用工程. 北京: 中国农业科技出版社.

葛新石, 龚堡, 陆维德, 等. 1988. 太阳能工程 —— 原理和应用. 北京: 北京学术期刊出版社.

陆耀庆. 1993. 实用供热空调设计手册. 北京: 中国建筑工业出版社.

麦奎斯顿 F C, 派克 J D. 1981. 采暖通风与空气调节. 北京: 中国建筑工业出版社.

民用建筑热工设计规范. JGJ24-86-2003.

钱以明编. 1990. 高层建筑空调与节能. 上海: 同济大学出版社.

清华大学建筑节能中心. 2007. 中国建筑节能年度发展研究报告 2007. 北京: 中国建筑工业出版社.

山田雅士. 1987. 建筑绝热. 北京: 中国建筑工业出版社.

王钧, 黄尚瑶, 黄歌山, 等. 1990. 中国地温分布的基本特征. 北京: 地震出版社.

王如竹, 丁国良, 等. 2002. 最新制冷空调技术. 北京: 科学出版社.

徐士鸣. 2003. 蓄能技术新概念 —— 制冷/制热潜能贮存技术. 电力需求侧管理, 5(1): 43-51.

中原信生. 1990. 建筑和建筑设备的节能. 北京: 中国建筑工业出版社.

ASHRAE Standard 55-1981, Thermal environmental conditions for human occupancy.

Cane D, Clemes B, Morrison A. 1996. Experience with commercial ground–source heat pumps. ASHRAE Journal, July: 31-36.

ISO 7726: Thermal environments –specification relating to appliances and methods for measuring physical characteristics of the environment.

ISO 7730: Moderate thermal environments – determination of the PMV and PPd indices and specification of the conditions for thermal comfort.

Roley W. 1976. The heat pump for heat recovery systems. ASHRAE Symposium Paper, Dallas.

Sherratt A F C. 1976. Energy conservation and energy management in buildings. London.

# 第5章 相变传热与蓄热

在核反应堆、工业锅炉、机械加工制造以及制冷系统的蒸发器和冷凝器等热设备中, 经常会遇到相变传热问题. 与单相介质的传热不同, 相变问题伴随着物体形态的改变, 而不同形态的物理性质不同, 因此相变传热问题趋于复杂化, 其传热规律不同于单相介质的规律. 影响相变传热的因素增多, 除了单相传热问题所涉及的导热系数、密度、比热等参数外, 相变潜热、表面张力及接触角等新的参数被包含进来, 使分析和求解更加困难. 本章将介绍固体、液体和气体三相之间互相转化过程中的传热基本规律. 另外, 鉴于蓄热或蓄冷过程大多数情况下伴随有相变, 因此也将其放入本章作为一节介绍.

## 5.1 概　述

根据形态的不同, 物质通常分为三相 (或三态): 固相、液相和气相. 相同物质处在不同的相时其物理性质明显不同. 热力学告诉我们, 物质从某一相转变为另一相时温度和压力是一一对应的, 压力改变, 温度也相应改变, 这样就形成一条称为"饱和线"的相变曲线. 三种物质状态之间两两相互转变, 就有三条饱和线. 把它们画在温度 $t$ 和压力 $p$ 坐标图上, 形成所谓的"相图". 水的相图见图 5-1.

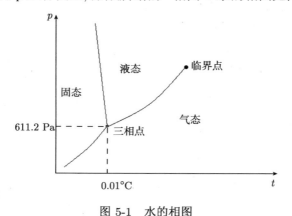

图 5-1　水的相图

任何物质的三条饱和曲线在相图上都相交于一点, 这个点称为该物质的"三相点", 它的含义是三态共存的点. 一种物质有唯一的三相点. 例如, 对于水、氢和二氧化碳, 三相点的温度和压力分别如表 5-1 所示. 物质三态之间的转化称为相变, 不同物态之间的相变有不同的名称, 见图 5-2.

**表 5-1　水、氢和二氧化碳的三相点温度和压力**

| 物质 | 压力 $p_0$/Pa | 温度 $t_0$/°C |
| --- | --- | --- |
| 水 | 611.2 | 0.01 |
| 氢 | 719.4 | −259.4 |
| 二氧化碳 | $5.18 \times 10^5$ | −56.6 |

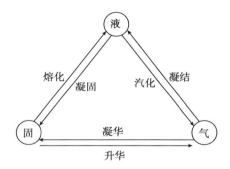

图 5-2　三种物态之间的相变名称

　　固液相变和气液相变都是常见的现象, 在工程中的应用也非常普遍. 其中由液体转变成气体的形式有两种: 在低于饱和温度下缓慢的汽化过程称为 "蒸发", 达到和超过饱和压力后液体剧烈地、伴随有大量气泡产生的汽化过程称为 "沸腾", 是一种强烈的汽化过程. 升华和凝华日常生活中相对少见, 但从上面关于三相点的介绍可知, 二氧化碳的三相点压力高于大气压, 而其三相点温度低于常温, 故二氧化碳在常温下能够产生升华现象. 戏剧舞台上为强化场景的气氛, 经常利用固体二氧化碳 (俗称 "干冰") 来迅速生成烟雾情景, 就是利用了二氧化碳的这种性质.

　　物质不同的态实质上是反映了其内部分子、原子等微观粒子热运动状态的不同, 因此, 一个典型的热力学差别就是它们的比焓不同, 相同压力下从固态向液态再向气态的比焓依次增大. 相应地, 相变过程必然伴随有热量的传递, "相变传热" 就是研究相变过程中热量传递的规律性的学科分支. 由于工程中大量采用循环流体工质携带热量的方式, 因此相变传热的研究与热动力设备运行的可靠性密切相关.

　　由于热能属于品位较低的能量形式, 其他能量如电能、机械能、化学能等能量向热能的转化相对容易, 因此相对于其他蓄能技术的研究, 蓄热技术的研究迄今为止尚显落后. 如何能够将热量高密度地蓄积, 应用时又能够方便、快捷地传出, 仍然是困扰国内外热工学界的一个难题. 随着太阳能、地热能和风能等新能源技术的发展, 以及建筑环境能源技术和电力系统的 "削峰填谷" 错峰用电政策的实施, 对蓄热技术开展深入研究的客观要求越见强烈. 由于蓄热往往与相变传热密切相关, 本章在讨论相变传热的基本内容之后, 将对蓄热技术的发展现状做一简要介绍.

## 5.2　沸腾传热

　　沸腾是指液体内部产生气泡的剧烈汽化过程, 按内部气泡的分布情况划分为容积沸腾 (均相沸腾) 和表面沸腾 (非均相沸腾). 均相沸腾发生在液体内部且无需固体加热面, 如泵中的气蚀现象; 非均相沸腾发生在固体加热面上, 所生产的气泡迅速扩散至液体内部. 非均相沸腾又进一步划分为池内沸腾和流动沸腾, 池内沸腾是在液体无宏观定向运动的储液池内的沸腾现象, 而流动沸腾通常发生在被加热的管道内部. 世界上对沸腾换热现象最早开展研究的是法国科学家 Leidenfrost, 他在 1756 年研究了水滴在高温金属板上的沸腾换热情况. 进入 20 世纪后, Jakob 开始对沸腾换热进行系统研究, 他在 1931 年用高速摄影机研究了加热面上气泡的生成、成长和脱离的规律. 1934 年日本科学家拔山四郎完成了水中加热铂丝的沸腾实验, 成为世界上第一位获得完整沸腾曲线的研究者. 1951 年苏联科学家 Kutatelagze 对沸腾临界现象开展了研究. 现今, 航天技术、电子元器件冷却技术等领域的发展, 为微重力场中的沸腾、薄液膜沸腾, 以及多组分混合液体的沸腾等专题带来新的挑战.

### 5.2.1　沸腾工况

　　无论是池内沸腾还是流动沸腾, 其沸腾形态都分为三种工况: 核态沸腾、过渡沸腾和膜态沸腾. 不同的沸腾工况有着不同的传热机理, 同时表现出不同的壁面热流密度 $q_w$ 与传热温差 $T_w - T_s$ 的关系, $T_w$ 和 $T_s$ 分别代表壁面温度和液体的饱和温度. 将不同工况下的 $q_w$ 与 $T_w - T_s$ 的关系划在坐标图上, 就得到所谓的 "沸腾曲线". 大气压下水在金属铂丝上作池内沸腾的沸腾曲线见图 5-3.

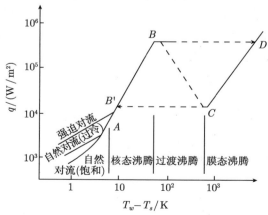

图 5-3　水在金属铂丝上的池沸腾曲线

在曲线 $AB$ 段的核态沸腾区, 加热面的温度较低, 加热面上某些点形成固定的汽化核心, 周期性地产生气泡, 这是工程中最常见的沸腾工况. 核态沸腾的最大热流密度所对应的点 $B$ 被称为 "第一临界点". $BC$ 段对应过渡沸腾工况, 其特点是传热温差增大, 壁面热流密度反而减小, 在此工况下会出现加热面被液体和蒸气交替覆盖的不稳定现象. $C$ 点称为 "第二临界点", 它是膜态沸腾的起始点. $C$ 点之后, 高温加热面上被一层连续、稳定的蒸气膜覆盖, 加热面不与液体相接触, 通过气膜的辐射换热量远大于其导热量, 形成壁温很高而传热量相对较低的不利工况.

图 5-3 所示的沸腾曲线表示了以壁面温度 $T_w$ 为控制变量时热流密度 $q_w$ 的响应情况, 其曲线的走向是 $A \to B \to C \to D$. 如果以 $q_w$ 为控制变量, 如电加热的情况, 沸腾曲线的走向将明显不同: $q_w$ 从低向高变化时曲线走向为 $A \to B \to D$, 不经过 $C$ 点; $q_w$ 从高向低变化时曲线走向为 $D \to C \to B' \to A$, 不经过 $B$ 点. 换句话说, 壁面热流密度的受控改变会引起壁温的阶跃变化, 尤其是热流密度在第一临界点附近的增大将会导致壁温的飞升, 从而可能产生加热面烧毁的严重后果. 因此, 在沸腾加热设备的设计中, 将壁温及壁面热流密度都控制在远离第一临界点的核态沸腾区是至关重要的.

### 5.2.2　沸腾成核理论

首先讨论过热液体中均相沸腾的成核机制. 由分子运动论可知, 液体中各分子能量的不平衡导致各部分的密度在平均值上下起伏, 形成暂时的微小低密度区. 这些低密度区被认为是具有一定半径和分子数的微小气泡, 也即原始汽化核心. 现在的问题是, 这些微小的气泡在什么条件下才能够长大, 从而产生连续的沸腾换热? 要回答这个问题, 先从具有过热度 $\Delta T_s = T_l - T_s$ 的液体中处在平衡状态的一个气泡来分析, $T_s$ 代表与液体压力 $p_l$ 相对应的饱和温度, 并假定所处的汽液平衡态远未达到相图中的临界点. 液体内部的气泡受力关系, 参见图 5-4.

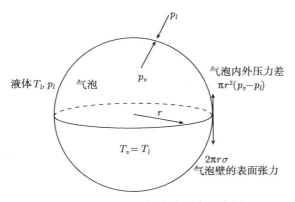

图 5-4　液体内部气泡力平衡示意图

处在平衡状态的气泡, 其内外温度应相等, $T_v = T_l$, 下标 $v$ 和 $l$ 分别代表气相和液相; 其内外压力差应满足 Laplace 方程

$$p_v - p_l = \frac{2\sigma}{r} \tag{5-1}$$

与气泡内部压力的升高 $p_v - p_l$ 相对应的饱和温度的升高为 $T_v - T_s = \Delta T_s$, 它由 Clausius-Clapeyron 方程给出

$$\frac{\Delta T_s}{\Delta p} \approx \frac{\mathrm{d} T_s}{\mathrm{d} p} = \frac{T_s}{h_{fg} \rho_v} \tag{5-2}$$

考虑到远离临界点的液体的比容相对于气体来说很小, 式 (5-2) 推导中直接用气体的比容代替了二者之差. 式中 $h_{fg}$ 和 $\rho_v$ 分别代表液体的汽化潜热和气相密度. 式 (5-2) 的重要意义在于, 一个气泡若要在液体中能够存在下去, 气泡内外的温度一定是高于与液体压力相对应的饱和温度的, 也就是说, 液体必须要处在过热状态. 将式 (5-1) 代入式 (5-2), 有

$$\Delta T_s = \frac{2\sigma T_s}{h_{fg} \rho_v r} \tag{5-3}$$

式 (5-3) 把液体的过热度与能够存活的气泡半径联系起来, 将其改写成如下形式:

$$r = \frac{2\sigma T_s}{h_{fg} \rho_v \Delta T_s} \tag{5-4}$$

式 (5-4) 清楚地表明, 对应一定的过热度, 能够存活的气泡的大小有一定的要求; 过热度越大, 能够存活的气泡就越小. 那么由液体分子能量的起伏所形成的那些大小不一的原始气泡中, 哪些满足生存的条件呢? 这需要分析由液体转变成气泡之后自由焓的变化, 它又叫做 "气泡活化能". 根据热力学分析, 自由焓变化可表示为

$$\Delta \Phi = \frac{4}{3} \pi r^3 \rho_v (\phi_v - \phi_l) + 4\pi r^2 \sigma \tag{5-5}$$

式中等号右端的第一项代表由于相变而产生的自由焓增量 (负值), 第二项代表气泡的表面能 (正值), 二者之和为气泡的活化能, 它随气泡半径 $r$ 的变化示于图 5-5. 可见 $\Delta \Phi$ 随 $r$ 的变化存在一个极大值 $\Delta \Phi_{\max}$, 与其对应的气泡半径 $r_c$ 称为 "临界气泡半径". 根据热力学第二定律, 只有自由焓减小的过程才能够自发地进行, 而自由焓减小既可以沿临界半径 $r_c$ 的右侧曲线向下, 也可以沿其左侧曲线向下, 相应的结果是, 由分子能量起伏而生成的气泡核心中, 那些 $r > r_c$ 的气泡能够在过热液体中进一步长大, 而 $r < r_c$ 的气泡核心将自行消亡.

再来讨论加热壁面上的非均相成核过程. 首先需要了解 "接触角" 的概念, 所谓接触角是指由于液体和气体在固体壁面上同时存在并形成气、液分界面时, 分界面的切线扫过液相内部到达固体壁面所形成的夹角, 见图 5-6.

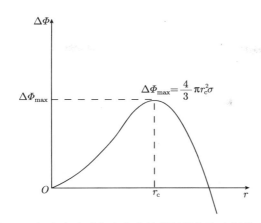

图 5-5 气泡生成过程中自由焓增量随气泡半径的变化

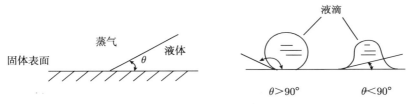

图 5-6 接触角的定义及其大小示意图

接触角的大小反映液体对固体表面润湿能力的强弱, 接触角大, 液体润湿能力差, 反之润湿能力强. 接触角 $\theta$ 的大小与液体–固体表面的配对情况有关, 大体说来, 金属表面上的低温流体和碱性液态金属的接触角接近于零; 金属表面上的水以及多数有机液体的接触角小于 $90°$; 对于不润湿系统, 如聚四氟乙烯表面上的水和玻璃表面上的汞, 其接触角大于 $90°$.

Cole 通过热力学分析得到壁面上产生沸腾所需的理论过热度为

$$\Delta T_s = \frac{T_s}{2h_{fg}\rho_v} \left(2 + 3\cos\theta - \cos^3\theta\right)^{1/2} f(T_l) \tag{5-6a}$$

式中 $f(T_l)$ 是一个关于液体温度的函数, 其形式为

$$f(T_l) = \left[\frac{16\pi\sigma_{lv}^3}{3kT_l \ln(N_0 kT_l/h)}\right]^{1/2} \tag{5-6b}$$

$k$ 为玻尔兹曼常量, $N_0$ 为单位体积中的分子数, $h$ 为普朗克常量, $\sigma_{lv}$ 为气液交界面上的表面张力. 可见沸腾所需的过热度不但与流体温度、饱和温度及物性有关, 还与接触角 $\theta$ 有关; $\theta$ 越大也即液体的润湿性能越差, 沸腾所需的过热度就越小. 当 $\theta = 180°C$ 时, 从式 (5-6a) 得 $\Delta T_s = 0$, 意味着产生汽化核不需要能量. 实际上没有

接触角为 180° 的液体存在, 实验中测量到的最大接触角大约为 140°. 当 $\theta=0$ 时, 式 (5-6a) 退化为均相沸腾过热度的计算式, 代表气泡核心所需活化能最大的情况.

但是, 实际测量发现, 一般固体加热面上发生沸腾时的过热度都大大低于由式 (5-6a) 所计算出的值, 与均相沸腾所需的理论过热度相比可低达一个数量级. 对此 Bankoff 提出, 通常加热面上总是存在各种机械加工过程所形成的凹坑、裂痕等缺陷, 其内部也总会存在不凝性气体或灰尘、油渍微粒等, 实际的沸腾过程就从这些凹坑和裂痕处开始. 这些凹坑中汽化核心的尺度, 一般而言要比液体分子密度起伏所形成的气泡核心大得多, 所以这些储气凹坑上液体开始沸腾所需要的过热度比起在液体内部形成临界气泡核心所需的过热度大大减小, 也比在不含不凝性气体的固体壁面上形成气泡核心所需的过热度小得多. 为了验证这种说法, Knapp 在 1958 年曾经做了实验, 他用增压的方法使壁面凹坑中的气体溶解于液体, 结果发现沸腾所需的过热度较之增压前有明显提高, 从而证明了 Bankoff 的理论. 目前这种非均相成核理论已经为人们广泛接受.

### 5.2.3　池内沸腾

池内沸腾是指加热面浸没在容器内, 并且无宏观流动的液体中的沸腾现象. 池内沸腾时, 加热面上产生的气泡长大到一定尺寸后会脱离壁面而浮升. 加热面附近的液体在自然对流和气泡扰动的双重作用下, 形成一个复杂的流动系统. 根据前面介绍的沸腾曲线的分区, 池内沸腾划分为核态沸腾、膜态沸腾、过渡沸腾及临界热流密度点. 由于实际工程应用中的沸腾换热设备通常均设计在核态沸腾区, 故本节以介绍池内核态沸腾为主, 而临界热流密度留待下一小节作专门讨论.

核态沸腾传热包含三种最基本的热量转移过程:

(1) 液体和加热面之间的非稳态导热过程, 它是指气泡脱离壁面后新补充过来的液体和壁面之间的导热过程.

(2) 气泡底部的薄层液体在气泡长大过程中从加热壁面上吸热汽化的过程.

(3) 非气泡区的液体与加热面之间的自然对流换热过程. 在这一过程中因加热面上气泡的成长和脱离引起附近液体扰动而得到极大地强化.

人们多年来对池内核态沸腾的研究提出了很多模型, 其中气泡扰动模型又称为 "对流类比模型", 它认为从本质上来说, 核态沸腾换热是被气泡周期产生-脱离而强化了的对流换热过程. 基于这种理念而建立起来的核态沸腾换热计算公式包括 Rohsenow 公式和 Forster-Zuber 公式, 其中 Rohsenow 公式在工程中应用比较广泛, 其形式为

$$\frac{c_{pl}\left(T_w - T_s\right)}{h_{fg}} = C\left\{\frac{q}{\mu_l h_{fg}}\left[\frac{\sigma}{g\left(\rho_l - \rho_v\right)}\right]^{1/2}\right\}^{0.33} Pr_l^s \tag{5-7}$$

式 (5-7) 把壁面热流密度 $q$ 和壁面过热度 $T_w - T_s$ 直接联系起来, 其中 $c_{pl}$、$\mu_l$ 和 $Pr_l$ 分别为液体的定压比热、动力黏度和普朗特数. $C$ 和 $s$ 是由加热面和液体的组合所共同决定的实验常数, 例如, 水在不锈钢表面上核态沸腾时 $C$ 和 $s$ 分别为 0.0132 和 1.0.

近年来的相关研究表明, 核态沸腾时存在于成长气泡和加热壁面之间的液体微层的汽化, 是一种重要的热量转移方式. 该微层的厚度为 $0.5 \sim 2.5\mu m$. 伴随气泡的长大, 微层不断蒸发, 所产生的蒸气一部分用来使气泡长大, 另一部分则在气泡顶部气液界面上凝结, 并向周围液体放出热量. 所以, 气泡从壁面上吸取的热量大大超过气泡长大所需的汽化潜热, 因而导致沸腾换热具有很高的换热强度.

影响池内核态沸腾换热的因素, 除了体现在式 (5-7) 中的物性参数和壁面过热度之外, 加热表面的粗糙度和液体中的不凝性气体也是重要的影响因素, 这两者都使得汽化核心更易于形成, 从而促进沸腾换热. 加热壁面老化之后, 汽化凹坑数量减少, 沸腾换热强度就会减弱. 还有, 童明伟和辛明道的实验研究表明, 液位对池沸腾的换热系数也有明显影响, 见图 5-7. 按照惯例, 沸腾换热系数 $h$ 定义为

$$h = \frac{q}{T_w - T_s} \tag{5-8}$$

之所以用壁面温度与饱和温度之差而不是壁温与流体实际温度之差来定义沸腾换热系数, 是因为实验结果表明, 在核态沸腾中壁面热流密度是与前者存在线性关系而不是后者.

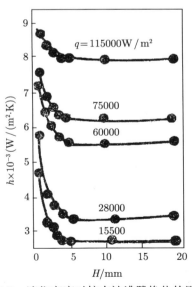

图 5-7 液位高度对核态池沸腾换热的影响

在冶金工业和低温工程中有时也会出现膜态沸腾换热. 膜态沸腾时, 液体的汽化不是直接发生在加热面上, 而是发生在离开加热面的气–液分界面上, 所以膜态沸腾换热表现出与加热面状况无关的特性. 但是, 膜态沸腾与加热面的形状和方位有很大关系, 下面分别介绍竖直平壁和水平表面上的膜态沸腾换热计算公式.

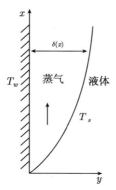

图 5-8　竖直平壁上的膜态沸腾换热

对于如图 5-8 所示的池内膜态沸腾, 在假定膜内蒸气为层流状态、膜外液体静止、忽略膜内对流与辐射的影响等条件下, 可以推导出沿高度为 $L$ 的竖直平壁上平均的膜态沸腾换热系数为

$$\bar{h} = 0.667 \left[ \frac{h_{fg} g \rho_v \left( \rho_l - \rho_v \right) k_v^3}{\left( T_w - T_s \right) L \mu_v} \right]^{1/4} \tag{5-9}$$

式中 $k_v$ 代表气相导热系数. 对于水平加热面上的稳定膜态沸腾, 可采用下式计算其平均换热系数:

$$\bar{h} = 0.425 \left\{ \frac{h_{fg} g \rho_v \left( \rho_l - \rho_v \right) k_v^3}{\left( T_w - T_s \right) \mu_v \sqrt{\sigma / \left[ g \left( \rho_l - \rho_v \right) \right]}} \right\}^{1/4} \tag{5-10}$$

类似地, 发生在直径为 $D$ 的水平圆柱或者直径为 $D$ 的球体上的膜态沸腾, 都可采用下面同一的平均换热系数计算式:

$$\bar{h} = 0.62 \left[ \frac{h_{fg} g \rho_v \left( \rho_l - \rho_v \right) k_v^3}{\left( T_w - T_s \right) \mu_v D} \right]^{1/4} \tag{5-11}$$

实验结果表明, 对于平板、圆管和球体, 无论是竖直方位的定性尺寸 $L$ 还是水平方位的定性尺寸 $D$, 当满足 $D$ 或 $L > 2\pi \sqrt{\sigma / \left[ g \left( \rho_l - \rho_v \right) \right]}$ 时, 相应表面上的换热都表现出与定性尺寸无关的特点, 其换热系数可直接采用式 (5-10) 计算.

### 5.2.4　池沸腾的临界热流密度

沸腾曲线上第一临界点所对应的热流密度通常称为 "临界热流密度", 它是沸腾换热设备设计的重要依据之一. 对临界热流密度形成机制的不同解释导致不同模型的产生, 现在被传热学界广泛接受的一种模型叫做 "流体动力学模型". 该模型认为, 当热流密度增大时, 加热面附近气、液相对运动速度也相应增大, 当其相对运动速度大到某一数值时, 气液分界面就会出现很大的波动, 使流动变得不稳定, 导致气、液逆向流动的机制破坏. 这样一来, 蒸气逐渐滞留在加热面上形成局部气膜, 也就形成了临界状态. 根据流体动力学模型, 可以推导出池内沸腾的临界热流密度为

$$0.12 < \left[ \frac{q_c}{h_{fg} \rho_v^{1/2} \left[ \sigma g \left( \rho_l - \rho_v \right) \right]^{1/4}} \right] < 0.15 \tag{5-12}$$

式 (5-12) 告诉我们, 临界热流密度和加热面的状况无关, 只与流体物性及重力场有关, 并且临界热流密度不是一个定值, 而是在一定范围内变化, 大约有 22% 的分散性. 这一结果已经为众多的实验所证实.

由式 (5-12) 计算出的 $q_c$ 是从理论分析导出的临界热流密度的基准值. 经过实验验证, 对于不同形状的加热面需要对式 (5-12) 的计算结果进行适当修正, 其修正系数是: 对水平板取 1.14, 对大圆柱取 0.985, 对大球取 0.84; 对于小圆柱和小球, 修正系数和半径及流体物性有关, 分别是 $0.235/a$ 和 $1.734/a$, 其中 $a = R^{1/2} / \left[ g \left( \rho_l - \rho_v \right) / \sigma \right]^{1/4}$.

第二临界点热流密度, 也是膜态沸腾的最低热流密度, 可按下式计算:

$$q_{\min} = \frac{\pi}{24} h_{fg} \rho_v \left[ \frac{\sigma g \left( \rho_l - \rho_v \right)}{\left( \rho_l + \rho_v \right)^2} \right]^{1/4} \tag{5-13}$$

它所对应的温度计算式为

$$\frac{T_{\min}}{T_c} = 0.13 \left( \frac{p}{p_c} \right) + 0.86 \tag{5-14}$$

式中 $T_c$ 和 $p_c$ 分别为流体的临界温度和临界压力, $p$ 为沸腾时的实际压力.

### 5.2.5 流动沸腾

在动力锅炉的水冷壁、制冷系统的蒸发器等热设备中, 会出现流动沸腾传热现象, 其典型特征是, 在沸腾的同时存在着液体的宏观整体运动. 相对于池内沸腾而言, 工质的定向流动使沸腾过程的气泡跃离直径变小而频率增高. 另外, 由于两相流混合物中蒸气份额的不断升高, 两相流的速度不断增加, 这些变化都导致流动沸腾的换热不同于池内沸腾.

按照加热管的放置方式分为竖直管内流动沸腾和水平管内流动沸腾, 竖直管内流动沸腾的流型示于图 5-9, 工质从下往上流动. 在壁面热流 $q_w$ 为常数的工况下, 工质沿程依次经历单相液体、泡状流、弹状流、环状流、雾状流, 最后变成单相蒸气流动. 当加热管水平放置时, 随着蒸气含量的增大, 有可能出现气液分层现象, 上部为蒸气, 下部为液体. 但是当管内流速大到一定程度时, 水平管内也会出现弹状流、环状流和雾状流.

与图 5-9 中过冷沸腾阶段相对应的流体温度和壁温都还处于沿途增加的过程中, 具体到加热管内部, 管壁上刚开始出现气泡, 但液体核心区的温度尚低于对应系统压力下的饱和温度, 即处于过冷状态. 在过冷沸腾阶段, 气泡附着在壁面上, 即使跃离壁面, 进入液体核心区也会很快凝结. 根据凹坑活化分析, 过冷沸腾起始点的壁温 $T_w$ 与壁面热流密度 $q_w$ 的关系为

$$q_w = \frac{h_{fg} \rho_v k_l}{8 \sigma T_s} \left( T_w - T_s \right)^2 \tag{5-15}$$

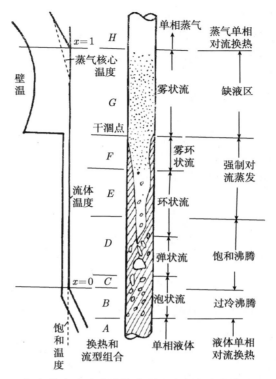

图 5-9　竖直管内流动沸腾的流型和沿程温度变化 $(q_w = C)$

从泡状流的后期开始, 流动进入饱和沸腾阶段, 这个阶段的弹状流具有特殊性, 这是因为壁面上形成的气泡不断进入弹状气泡, 造成了弹状气泡的不稳定, 加上压降、流量的波动等因素, 使弹状气泡一般经过很短时间就转入环状流. 环状流是沸腾两相流的主要流型, 其干度为 0.1~1, 几乎占 90% 的管长范围, 换热系数非常高, 对水可高达 $2 \times 10^5 \mathrm{W/m^2}$. 从图 5-9 可以看出, 饱和沸腾区覆盖高泡状流、弹状流和低环状流, 但在换热分析上为简化计则不再区分流型, 将它们统一作为饱和泡状沸腾换热分析. 其特点是: 流体温度基本上保持不变, 并且与流速、干度无关, 换热系数基本上是常数. 针对流动饱和沸腾换热, Chen 推出了一个著名的叠加公式, 并已经获得广泛的工程应用. 在计算流动饱和沸腾换热系数 $h$ 之前, 需要首先定义一个与两相流干度 $x$ 有关的参数 —— 马丁内里参数

$$X_t = \left(\frac{1-x}{x}\right)^{0.9} \left(\frac{\rho_v}{\rho_l}\right)^{0.5} \left(\frac{\mu_l}{\mu_v}\right)^{0.1} \tag{5-16}$$

再分别采用 Dittus-Boelter 公式和 Forster-Zuber 公式计算单相液体的对流换热系数 $h_l$ 和按池内核态沸腾计算的换热系数 $h_n$

$$h_l = 0.023 Re_l^{0.8} Pr_l^{0.33} \frac{k_l}{D} \qquad (5\text{-}17)$$

$$h_n = B\Delta T_s^{0.24} p_s^{0.75} \qquad (5\text{-}18)$$

式中 $D$ 为加热管内径, $B$ 是与流体物性有关的常数, $\Delta T_s$ 和 $p_s$ 分别为壁面温度的过热度和流体的饱和压力 (按绝对压力计算). 于是, 流动饱和沸腾换热系数 $h$ 取二者的加权平均

$$h = Fh_l + sh_n \qquad (5\text{-}19)$$

对流换热分量的修正系数 $F$ 与马丁内里参数有关

$$F = \left(1 + X_t^{-0.5}\right)^{1.78} \qquad (5\text{-}20)$$

$s$ 称为沸腾抑制因子, 用其考虑在流动中发生沸腾时气泡生成和脱落所受到的阻碍作用, 其计算公式为

$$s = 0.9622 - 0.5822 \left(\arctan \frac{Re_l \cdot F^{1.25}}{6.18 \times 10^4}\right) \qquad (5\text{-}21)$$

上述公式中的 $Re_l$ 和 $Pr_l$ 都按液体的物性计算.

# 5.3  凝 结 传 热

凝结是蒸气受冷之后转变成液体的物理现象, 因此必然伴随有传热的产生. 从蒸气中凝结发生的范围来看, 分为均相凝结 (或容积内凝结) 和壁面凝结, 前者如雾的生成, 往往由辐射冷却造成, 后者是工业设备中通常出现的情况. 壁面凝结又区分膜状凝结和珠状凝结, 膜状凝结时壁面上形成连续的液膜, 是工程设计的主要凝结工况; 珠状凝结时壁面上布满分散的液滴, 液滴长大到一定程度后自行脱落, 它虽然具有较高的凝结换热系数, 但是不容易长期保持. 本节以介绍壁面上的膜状凝结为主, 对珠状凝结只做简要介绍.

### 5.3.1  凝结成核理论

首先讨论均相凝结时的成核问题. 类似于沸腾成核过程, 蒸气中分子能量的不平衡会导致蒸气密度的起伏, 形成暂时的微小高密度区, 即原始凝结核心. 但这些微小液滴能否继续存在并长大, 则需要具备一定的条件. 考虑蒸气中处在平衡状态的一个半径为 $r$ 的液滴, 液滴内外的温度需相等, 即 $T_l = T_v = T$, 与 $T$ 相对应的饱和压力记为 $p_s$. 由于具有弯曲表面, 液滴内部液相压力与其外部气相压力不相等, 内、外压力之差应满足 Laplace 方程

$$p_l - p_v = \frac{2\sigma}{r} \qquad (5\text{-}22)$$

与气相压力 $p_v$ 相对应的饱和温度记为 $T_s$. 现在讨论凝结系统的实际温度 $T$ 与饱和温度 $T_s$ 之间的关系. 根据化学热力学, 处在平衡态的气液两相, 除温度相等外两相的自由焓亦应相等, 从而可导出下式:

$$p_v - p_s = \frac{2\sigma v_l}{r(v_v - v_l)} > 0 \tag{5-23}$$

式中 $v_v$ 和 $v_l$ 分别代表气相和液相的比容. 联系式 (5-22) 和式 (5-23), 有 $p_l > p_v > p_s$, 注意到 $T$ 与 $p_s$ 相对应, $T_s$ 与 $p_v$ 相对应, 故必有 $T_l = T_v < T_s$. 从而可知, 由分子能量起伏所形成的微小凝结核心能够存在下去的条件是, 整个系统要处在过冷状态. 如果希望小液滴能够继续长大, 则其温度还要更低于周围蒸气的温度.

将凝结时各参数的关系画在图 5-10 中, 图中 "平分界面气液平衡曲线" 是指气相和液相被光滑平面分隔时饱和压力和饱和温度的对应关系. $A$ 为均相凝结的液滴状态, $B$ 为蒸气的状态, 二者温度相等但压力不等; $C$ 点是对应蒸气压力下的气、液相平衡点, $D$ 点为对应蒸气温度下的气、液相平衡点. 图 5-10 的含义是, 不但处在平衡曲线上的 $C$、$D$ 点的蒸气不会凝结, 处在有一定过冷度的 $B$ 点的蒸气也不会自动凝结. 要想产生持续的凝结, 就必须使蒸气偏离平衡态的程度加大, 也就是过冷度加大, 它可以采用等温加压或者等压冷却的方法实现. 凝结系统所需要的过冷度可用 Clausius-Clapeyron 方程计算

$$T_s - T_v = \frac{2\sigma}{r} \cdot \frac{v_l T_s}{h_{fg}} \tag{5-24}$$

根据式 (5-24) 可以算出, 在一个大气压下水滴半径为 $0.1\mu m$ 时所对应的过冷度为 0.2K.

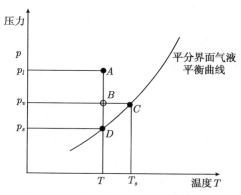

图 5-10　凝结时气液两相的参数关系

相对于均相凝结, 冷壁面上的凝结要容易发生一些, 其原因是壁面上通常会存在加工过程中形成的裂缝和小凹坑, 凝结过程就从那些地方开始. 此外, 冷壁面上

的凝结亦不要求蒸气整体过冷或者饱和, 即使蒸气是过热的, 只要壁面足够冷, 靠近壁面处的蒸气就会在饱和温度以下, 并达到凝结所需的过冷度. 冬季里窗玻璃上的结露现象就是这样一种过程.

### 5.3.2 单一工质的膜状凝结

能源动力工程设备中的凝结过程大多为非均相的壁面凝结过程, 其中典型的实例为竖直平壁上的膜状凝结换热. 均匀壁温条件下竖直平壁的层流膜状凝结换热早在 1916 年就已经被 Nusselt 进行了分析求解. 1972 年, Van der Walt 和 Kröger 又对变壁温下的层流工况做了理论分析, 得到了凝结换热系数的统一计算式.

假定竖壁的高度为 $L$, 四周被蒸气包围, 壁面上形成凝结液膜, 液膜内部为层流, 从竖壁顶端往下沿高度方向的壁温变化为 $T_w = T_s - Nx^n (n = 0$ 即为均匀壁温工况), 不考虑温度沿竖壁宽度方向的变化, 分析得到的沿壁面高度平均的凝结换热系数为

$$\bar{h} = \frac{4}{3-n} \left(\frac{n+1}{4}\right)^{1/4} \left[\frac{h_{fg} g \rho_l (\rho_l - \rho_v) k_l^3}{\Delta T \mu_l L}\right]^{1/4} \tag{5-25}$$

式中 $\Delta T = NL^n$ 为竖壁底端的过冷度. 式 (5-25) 也可应用于较大直径的竖直圆管外壁的凝结换热, 但是当圆管外径 $D < 10\text{mm}$ 时, 式 (5-25) 的计算结果需要适当修正, 修正方法是, 在式 (5-25) 计算结果的基础上加上一个修正量 $\Delta h$, $\Delta h = (CD)^{-0.95}$, 其中的常数 $C$ 对于工质水蒸气、R-113 和酒精分别取 0.9、5.55 和 3.84, $D$ 的单位按米计算.

当竖壁的高度达到一定数值时, 液膜的层流会转为紊流, 换热规律发生变化. Colburn 在 1934 年采用传热和流动的类比关系分析了紊流膜状凝结换热. 计算之前需要先确定凝结液雷诺数

$$Re_l = \frac{4m}{\mu_l} \tag{5-26}$$

式中的 $m$ 代表距离竖壁顶端 $x$ 处液膜每单位宽度的凝结液质量流量, 单位 $\text{kg}/(\text{s·m})$, 用 $Re_l$ 来判断液膜下部是否成为了紊流, 如果 $Re_l > 1600$, 说明下部液膜已经是紊流, 这时上部层流和下部紊流的平均凝结换热系数为

$$\bar{h} = \frac{Re_l \left[g \rho_l (\rho_l - \rho_v) k_l^3\right]^{1/3}}{\mu_l^{2/3} \left[22 \, Pr_l^{-1/3} (Re_l^{0.8} - 364) + 12800\right]} \tag{5-27}$$

上式是一个关于 $Re_l$ 的函数, 其图像画于图 5-11. 可以看出, 从层流向紊流的转变点是平均换热系数的最低点, 因为层流换热系数是随着液膜增厚而减小的, 进入紊流后平均换热系数随 $Re_l$ 而增大, $Pr$ 越大, 增大的速率越快.

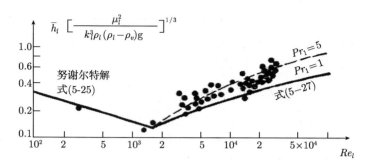

图 5-11　竖壁上层流和紊流并存时的平均凝结换热系数

图中的黑点代表联苯凝结换热的实验值

与竖壁上的凝结不同, 水平圆管外壁上凝结的液膜厚度和局部换热系数都是沿着周向变化的. 圆管顶部的换热系数最大, 向两侧逐渐变小, 到底端部时接近于零. 由于换热强度的不同, 圆管上半部的蒸气凝结率比下半部大约高出 46%. 另外, 由于管径尺寸的限制, 水平管外的凝结不易形成紊流, Nusselt 分析得出均匀壁温的水平圆管外的层流平均换热系数为

$$\bar{h} = 0.725 \left[ \frac{h_{fg}g\rho_l\left(\rho_l - \rho_v\right)k_l^3}{\left(T_s - T_w\right)\mu_l D} \right]^{1/4} \tag{5-28}$$

此式在形式上与竖直平板凝结换热的计算式 (5-25) 相同, 只是对于平板等式右端的系数改为 0.943, 并把特性尺寸 $D$ 改成平板高度 $L$. 简单分析可知, 如果竖直管道的外部凝结当做平壁对待, 那么, 当管长 $L$ 与管径 $D$ 之比满足 $L/D=2.86$ 时, 管道横放和竖放的凝结换热系数相等; 如果管道较长, 则横放的换热系数较大. 所以, 大多数工业冷凝器中, 凝结管都尽可能水平放置.

对于上下对齐的水平管束的凝结换热, 先按照式 (5-28) 计算上部第一排管子的换热系数 $\bar{h}_1$, 然后再计算上下 $n$ 排管束的平均值

$$\bar{h}_n = \frac{\bar{h}_1}{n^{1/4}} \tag{5-29}$$

### 5.3.3　蒸气混合物的膜状凝结

蒸气混合物的凝结与单纯介质的凝结相比有两个重要区别: 一是在一定压力下随着气相组分的变化冷凝温度会改变; 二是凝结过程中有传质的影响. 所谓的蒸气混合物也有不同划分, 除了在工程上广泛应用的气相和液相都能够充分混合的二元和多元混合蒸气外, 还有一类是在工程上有害的, 因而需要加以预防的情况, 它就是蒸气–不凝性气体混合物. 蒸气中不凝性气体对膜状凝结的影响极大, 即使它含量很少, 也会导致凝结换热系数大大下降. 有人在压力 $p = 0.197 \times 10^5\text{Pa}$ 下对含

有空气的水蒸气的凝结实验表明, 当空气的质量组分从 0 增大到 0.1 时, 其膜状凝结换热系数相应地从 $5000W/(m^2 \cdot K)$ 下降到 $700W/(m^2 \cdot K)$ 左右, 可见不凝性气体影响巨大.

二元蒸气混合物则不同, 虽然气、液相中的组分不同导致冷凝过程中冷凝温度改变, 但它最终能够完全地冷凝成液体, 并且在液相中两种组分互相溶解. 氨水、氯化锂水溶液均是典型的二元混合物. 以氨水为例, 如果将温度 $T$ 和质量浓度 $\xi$ 的关系表示在坐标图上, 见图 5-12, $A$ 点就代表纯水, $\xi = 0$, 而 $C$ 点代表纯氨, $\xi = 1$. 由于氨在大气压力下的饱和温度为 $-33°C$, 因此它比水更易挥发, 两相平衡时气相中氨的浓度必然大于液相中的浓度. 这样一来, 二元蒸气混合物在定压冷凝时, 由于冷却到露点时水蒸气先凝结, 余下的混合气中氨的浓度必然增大, 相应的冷凝温度就会进一步地降低, 直到系统降低到 $-33°C$ 之下, 混合气才能够全部凝结为液体, 见图 5-12 中的曲线 $ABC$. 与此相反, 二元溶液的定压汽化过程则伴随着汽化温度的逐渐升高, 见图中曲线 $CDA$. 两条曲线不相重合, 它们中间包围的区域为气液两相区.

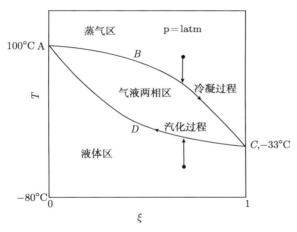

图 5-12 1 个大气压下氨水的相图

二元混合蒸气凝结过程中, 低沸点的易挥发组分容易保持气态, 较难凝结, 因而会在汽液分界面上逐渐浓缩, 形成一个阻碍高沸点组分的蒸气向冷凝壁面移动的扩散层. 此扩散层的存在导致混合蒸气的凝结换热系数低于单纯工质的凝结换热系数, 其阻碍程度的大小与混合蒸气的摩尔分数以及冷凝温差等因素有关. 图 5-13给出了制冷剂 R113 和 R11 混合蒸气的层流膜状凝结换热系数的变化情况. 可以看出, 其凝结换热系数明显小于 Nusselt 层流理论解, R11 的组分越大, 偏离的程度也越大. 但是另一方面, 随着冷凝温差的增大, 各种组分下的换热系数都逐渐趋向于 Nusselt 理论解, 表明在大冷凝温差下蒸气扩散层的阻碍作用会消失.

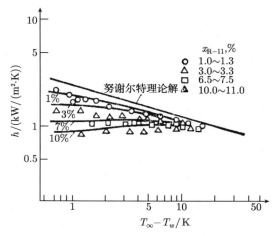

图 5-13　R113 和 R11 混合蒸气在竖直平壁上凝结换热系数的变化

### 5.3.4　珠状凝结简介

珠状凝结时由于能够保持蒸气不断地和冷壁面接触,其换热强度比膜状凝结高得多,换热系数相差可达一个数量级. Jakob 曾经提出珠状凝结的"液膜破裂"机理,认为壁面上的液膜厚度达到一个临界值时液膜在表面张力的作用下发生破裂,然后收缩成为小液滴. 此理论后来被 Umur 和 Griffith 推翻,他们采用热力学方法对初始的凝结过程进行分析,发现在非润湿表面和液滴之间不可能存在超过单分子厚度的液膜,并且用偏振光进行了实验验证.

德国科学家 Eucken 在 1937 年提出了另外一种珠状凝结的成核机理,该理论认为,只有在壁面上那些被称为活化中心的的点才能首先形成小液滴. 机械加工过程中所形成的那些凹坑和刻痕都是活化中心,它们随机地分布在冷凝壁面上,见图 5-14 所示的显微照片. 当长大到一定尺寸时液滴之间发生合并,让出来的裸露壁面

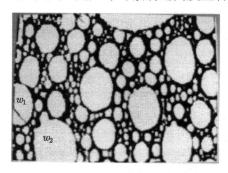

图 5-14　平壁上珠状凝结液滴初生成时的显微照片

上又产生新的小液滴, 整个壁面上不存在连续的液膜. 曾有人在实验中观察到乙醇在竖直平壁上呈珠状凝结时核化中心的密度达到了 $1.1 \times 10^4 \text{mm}^{-2}$. 现在 Eucken 的活化中心凝结核理论已经得到比较广泛的承认.

珠状凝结换热的理论分析计算比较困难, 所得结果的精度也较低, 通常采用实验关联式的形式. 文献中给出的一种相对可靠的关联式为

$$8 \times 10^{-4} < Re < 3.3 \times 10^{-3}, \quad Nu = 1.46 \times 10^{-6} Re^{-1.63} Pr^{1/2} \Pi_k^{1.16} \tag{5-30a}$$

$$3.3 \times 10^{-3} < Re < 1.8 \times 10^{-2}, \quad Nu = 2.6 \times 10^{-6} Re^{-1.57} Pr^{1/3} \Pi_k^{1.16} \tag{5-30b}$$

式中

$$Nu = \frac{2\sigma T_v h}{h_{fg} \rho_l k_l \Delta T_w}, \quad Re = \frac{\lambda_l \Delta T_w}{\mu_l h_{fg}}, \quad \Pi_k = \frac{2\sigma \dfrac{\mathrm{d}\sigma}{\mathrm{d}T} T_v}{h_{fg} \mu_l^2}, \Delta T_w = T_v - T_w$$

上式的适用范围为 $Pr = 1.65 \sim 23.6$, $\Pi_k = 7.8 \times 10^{-4} \sim 2.65 \times 10^2$, 所有物性都取饱和温度下的值.

鉴于珠状凝结的传热系数高, 人们一直试图找到让冷凝壁面长期保持珠状凝结的有效方法, 到目前已有三种方法能够促进壁面上的珠状凝结, 这些方法包括:

(1) 憎水基型化合物促进剂. 归于此类的促进剂有油酸、蜡、流醇、辛酸等化合物及金属硫化物. 这些都是短期促进剂, 加入蒸气后它们能暂时地吸附在冷凝壁面上使蒸气形成珠状凝结. 一旦蒸气中停止加入促进剂, 壁面上很快恢复膜状凝结.

(2) 贵金属涂层. 在冷凝表面上镀金、银、铂、铑、钯、铬等金属薄层, 只要保持表面清洁, 就能够实现持久的珠状凝结. 但是这类金属价格昂贵, 无法在工业上大规模应用.

(3) 高分子聚合物涂层. 包括聚四氟乙烯、聚三氟乙烯、聚对二甲基等, 将其喷涂在冷凝表面上形成 $1.5\mu\text{m}$ 的薄层, 然后进行适当的热处理, 使其具有较低的附加热阻和表面能, 从而有利于珠状凝结的形成.

## 5.4 凝固和熔解传热

凝固和熔解 (融化) 是介于物质固态和液态之间的相变过程, 其基本特点是相变发生时有一个明确的固-液分界面产生, 它把物理性质不同的固液两相区域分开, 并且以时间的某个函数移动. 在分界面上温度场连续, 但热流密度不连续, 固液两相传入和传出分界面的热流量不相等, 二者之差即为该物质的熔解潜热.

### 5.4.1 液体的凝固

先来讨论液体凝固时的传热问题. 图 5-15 为液体的一维凝固过程中的温度场示意图. 设 $x = 0$ 处代表求解区域的边界, 向内部无限延伸. 时间 $\tau = 0$ 时, 在

$x > 0$ 的区域内都是温度为 $T_2$ 的液体. $\tau > 0$ 之后, $x = 0$ 处的暴露边界面保持温度 $T_1$, $T_1$ 低于该物质的凝固温度 $T_p$. $X(\tau)$ 表示固液分界面, 并且它是随着时间而移动的. 分界面上液相变为固相时释放出熔解潜热 $Q_L$(单位 J/kg). 假设液体无宏观流动, 并且忽略相变时的体积变化. 这样, 该问题实质上成为非均匀介质中有移动界面的非稳态导热问题. $\tau$ 时刻 $x < X(\tau)$ 的区域为固相区, 其物性记为 $k_1, a_1, \rho_1$, 对应的温度场的数学描述为

$$
\begin{aligned}
&\frac{\partial^2 t_1}{\partial x^2} = \frac{1}{a_1}\frac{\partial t_1}{\partial \tau}, \quad \tau > 0, \quad 0 < x \leqslant X(\tau) \\
&\tau = 0, \quad X(\tau) = 0 \\
&\tau > 0, \quad x = 0, \quad t_1 = T_1 \\
&\quad\quad\quad x = X(\tau), \quad t_1 = T_p
\end{aligned}
\tag{5-31}
$$

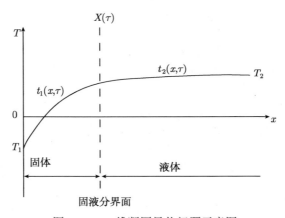

图 5-15　一维凝固导热问题示意图

$x > X(\tau)$ 的区域为液相区, 其物性记为 $k_2, a_2, \rho_2$, 对应的温度场的数学描述为

$$
\begin{aligned}
&\frac{\partial^2 t_2}{\partial x^2} = \frac{1}{a_2}\frac{\partial t_2}{\partial \tau}, \quad \tau > 0, \quad X(\tau) \leqslant x < \infty \\
&\tau = 0, \quad X(\tau) = 0, \quad t_2 = T_2 \\
&\tau > 0, \quad x = X(\tau), \quad t_2 = T_p \\
&\quad\quad\quad x \to \infty, \quad t_2 = T_2
\end{aligned}
\tag{5-32}
$$

以上二式形成一个由 $X(\tau)$ 和 $T_p$ 联系在一起的方程组, 并且由于 $X(\tau)$ 未知, 因此方程本身是非线性的, 求解并非容易. 埃克特和德雷克介绍了如下近似求解方法, 假定其解的形式类似于半无限大物体在恒壁温边界条件下的导热, 则有

$$
t_1(x, \tau) = T_1 + A\mathrm{erf}\left(\frac{x}{2\sqrt{a_1\tau}}\right)
\tag{5-33}
$$

$$t_2(x,\tau) = T_2 + B\,\text{erfc}\left(\frac{x}{2\sqrt{a_2\tau}}\right) \tag{5-34}$$

式中 $A$、$B$ 为待定常数, $\text{erf}(z) = \dfrac{2}{\sqrt{\pi}}\displaystyle\int_0^z \text{e}^{-y^2}\text{d}y$ 称为高斯误差函数, $\text{erfc}(z) = 1 - \text{erf}(z)$, 为高斯误差函数的补函数, 二者的函数值见附录. 利用 $X(\tau)$ 处的边界条件, 有

$$T_p - T_1 = A\,\text{erf}\left(\frac{X(\tau)}{2\sqrt{a_1\tau}}\right) \tag{5-35}$$

$$T_p - T_2 = B\,\text{erfc}\left(\frac{X(\tau)}{2\sqrt{a_2\tau}}\right) \tag{5-36}$$

凝固温度 $T_p$ 为已知常数, 显然, 若要 $A$、$B$ 为常数, 必然有 $X(\tau)$ 与 $\tau^{1/2}$ 成正比, 即

$$X(\tau) = K\sqrt{\tau} \tag{5-37}$$

$K$ 为待求的比例系数. 为确定 $K$, 需要利用边界上的热流密度关系. 根据能量守恒原理, 在 $X(\tau)$ 处由固体导出的热流密度应该等于液体导入的热流密度与单位面积、单位时间内液体凝固所释放出的热流量之和, 即

$$k_1\left(\frac{\partial t_1}{\partial x}\right)_{x=X(\tau)} = Q_L\rho_1\frac{\text{d}X(\tau)}{\text{d}\tau} + k_2\left(\frac{\partial t_2}{\partial x}\right)_{x=X(\tau)} \tag{5-38}$$

将式 (5-33) 和式 (5-34) 分别求导后代入式 (5-38), 并利用式 (5-37) 界面位置与时间的关系, 得到

$$\frac{Ak_1}{\sqrt{\pi a_1}}\text{e}^{-K^2/4a_1} + \frac{Bk_2}{\sqrt{\pi a_2}}\text{e}^{-K^2/4a_2} = \frac{1}{2}Q_L\rho_1 K \tag{5-39}$$

再从式 (5-35)、式 (5-36) 分别求出 $A$ 和 $B$ 之后代入式 (5-39), 则得关于比例系数 $K$ 的一个超越方程为

$$\frac{(T_p - T_1)k_1\text{e}^{-K^2/4a_1}}{\sqrt{\pi a_1}\,\text{erf}(K/2\sqrt{a_1})} + \frac{(T_p - T_2)k_2\text{e}^{-K^2/4a_2}}{\sqrt{\pi a_2}\,\text{erfc}(K/2\sqrt{a_2})} = \frac{1}{2}Q_L\rho_1 K \tag{5-40}$$

式 (5-40) 中除未知数 $K$ 之外, 只含有固液两相的物性参数, 可以采用数值方法求解. 一旦 $K$ 求出, 式 (5-35)、式 (5-36) 中的常数 $A$、$B$ 亦相应确定, 从而得到固液两相中的温度场分别为

$$\frac{t_1(x,\tau) - T_p}{T_1 - T_p} = 1 - \frac{\text{erf}(x/2\sqrt{a_1\tau})}{\text{erf}(K/2\sqrt{a_1})} \tag{5-41}$$

$$\frac{t_2(x,\tau) - T_p}{T_2 - T_p} = 1 - \frac{\text{erfc}(x/2\sqrt{a_2\tau})}{\text{erfc}(K/2\sqrt{a_2})} \tag{5-42}$$

对于水的凝固过程, $K$ 的近似表达式为

$$K = \sqrt{\frac{2(T_p - T_1)k_1}{Q_L \rho_1 \beta^2}} \tag{5-43}$$

$\beta$ 为常压下水和冰的密度比, 可取 $\beta = 1.09$.

### 5.4.2    固体的熔解 —— 给定壁面温度

考虑如图 5-16 所示的一维熔解问题, 初始温度等于熔解温度 $T_p$ 的半无限大固体, $\tau > 0$ 之后自由表面 $x = 0$ 处保持一个高于 $T_p$ 的恒定温度 $T_0$, 热量从自由表面通过液体的导热传递到相界面, 从而使固体不断地熔化. 当忽略液体内部的对流作用时, 该问题依然是一个导热问题, 它类似于静止湖面上冰的熔化过程.

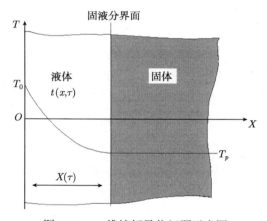

图 5-16    一维熔解导热问题示意图

虽然实际上固体区通常也存在着温度变化, 但是为使求解简化, 假定固相均匀地处在熔解温度 $T_p$, 这样的假设对熔解边界线位置的确定影响并不大. 这样一来, 所需要求解的只是熔化液体区内部的温度场, 其数学描述为

$$\begin{aligned}
&\frac{\partial^2 t}{\partial x^2} = \frac{1}{a}\frac{\partial t}{\partial \tau}, \quad \tau > 0, \quad 0 < x \leqslant X(\tau)\\
&\tau = 0, \quad X(\tau) = 0, \quad t = T_p\\
&\tau > 0, \quad x = 0, \quad t = T_0\\
&\quad\quad x = X(\tau), \quad t = T_p
\end{aligned} \tag{5-44}$$

这里的物性全部是指液相物性. 可采用积分方法对上述问题进行求解, 求解过程中还需要用到相变界面 $X(\tau)$ 处的附加条件

$$-k\left(\frac{\partial t}{\partial x}\right)_{x=X(\tau)} = Q_L \rho \frac{\mathrm{d}X(\tau)}{\mathrm{d}\tau} \tag{5-45}$$

令 $\theta(x,\tau) = t(x,\tau) - T_p$, 设积分解的形式为

$$\theta(x,\tau) = A(x - X) + B(x - X)^2 \tag{5-46}$$

积分求解的过程略去, 所求得的常数 $A$、$B$ 分别为

$$A = \frac{Q_L}{cX}\left(1 - \sqrt{1 + \frac{2c}{Q_L}\theta_0}\right)$$

$$B = \frac{A}{X} + \frac{\theta_0}{X^2}$$

式中 $c$ 为液体定压比热, $\theta_0 = T_0 - T_p$. 相变界面位置 $X(\tau)$ 与 $\tau$ 的关系为

$$X(\tau) = \sqrt{12a\tau}\left(\frac{1 - \sqrt{1+\mu} + \mu}{5 + \sqrt{1+\mu} + \mu}\right)^{1/2} \tag{5-47}$$

式中 $\mu = 2\theta_0 c/Q_L$.

### 5.4.3 固体的熔解 —— 给定壁面热流密度

同样是如图 5-16 所示的一维熔解导热问题, 当 $x=0$ 的边界上给定的不是恒定温度, 而是随时间变化的热流密度 $q(\tau)$ 时, 数学描述式 (5-44)、(5-45) 仍然适用, 只是对应 $\tau > 0$, $x = 0$ 的边界条件改为

$$-k\left(\frac{\partial t}{\partial x}\right)_{x=0} = q(\tau) \tag{5-48}$$

引入过余温度 $\theta(x,\tau) = t(x,\tau) - T_p$, 设积分解的形式为

$$\theta(x,\tau) = A\left[x - X(\tau)\right] + B\left[x - X(\tau)\right]^2 \tag{5-49}$$

将式 (5-49) 代入微分方程 (5-44), 在 $0 \sim X(\tau)$ 内进行积分, 并利用边界条件, 可以确定式 (5-49) 中的常数 $A$、$B$ 分别为

$$A = \frac{Q_L}{2cX(\tau)}\left[1 - (1 + 4\mu)^{\frac{1}{2}}\right]$$

$$B = \frac{Q_L}{8cX^2(\tau)}\left[1 - (1 + 4\mu)^{\frac{1}{2}}\right]^2$$

这里 $\mu = q(\tau)X(\tau)/(a\rho Q_L)$, 其中相变面的位置函数 $X(\tau)$ 由下式中的 $\mu$ 求出:

$$\frac{\mu}{6}\left[\mu + 5 + (1 + 4\mu)^{\frac{1}{2}}\right] = \frac{q(\tau)}{a\rho^2 Q_L^2}\int_0^\tau q(\tau)\mathrm{d}\tau \tag{5-50}$$

一旦 $q(\tau)$ 的具体形式给出, $X(\tau)$ 随 $\tau$ 的变化规律即可确定, 对于 $q(\tau) =$ 常数的特殊情形, $\mu$ 与 $\tau$ 的关系能够表示为泰勒级数形式

$$\mu = \tau - \frac{\tau^2}{2!} + \frac{5\tau^3}{3!} - \frac{51\tau^4}{4!} + \frac{827\tau^5}{5!} - \cdots \tag{5-51}$$

# 5.5　萘升华及其传热应用

### 5.5.1　萘的物理性质

萘是一种比较常见的化学物质, 可从煤焦油分离或石油重整制得. 其化学分子式 $C_{10}H_8$, 分子量 128.17. 无色, 有温和芳香气味, 难溶于水, 遇火、高热时可燃, 其蒸气与空气混合能形成爆炸性混合气, 爆炸极限的体积百分比为 $0.9\% \sim 5.9\%$. 萘的物理性质见表 5-2.

表 5-2　萘的物理性质

| 密度 | $1.162g/cm^3$ | 三相点温度 | $80.4°C$ |
|---|---|---|---|
| 1atm 凝固温度 | $80.2°C$ | 三相点压力 | $900.0 Pa$ |
| 1atm 汽化温度 | $217.9°C$ | 临界温度 | $475.3°C$ |
| 1atm 汽化潜热 | $555.0 kJ/kg$ | 临界压力 | $40.0 atm$ |

虽然萘的三相点压力低于大气压, 但因其三相点温度大大高于常温, 所以萘在常温空气中可以升华. 以前曾经被广泛用于衣物杀虫剂的卫生球, 就是利用萘的升华和杀虫剂的双重效果. 在传热实验中, 可以利用萘的升华现象来测量对流换热系数.

### 5.5.2　用萘升华模拟对流传热的实验原理

对于常物性流体, 流动过程完全由动量方程决定, 而不受传热或传质的影响. 因此, 在单相流体的流动中, 当传热或传质加在流动过程上时流场保持不变. 考虑常物性流体外掠平板换热的能量方程

$$u\frac{\partial t}{\partial x} + v\frac{\partial t}{\partial y} = a\left(\frac{\partial^2 t}{\partial x^2} + \frac{\partial^2 t}{\partial y^2}\right) \tag{5-52}$$

类似地, 常物性流体外掠平板的对流传质方程为

$$u\frac{\partial C}{\partial x} + v\frac{\partial C}{\partial y} = D\left(\frac{\partial^2 C}{\partial x^2} + \frac{\partial^2 C}{\partial y^2}\right) \tag{5-53}$$

这里所求解的对象是被传递组分的浓度场 $C(x,y)$, $D$ 为质扩散系数, 单位 $m^2/s$, 与热扩散系数 $a$ 的单位相同. 由于以上两方程形式相同, 故它们描述了同一类型的物理现象, 当其边界条件相同时其解的形式也应一样. 对于萘升华对流传质来说, 边界条件是边界处萘的浓度值, 与温度场边界温度相对应, 因此属于第一类边界条件.

另外, 相对于对流换热的边界热流密度 $q$, 对流传质的传递物理量用质流密度 $m$ 表示, 二者相对应的表达式为

$$q = h(t_w - t_f) \quad (W/m^2) \tag{5-54}$$

$$m = h_D(C_w - C_f) \quad (\mathrm{kg/(m^2 \cdot s)}) \tag{5-55}$$

式中 $h_D$ 为对流传质系数, 单位 m/s. 将对流换热能量方程式 (5-52) 进行无量纲化转换可知, 温度场除了与坐标位置有关外, 还应是流动 $Re$ 数和代表物性的 $Pr$ 数的函数, 即

$$t = f(x, y, Re, Pr) \tag{5-56}$$

类似地, 对对流传质方程式 (5-53) 进行无量纲化转换, 导致下式产生:

$$C = f(x, y, Re, Sc) \tag{5-57}$$

式中 $Sc = \nu/D$, 为流体的运动黏度与质扩散系数之比, 称为 Schmidt 准则, 它的物理含义是: 对流传质中流体动量扩散能力与质扩散能力的相对大小. 由对流换热分析可知, 边界热流密度 $q$ 与壁面处的流体温度梯度相联系, 从而可以推导出无量纲化的对流换热强度 $Nu$ 数能表示成 $Re$ 数和 $Pr$ 数的函数关系

$$Nu = \frac{hL}{k} = f(Re, \ Pr) \tag{5-58}$$

与此相类似, 无量纲化的对流传质强度也能表示成 $Re$ 数和 $Sc$ 数的函数关系. 用 Sherwood 数 $Sh$ 代表无量纲化的对流传质强度, 则有

$$Sh = \frac{h_D L}{D} = f(Re, Sc) \tag{5-59}$$

式中 $L$ 为特征尺寸. 由此可知, 在边界条件相似的情况下, 对流传质和对流传热具有类比性, 二者之间的实验结果可以相互借用. 萘升华实验不用加热, 并可方便地测定局部传质系数, 所以可以用其比拟相类似的对流换热问题.

### 5.5.3 几个相关问题的讨论

1) 传质系数的确定

传质系数 $h_D$ 按下式计算:

$$h_D = \frac{\Delta G}{A\tau \Delta C_m} \tag{5-60}$$

$\Delta G$ 为实验期间萘的总传递质量 (kg), $A$ 为萘升华面积 (m²), $\tau$ 为实验持续时间 (s), $\Delta C_m$ 为流体与壁面之间平均萘蒸气浓度差 (kg/m³). $\Delta G$ 由实验前后对萘涂层称重测得, $\Delta C_m$ 按实验段入口浓度差和出口浓度差二者的平均值计算

$$\Delta C_m = \frac{1}{2} \left[ (C_w - C_\mathrm{i}) + (C_w - C_e) \right] \tag{5-61}$$

由于一般情况下入口处来流空气中并不含有萘蒸气, 故入口浓度 $C_i=0$, 从而有 $\Delta C_m = C_w - C_e/2$, 其中出口气流中的萘蒸气浓度 $C_e = \Delta G/(\tau Q)$, $Q$ 为空气流量, $m^3/s$. 壁面处萘蒸气的浓度 $C_w$ 可按理想气体状态方程计算

$$C_w = \frac{p_{n,w} M_n}{R_0 T_w} \tag{5-62}$$

式中 $M_n$ 为萘的分子量, $R_0$ 为通用气体常数, $8314J/(kmol \cdot K)$, $T_w$ 为壁面的开尔文温度, $p_{n,w}$ 为壁面处萘蒸气分压力, 按下式计算:

$$\lg p_{n,w} = 11.55 - 3765/T_w \tag{5-63}$$

式中 $p_{n,w}$ 的单位为 mmHg, 代入式 (5-62) 时需要换算成 Pa. 至于壁面温度 $T_w$, 理论上讲, 由于萘升华过程中要吸收潜热, 会导致壁面温度和气流温度有一定差值, 但是计算表明, 萘升华的速度很缓慢, 传热量小, 此温差值不超过 $0.1°C$, 因此可以忽略, 计算中用气流的平均温度代替 $T_w$ 即可.

2) 关于壁面上升华速度的影响

萘的升华过程不可避免地导致壁面处产生一个法向速度 $v_w$, 这个法向速度对流场的影响需要有所了解. 陶文铨 (1983) 采用数值计算方法对此进行了研究: 设主流平均速度 $u=19m/s$, 取 $v_w=0.1m/s$, 计算结果表明, 和 $v_w=0$ 的情况相比, 主流速度的最大偏差小于 2.5%, 温度场的偏差小于 0.2%. 而 0.1m/s 这一数值远大于萘升华时实际的表面法向速度. 因为通常来说实验持续时间在 $40 \sim 60min$, 相应的萘涂层的平均升华深度不超过 0.025mm. 由此可见, 升华引起的微小法向速度的影响完全可以不用考虑.

3) 关于升华实验所对应的热边界条件

萘升华实验中, 萘表面的温度是恒定的, 因而表面的饱和蒸气压和蒸气密度也为常数, 这相当于传热实验的均匀壁温条件. 因而, 对于层流, 萘升华实验只能用来模拟均匀壁温的热边界条件, 而不浇注萘的表面就相当于是绝热壁面. 对于紊流流动, 由于现有理论表明, 对 $Pr \geqslant 0.6$ 的流体, 其均匀壁温和均匀壁面热流的对流换热系数几乎没有差别, 故萘升华用于紊流实验的结果对两种热边界条件下的换热计算均适用.

## 5.6　蓄热技术简介

热量的存储一直是人们关注的技术之一. 在可再生能源技术领域, 比如太阳能利用和地源热泵采暖与空调等领域中, 先进的蓄热方法越来越受到重视. 根据蓄热原理的不同, 可以划分为显热蓄热、相变蓄热和化学蓄热. 本小节对常用的蓄热方式作一简要介绍.

### 5.6.1 显热蓄热

显热蓄热是根据物体伴随着温度升降而吞吐热量的原理而进行蓄热. 根据热力学理论, 质量为 $m$ 的物体温度从 $T_1$ 升高到 $T_2$ 且无相变发生时, 所吸收的热量为

$$Q = \int_{T_1}^{T_2} m c_p \mathrm{d}T \tag{5-64}$$

可见显热蓄热除了和温升幅度有关外, 还取决于所用蓄热材料的定压比热容. 从单位体积蓄热能力的角度考虑, 希望蓄热体的体积紧凑, 因此通常把比热容和密度的乘积 (称为容积比热容) 一起考虑. 另外, 蓄热材料的耐久性、安全无毒性、价格低廉等亦是需要考虑的因素. 目前工程中比较常用的一些显热蓄热材料列于表 5-3.

表 5-3 常用显热蓄热材料的热物理性质

| 储热介质 | 温度范围 /°C | 密度 /(kg/m³) | 比热容 /(J/(kg·K)) | 容积比热容 /(kW·h/(m³·K)) | 导热率 /(W/(m·K)) |
|---|---|---|---|---|---|
| 水 | 0~100 | 1000 | 4190 | 1.16 | 0.63(38°C) |
| 水 (10Bar) | 0~180 | 881 | 4190 | 1.03 | 0.68 |
| 50%乙二醇 −50%水 | 0~100 | 1075 | 3480 | 0.98 | — |
| 50NaNO₃ −50KNO₃ | 220~540 | 1733 | 1550 | 0.75 | 0.57 |
| 熔盐(53KNO₃/ 40NaNO₂ /7NaNO₃) | 142~540 | 1680 | 1560 | 0.72 | 0.61 |
| 液态钠 | 100~760 | 750 | 1260 | 0.26 | 67.5 |
| 铸铁 | 熔点 (1150~1300) | 7200 | 540 | 1.08 | 42.0 |
| 铁燧岩 | — | 3200 | 800 | 0.71 | — |
| 铝 | 熔点 (660) | 2700 | 920 | 0.69 | 200 |
| 耐火砖 | — | 2100~2600 | 1000 | 0.65 | 1.0~1.5 |
| 岩石 | — | 1600 | 880 | 0.39 | — |

如果单从容积比热容的角度考虑, 水无疑是最好的蓄热介质, 比热容大, 价格低廉, 并且其流动性能够弥补其热导率差的缺点. 但是另一方面, 易流动性也意味着容易掺混. 在太阳能热水器等蓄热装置中, 容器中不同温度的水保持在分层状态通常是所希望的. 有资料表明, 对集热水箱进行合理的设计, 从而使热水形成良好的层级分布, 能够使系统的性能提高 20%.

水的另一个不足之处是它通常只适合于 100°C 以下的中低温蓄热场合, 用于更高温度时需要系统封闭并加压. 在中高温场合, 比如近年来受到广泛关注的太阳能热发电系统中, 需要采用混合熔盐等其他蓄热材料. 不过熔盐在长期的冷热交替变换的条件下是否稳定, 热物性是否漂移等问题仍需要进一步探索.

固体材料中可用作中、高温蓄热介质的材料包括岩石、氧化镁、氧化硅及铸铁等. 它们可以制作成比表面积很大的颗粒或者多孔状的形体, 如图 5-17 所示的蜂窝状蓄热体, 能够在流体流过时发生剧烈的换热, 达到迅速升温或放热的目的. 这类蓄热材料目前已经在工业窑炉的高温空气燃烧技术中获得广泛应用.

图 5-17　蜂窝状陶瓷蓄热体

### 5.6.2　相变蓄热

相对于显热而言, 物质在发生相变时所吸收或放出的热量要大得多, 因而蓄积相同的热量所需的质量就大大减少. 以水为例, 大气压下水的沸腾温度 100°C, 所对应的汽化潜热为 2257kJ/kg; 0°C 时冰的溶解潜热为 335 kJ/kg. 相比之下, 在 0~100°C 的范围内水的定压比热约为 4.18 kJ/(kg·K), 如果显热蓄热中水的温升幅度为 40°, 那么当蓄积相同的热量时, 采用冰蓄热所需的质量就只有显热蓄热的一半, 蒸气蓄热所需质量只有显热蓄热所需质量的 7.4%. 当然, 工程中所采用的相变蓄热材料, 除了蓄热能力之外, 还需要考虑材料的化学稳定性、安全性以及传热的动态特性等因素. 常用的固液相变蓄热材料包括石蜡、无机盐、共晶混合物等. 一些相变蓄热材料的热物理性质列于表 5-4.

由表 5-4 中的数据可见, 锂盐及其共晶混合物的熔解潜热比较大, 接近甚至高于冰的熔解潜热, 并且其容积比热容都很大, 而且熔点在 250°C 以上. 这些特点为其在高温蓄热技术领域的应用提供了广阔前景. 但是另一方面, 热量自身的特点是自发地从高温向低温传递, 且传递速率随温差而增大. 由于热量的品质与其所处的温度水平有关, 温度越高, 品质越好, 而蓄热过程必然伴随着热量品质降阶的问题, 因此, 在可能的情况下, 要考虑蓄热温度的适当性, 以正好满足所需温度的高度为宜, 尽量减少不必要的换热环节.

采用固液相变蓄热的装置中, 虽然可以实现近似的等温吸热和放热, 但是, 固液两相界面处的传热率往往较低, 这是不利的一面. 为了改善上述不足, 已经有人考虑将高温熔盐复合到陶瓷蓄热材料中, 使相变蓄热和显热蓄热相结合而发挥各自的长处, 从而具备快速蓄热、放热, 并且具有高蓄热密度的特性. 感兴趣的读者可参考相关文献.

表 5-4 常用固液相变蓄热材料的热物理性质

| 储热介质 | 熔点 /°C | 潜热 /(kJ/kg) | 比热容/ (kJ/(kg·°C)) | | 密度 /(kg/m³) | | 容积贮能密度 /((kW·h)/(m³·K)) | 导热率 /(W/(m·K)) |
|---|---|---|---|---|---|---|---|---|
| | | | 固态 | 液态 | 固态 | 液态 | | |
| LiClO₃·3H₂O | 8.1 | 253 | — | — | 1720 | 1530 | 108 | — |
| Na₂SO₄·10H₂O | 32.4 | 251 | 1.76 | 3.32 | 1460 | 1330 | 92.7 | 2.25 |
| Na₂S₂O₃·5H₂O | 48 | 200 | 1.47 | 2.39 | 1730 | 1665 | 92.5 | 0.57 |
| NaCH₃CO·3H₂O | 58 | 180 | 1.90 | 2.50 | 1450 | 1280 | 64 | 0.5 |
| Ba(OH)₂·8H₂O | 78 | 301 | 0.67 | 1.26 | 2027 | 1937 | 162 | 0.653(液态) |
| Mg(NO₃)₂·6H₂O | 90 | 163 | 1.56 | 3.68 | 1636 | 1550 | 70 | 0.611 |
| LiNO₃ | 252 | 530 | 2.02 | 2.04 | 2310 | 1776 | 261 | 1.35 |
| Li₂CO₃/K₂CO₃(35:65)① | 505 | 345 | 1.34 | 1.76 | 2265 | 1960 | 188 | |
| Li₂CO₃/K₂CO₃/Na₂CO₃ (32:35:33)① | 397 | 277 | 1.68 | 1.63 | 2300 | 2140 | 165 | — |

① 质量百分比.

### 5.6.3 冰蓄冷技术

由于我国实行错峰用电制度, 白天高峰电价是晚上低谷电价的 3~5 倍, 因此, 在白天空调负荷集中而夜晚没有制冷需求的场合, 比如办公楼、影剧院和体育馆等, 可以考虑采用蓄冷技术, 在夜晚低谷电价时制冷以备白天使用, 以此降低系统的运行成本. 通常大多采用冰蓄冷或水蓄冷, 后者是将水池中的水温降低到 4~6°C 蓄积起来. 二者相比较, 冰蓄冷系统利用相变蓄冷, 单位体积的蓄冷量大, 所需体积大约只是水蓄冷系统的 10%~35%, 并且运行费用低, 不足之处是投资回收期相对较长, 通常为 5~10 年.

采用冰蓄冷时, 制冷机产生 $-4 \sim -8°C$ 的低温, 直接将冰槽中的水冻结成冰, 或者通过乙二醇或盐水将冷量传送到蓄冰槽. 按照制冰形态, 可以划分为静态型和动态型. 静态型制冰是采用专用的制冰换热器, 在一定的时间段内连续制冰, 然后再采用外融或内融的方式将冰取下. 对静态型制冰换热器的要求是有良好的耐腐蚀、耐压、耐热和耐冷性, 使用寿命在 15 年以上, 能够在 $-15 \sim 60°C$ 的范围内安全运行.

在动态型制冰系统中, 将生成的冰连续或间歇地剥离, 制冰过程呈连续工作状态. 最常用的系统是平行板式制冰, 如图 5-18 所示. 从膨胀阀来的低温低压的制冷工质, 分别进入若干个平行板冷却器内蒸发吸热, 同时循环水泵抽吸水箱底部的水喷淋到板式冷却器的外表面使其结冰. 当冰层达到一定厚度时, 采用机械方法或者使平板加热升温的方法使冰层剥离, 然后进入下一个循环周期.

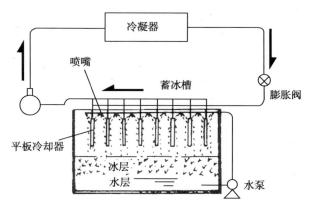

图 5-18 动态制冰系统示意图

在冰蓄冷系统中, 由于蓄冷温度低于 0°C, 因此可以通过热交换器供应 1~4°C 的低温冷水, 也可将空气冷却到 10°C 左右, 从而实现低温送风. 其意义是, 一般的空调系统中水泵和风机的运转能耗占有相当的比例, 如果能够实现大温差供水或低温送风, 那么水管、风道的尺寸就可相应地减小, 水泵和风机的容量及运行能耗也会减小. 鉴于这种优势, 采用冰蓄冷技术的系统与常规的中央空调系统相比, 投资费用增加并不太大, 而运行费用却可显著减小, 因此有较好的经济性.

## 参 考 文 献

埃克特 E R G, 德雷克 R M . 1983. 传热与传质分析. 航青译. 北京: 科学出版社.

林瑞泰. 1988. 沸腾换热. 北京: 科学出版社.

陆耀庆. 1993. 实用供热空调设计手册. 北京: 中国建筑工业出版社.

清华大学建筑节能中心. 2007. 中国建筑节能年度发展研究报告 2007. 北京: 中国建筑工业出版社.

施明恒, 甘永平, 马重芳. 1995. 沸腾和凝结. 北京: 高等教育出版社.

陶文铨. 1983. 关于用萘升华模拟常物性强制对流换热的讨论. 西安: 中国工程热物理学会第四届年会论文.

童明伟, 辛明道. 1984. 液膜沸腾的临界液位和传热, 重庆大学学报. (2):49-59.

王如竹, 代彦军. 2007. 太阳能制冷. 北京: 化学工业出版社.

Bankoff S G. 1957. Ebullition from solid surface in the absence of preexisting gaseous phase. Trans ASME, 79:735-741.

Chen J C. 1963. A correlation for boiling heat transfer to saturated fluid in convective flow. ASME Paper 63-HT-34.

Colburn A P. 1934. Notes on the calculation of condensation when a partion of the condensate layer is in turbulent motion. Transaction AIChE,30:187-193.

Cole R. 1974. Boiling Nucleation, Advance in Heat Transfer, 10. New York: Academic Press, Inc.

Eucken A. 1937. Energie–und stoffaustausch an grenzflächen. Die Naturwissenschaften, 25:209-218.

Forster H K, Zuber N. 1955. Bubble dynamics and boiling heat transfer. AICHE J, 1:531-539.

Goodman T R. 1964. Integral methods for non-linear heat transfer. Advances in Heat Transfer, 1:51-122.

Goswami D Y, Kreith F, Kreider J F. 1999. Principles of Solar Engineering. 2nd ed. Taylor & Francis.

Hatamiya S, Tanaka H. 1987. Dropwise condensation of steam at low pressures. Int J Heat Mass Transfer, 30(3):497-507.

Jakob M, Linke W. 1933. Heat transfer from a horizontal plate. Forsch Gebiete Ingenieurwes, 4:434-447.

Knapp R T. 1958. Cavitation and nulei. Trans ASME, 80:1321-1328.

Kutatelagze C C. 1951. A hydrodynamic theory of changes in boiling process under free convection. BTS, The Academy of Science of USSR, 4:529-536.

Martin H. 1977. Heat and Mass Transfer Between Impinging Jets and Solid Surfaces, Advances in Heat Transfer. New York: Academic Press.

Nukiyama S. 1966. Maximum and minimum values of heat transmitted from metal to boiling water under atmospheric pressure. Translated by Lee C J. Int J Heat Mass Transfer, 9:1419-1433

Rohsenow W M. 1952. A method of correlating heat transfer data for surface boiling of liquids. J Heat Transfer, 74:969-976.

Sogin H H. 1958. Sublimation from disks to air streams flowing normal to their surface. Tran ASME, 80(1):61-71.

Umur A, Griffith P. 1965. Mechanism of dropwise condensation. J Heat Transfer, 87:275-282.

Van der Walt J J, Kröger D G. 1972. Heat transfer during film condensation of superheated freon-12. Progress in Heat and Mass Transfer, 6:75-97.

# 第6章 航天器热控制基础

随着人类对外太空探索和研究的深入,航天器已经成为当今引领世界高新技术的一个重要领域,许多国家都在该领域投入相当的研究力量.本章将从传热学的角度出发,对航天器的基本结构与功能、空间环境与航天器的热平衡、被动和主动热控技术,以及空间热辐射器等内容作扼要介绍,以期读者对航天器热控制技术有一个基本的了解和掌握.

## 6.1 航天器热控制概述

航天器是指在大气层以外的宇宙空间按照天体力学的规律运行的各类飞行器,因此又称为空间飞行器.航天器通常由若干个不同功能的子系统组成,它们可划分为专用系统和保障系统两类.专用系统又称为"有效荷载",如多光谱扫描仪、侦查照相机、导航定位信标机、通信转发器,以及各种科学探测器等,其目的是在太空中完成特定的任务.保障系统为有效荷载完成任务提供支撑,是航天器的重要组成部分,它通常包括结构、热控制、电源、姿态控制、轨道控制及无线电通信等子系统.如果是返回式航天器,还要包括返回着陆子系统;对于载人航天器,还包括生命保障子系统.

### 6.1.1 航天器的分类

航天器分三大类:三轴稳定型、自旋稳定型和实验平台系统.其中三轴稳定型最为常用,其结构形式大致为盒子形状,外加可展开的太阳电池阵列,整体上采用惯性稳定.我国的东方红三号通信卫星 DFH-3 就采用这种形式,见图 6-1.

自旋稳定包括单自旋稳定和双自旋稳定.单自旋稳定简称自旋稳定,是一种被动姿态稳定.早期的人造地球卫星大多是自旋(绕一个主惯量轴恒速旋转)稳定的.当卫星本体的自旋角动量足够大时,在环境干扰力矩作用下角动量方向的漂移非常缓慢,这种特性就是所谓陀螺定轴性.卫星恒速自旋时自旋轴方向与角动量方向一致.自旋稳定卫星示意图见图 6-2.

实验平台系统由一个或几个有效荷载加上相关的辅助系统组成,它与前两种航天器的主要不同点是,它没有姿态和运行的自主功能,需要依靠主飞行器的姿态控制、能源供应和遥测遥控系统工作.实验平台用于在空间完成特定的任务,需要配备独立的指令监控板,由航天员控制和操作.

图 6-1 东方红三号通信卫星 DFH-3 外观图

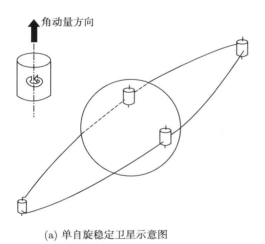

(a) 单自旋稳定卫星示意图　　　　　(b) 我国DFH-2试验通信卫星

图 6-2 自旋稳定卫星示例

## 6.1.2 航天器轨道

　　根据所执行的任务不同, 航天器在太空中经历不同的轨迹, 形成不同的轨道, 不同轨道上航天器所处的热环境相差很大. 航天器热设计的前提是确切地知道航天器生命周期中的飞行轨道及其相应的热环境. 航天器轨道统分为地球轨道和行星际轨道. 各类地球轨道中, 最大高度小于 2000km 的称为低轨道, 典型的低轨道为太阳同步轨道, 其轨道平面与太阳光线之间的夹角保持不变. 其他地球轨道如 Molniya 轨道和地球同步轨道. Molniya 轨道为一种大椭圆轨道, 其远地点高度约 38900km, 近地点约 550km, 相对于地球赤道平面的倾角为 62°, 轨道周期为 12 个小时. 这种轨道的特点是近地点位置可以保持不变, 因而可以用于监视北极和北半球, 在一圈 12 小时内有 8 个小时可以看到北半球, 用三个卫星组网就可以连续覆盖北半球. 地球同步轨道的高度为 35786km, 倾角小于 10°; 如果倾角为零, 就是所谓的静止轨道, 卫星相对于地球上的位置是不变的. 地球同步轨道由于可观察的范围扩大, 因此具有很大的应用价值, 可以设置气象、通信和监视等卫星.

行星际轨道是指深空探测活动中航天器飞往地球之外的其他天体的飞行轨道, 如月球转移轨道和到火星、金星的轨道等. 在这类轨道中, 都要使航天器进入行星重力场, 利用行星绕太阳运动的速度来获得加速, 因此都属于最小能量轨道. 1997 年 10 月美国发射的 Cassini 号土星探测器的飞行轨道 (图 6-3), 称为金星–金星–地球–木星重力辅助轨道 (简称 VVEJGA), 先是两次借力金星加速, 其后又借力地球和木星加速, 最后飞往土星, 整个行程达 35.2 亿 km. 在行星际轨道上, 飞行器不仅在巡航轨道上会遇到差别很大的空间热环境, 还会产生为进入某行星轨道而采用大气阻尼时的气动加热等严重问题.

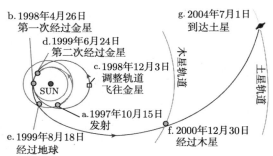

图 6-3　Cassini 号土星探测器及其 VVEJGA 飞行轨道

### 6.1.3　航天器热控制内容

不同航天器的热控制要求不同. 单就卫星而言, 就有通信卫星、气象卫星、监视卫星、雷达卫星和地球遥感卫星等多种形式, 其工作目的不同, 对热控制提出的要求也不同, 大致上可划分为如下控制内容:

(1) 常温要求. 参照地面温度的一个笼统的温度范围, 美国 NASA 提出的常温范围是 $-15 \sim +50$°C; 对于 Ni-Cd 电池的常温范围是 $-5 \sim +10$°C.

(2) 低温要求. 红外探测器、天文望远镜等仪器对背景温度要求严格, 并且往往要求低温. 美国的红外天文卫星 (IRAS) 焦平面温度 2.2K, 采用液氢制冷系统; 欧洲的 Plank 天体物理卫星用于探测宇宙大爆炸, 其辐射测量仪要求列阵焦平面的温度为 0.1K, 并且在几小时之内的温度漂移不能超过 $2 \times 10^{-8}$K.

(3) 恒温要求. 有些仪器设备要求有恒温工作环境, 如 CCD 相机要求的工作温度为 18°C ±3°C, 陀螺内部油温的恒温精度要求达到 ±0.1°C 等.

(4) 温度均匀性要求. 空间精密仪器为了防止产生热变形, 对其构件的温度均匀性有很高要求. 典型的如空间望远镜, 通常其尺寸达数米, 要求整体温度的均匀性为零点几度. 哈勃望远镜的主镜近 3m, 恒温 21.1°C, 温差 0.1°C, 用 36 路精密加热器进行控温.

### 6.1.4 航天器热控制的任务

首先需要对航天器从发射到返回的各个阶段进行热分析. 整个经历过程包括地面段、上升段、轨道段、返回段和着陆段. 每个阶段的外部和内部热环境差别很大, 比如上升段和返回段会出现强烈的气动加热问题; 在轨航天器受到太阳、行星的热辐射, 随着时间的变化其各部分表面温度可能相差很大, 采取合适措施保证各部分温度在规定范围内就显得十分重要. 在设计阶段, 要根据航天器构型、轨道、姿态、内部仪器设备的布置情况, 材料热物性和仪器设备的发热量等条件进行热分析, 计算航天器的得热量和失热量, 进行热平衡计算. 在此基础上, 热设计师根据经验确定航天器各部件需要采用何种热控措施, 热控部件的具体形式, 还要根据轨道和星内工作状态判断可能出现的最热和最冷的极端工况. 进而, 热设计师需要制定出航天器的热试验方案, 通过地面模拟试验来验证分析计算的正确性, 从而保证航天器升空之后的正常热环境.

## 6.2 空间热环境

### 6.2.1 地球轨道的空间热环境

1) 大气层

航天器发射和返回地面都和大气层有密切关系. 图 6-4 为地球大气层内的温度分布及其分层情况. 表 6-1 给出了高度 3000km 以内大气的温度、压力和密度值. 由图表可见, 海平面上大气标准温度为 15°C, 随高度的升高, 大气温度大致上是降–升–再降–再升的变化规律. 在高度为 20km 的对流层顶, 温度下降到 218K, 升高到 52km 处的平流层顶后温度又回升到大约 270K. 自平流层顶到中间层顶气温又下降到约 190K, 然后进入热层. 进入热层后因大气中的氧分子和氧原子大量吸收太阳紫外辐射而被加热, 导致温度急剧上升, 在 500km 处达到 700~2000K. 超过 500km, 大气温度不再随高度变化, 称为外大气层, 其特点是: 分子温度水平很高, 平均动能很大, 但是分子密度低, 碰撞次数很少, 对航天器的影响较小.

在发射阶段, 为防止大气的气动加热对航天器造成损害, 通常需要加整流罩进行隔热保护, 整流罩需要经过专门设计. 从节约燃料的角度考虑, 火箭发射后应尽快抛掉整流罩, 以减轻火箭飞行重量. 但抛罩高度需要顾及高空下稀薄空气的气动

加热 —— 自由分子加热 (简称 FMH). 它是指大气层外单个分子对航天器撞击而产生的加热效应. FMH 对火箭发射的影响将在 6.2.4 小节中做进一步讨论。

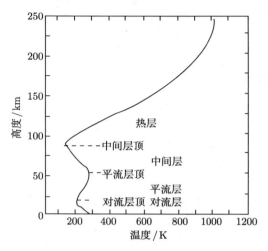

图 6-4    大气层内的温度分布及分层示意图

**表 6-1    不同高度处地球大气层内的温度、压力和密度值**

| 高度 /km | 温度 /K | 压力 /Pa | 密度 /(kg/m³) | 高度 /km | 温度 /K | 压力 /Pa | 密度 /(kg/m³) |
|---|---|---|---|---|---|---|---|
| 0 | 288.0 | $1.013 \times 10^5$ | 1.225 | 150 | 679 | $7.383 \times 10^{-4}$ | $3.087 \times 10^{-9}$ |
| 20 | 218.0 | $5.509 \times 10^3$ | $8.801 \times 10^{-2}$ | 220 | 1310 | $1.358 \times 10^{-4}$ | $2.600 \times 10^{-9}$ |
| 40 | 252.5 | $2.932 \times 10^2$ | $4.004 \times 10^{-3}$ | 300 | 1527 | $4.070 \times 10^{-5}$ | $6.077 \times 10^{-11}$ |
| 60 | 251.7 | $2.237 \times 10^1$ | $3.095 \times 10^{-4}$ | 1000 | 1645 | $3.790 \times 10^{-8}$ | $4.438 \times 10^{-14}$ |
| 80 | 202.5 | 1.171 | $2.013 \times 10^{-5}$ | 2000 | 1645 | $8.145 \times 10^{-11}$ | $2.771 \times 10^{-17}$ |
| 100 | 210.0 | $4.005 \times 10^{-2}$ | $6.642 \times 10^{-7}$ | 3000 | 1645 | $4.253 \times 10^{-11}$ | $3.186 \times 10^{-18}$ |

2) 真空和低温

从表 6-1 中的数据可知, 即使对于高度为 2000km 的低地球轨道来说, 其环境压力也已经低达 $10^{-17}$Pa, 处于高真空状态. 宇宙广袤的空间里基本上没有物质, 也就没有能量. 实测表明, 外太空中辐射能流密度极小, 仅仅约为 $10^{-5}$W/m², 大体相当于 4K 的黑体辐射. 因此, 航天器向外只能以辐射方式散热, 所辐射的能量都会被宇宙空间全部吸收, 而无任何反射.

另外, 高真空度将对航天器内部的传热产生重要影响. 实验表明, 当压力低于 $10^{-3}$Pa 时, 空气的导热和对流换热作用都可以忽略不计. 卫星等多数航天器均采用非密封结构, 舱内和舱外一样是高度真空, 因此部件之间的传热只有导热和热辐射. 此外, 在真空状态下由于缺少空气的辅助作用, 部件之间的接触热阻会变大, 交界面处的温度阶跃会更加明显.

除了对上述导热过程产生直接影响外, 真空环境还可能导致材料蒸发污染及真空冷焊等问题的发生. 前者是某些有机材料如导热脂等可能在真空下蒸发或挥发, 导致污染其他设备或自身损害, 后者是相互配合的运动部件之间由于真空影响而产生粘连, 从而影响其正常运转的现象. 这些都是航天器设计中需要加以考虑的问题.

3) 太阳辐射

太阳辐射大体相当于温度为 5760K 的黑体辐射, 图 6-5 为 Thekaekara 在 1970 年根据飞机、气球和卫星测量数据所绘制的太阳单色辐射力的光谱分布, 目前在世界上通用. 虽然太阳辐射的电磁波谱包含波长从 $10^{-16} \sim 10^4$m 广大范围的电磁波, 但是, 能量沿波长的分布却极不均匀, 其中波长为 $0.12 \sim 0.38\mu$m 的紫外线占总能量的 2.7422%, $0.38 \sim 1000\mu$m 的可见光和红外线占到 97.2565%. 如果以波段 $0.1 \sim 1000\mu$m 的热射线来衡量, 则占到总能量的 99.99%, 且其中大部分为可见光 (约 46%) 和近红外 ($0.76 \sim 2\mu$m, 约 47%).

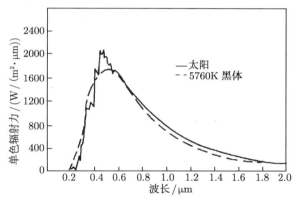

图 6-5 太阳单色辐射力曲线

太阳辐照度 $S$(又称为太阳常数) 是航天器热设计的基本参数之一, 1977 年世界气象组织下属的 "仪器与观测方法委员会" 通过了 "世界辐射测量基准 WRR", 建议取地球大气层外太阳辐照度的平均值为 1367W/m², 夏至为 1322W/m², 冬至为 1414W/m².

4) 地球辐射

地球辐射分为地球反照和地球红外辐射. 地球反照是指地球对太阳光照的反射. 地球反照与土壤、植被、冰雪覆盖有关. 一般而言, 冰雪地区、云层厚和太阳高度角小的地区反照大, 因此, 靠近地球南北两极的高纬度地区的反射率大, 低纬度地区小, 见图 6-6. 此图来自 Vonder Haar 和 Suomi 1969 年发表在《科学》杂志上的一篇论文.

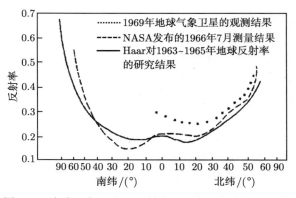

图 6-6　地球对太阳光照反射率在经向剖面上的平均值

　　在航天器热计算中, 地球的反照光谱一般仍采用太阳光谱分布, 并假定为漫反射, 并且遵循 Lambert 余弦定律. 虽然地球反射率在不同纬度上的分布不同, 但是, 鉴于在轨运行的航天器的运行速度较快, 覆盖地球较大的范围, 并且热平衡状态变化缓慢, 因此, 热计算中取地球的平均反射率被认为是合理的. 目前地球平均反射率一般取值为 $\rho_0 = 0.3 \sim 0.35$, 具体取值的大小结合航天器的轨道倾角考虑.

　　地球红外辐射是指地球在吸收太阳光照之后, 将太阳辐射能转变成自身的热能, 然后又以红外波长把热量射向太空的过程. 地球红外辐射的波长为 $2 \sim 50 \mu m$, 峰值为 $10 \mu m$. 另外, 地球大气层对红外辐射整体上近似于不透明的介质, 但是在 $\lambda = 8 \mu m$, $13 \mu m$ 和 $18 \mu m$ 附近有窗口, 地球表面的红外辐射就透过这几个窗口进入太空, 见图 6-7. 在轨航天器上所接受到的地球红外辐射是大气窗口透过的几个谱带的组合, 其辐射低值与 218K 的黑体辐射相当, 高值与 288K 的黑体辐射相当, 整体平均相当于 250K 的黑体辐射.

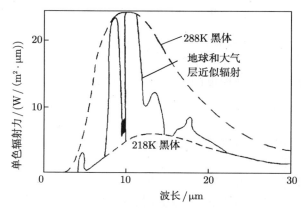

图 6-7　地球红外辐射的光谱分布

虽然地球红外辐射也随着昼夜、季节、轨道位置变化, 但这种影响并不大, 对航天器热计算可不予考虑, 从而把地球红外总辐射力 $E_0$ 当做一个定值, 如下式:

$$E_0 = \frac{1 - \rho_0}{4} S = 239 \quad (\mathrm{W/m^2}) \tag{6-1}$$

式中 $S$ 为太阳平均辐照度, 地球平均反射率 $\rho_0$ 取值为 0.3. (6-1)式的含义是: 太阳辐射到地球的能量中 30% 被反射回太空, 其余 70% 被地球表面均匀地吸收. 地球以大圆面积吸收太阳辐射, 但要从整个外表面积 (4 倍于大圆面积) 上进行红外辐射, 因此其辐射能流密度与太阳辐照度相比大大降低.

式 (6-1) 是在地球大气层顶处的地球红外辐射力, 它所对应的地心距离 $R_0$ 应等于地球自身当量半径 6378km 与大气层有效厚度 30km 之和, 即 6408km. 当计算轨道上航天器辐射换热时, 地球红外辐射的热流密度需要根据轨道半径 $R_{\mathrm{orbit}}$ 进行修正, 修正公式为

$$E_0' = 239 \left( \frac{R_0}{R_{\mathrm{orbit}}} \right)^2 \quad (\mathrm{W/m^2}) \tag{6-2}$$

在地球轨道上除了上述四种影响因素外, 还有近地空间粒子辐射和原子氧的影响. 空间粒子对深冷辐射器会产生加热作用, 而原子氧对热控材料和涂层有腐蚀作用. 这里不作展开讨论, 读者可参考相关资料.

### 6.2.2 地球轨道的空间外热流

在地球轨道上的航天器所接受到的空间热流主要包括太阳直射、地球对太阳的反照和地球红外辐射热流. 空间外热流与航天器位置和时间有关, 其中太阳辐射是主要的空间外热流. 一般热计算中认为太阳光束是平行的 (其实际的发散角在地球附近为 0.5°), 航天器某个面积为 $A$ 的平面所接受到的太阳辐射热流为

$$Q_1 = S \cos \beta_s A \tag{6-3}$$

式中的 $\beta_s$ 代表太阳光线和平面法线之间的夹角, $S$ 为太阳常数. 通常把 $\cos \beta_s$ 称为太阳辐射角系数, 用 $F_1$ 表示.

地球反照热流除了取决于航天器受热表面与地球的相对位置外, 还与太阳、地球和航天器三者之间的相对位置有关, 这些因素最终归结为地球反照角系数 $F_2$ 的确定问题, 计算极为复杂, 此处不做展开介绍, 请读者参考航天器热设计的专著. 当反照角系数确定之后, 地球反照热流按下式计算:

$$Q_2 = \rho_0 S F_2 A \tag{6-4}$$

式中各参数的意义同前. 实际分析表明, 地球反照热流在总的空间外热流中所占比例较小, 因此, 除某些有严格要求的部件, 如红外探测器镜头、辐射制冷器等装置之

外, 一般情况下可借助于地球红外辐射角系数 $F_3$ 进行近似计算, 即 $F_2$ 近似地取为

$$F_2 = F_3 \cos \Phi \tag{6-5}$$

$\Phi$ 为太阳光线与地球–航天器连线之间的夹角.

到达航天器某个表面 $A$ 的地球红外辐射热流为

$$Q_3 = \frac{1 - \rho_0}{4} S F_3 A \tag{6-6}$$

角系数 $F_3$ 与航天器受热表面 $A$ 相对于地球的位置有关, 可按下式计算:

$$F_3 = \iint\limits_{A_E} \frac{\cos \alpha_1 \cos \alpha_2}{\pi l^2} \mathrm{d}A_E \tag{6-7}$$

式中 $A_E$ 代表从航天器上能够看到的地球面积, $\mathrm{d}A_E$ 代表地球上的微元表面, 其他参数见图 6-8.

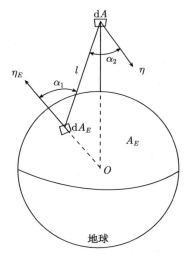

图 6-8    地球红外辐射角系数计算示意图

### 6.2.3    月球的热环境

月球是地球唯一的天然卫星, 地–月之间平均距离是 384400km. 月球的赤道半径为 1738km. 月球自转缓慢, 其自转周期约为 27.32 地球天. 由于月球上没有大气, 再加上月球表面物质的热容量和热导率都很低, 因而月球表面昼夜温差很大. 白天, 在阳光垂直照射的地方温度高达 127°C, 夜晚, 温度可降低到 −183°C.

月球表面的基本热环境见表 6-2. 表中数值来自于 Apollo 11 宇宙飞船对月球表面实际测量的数据. 归纳起来, 月球的热环境呈现如下几个特点, 首先月球表面

的太阳辐射强度与地球表面上的太阳辐射强度基本相同, 原因是两者到太阳的平均距离相同; 二是月球对太阳辐射的反射率低, 吸收率高, 说明月球接近黑体. 还有, 由于月球表面对太阳辐射的吸收率高, 并且没有大气层起阻碍作用, 导致月球的红外辐射明显高于地球红外辐射. 不过, 月球红外辐射的空间分布极不均匀, 从太阳直射点开始, 向两侧呈余弦函数减小, 背阴处 (夜晚) 的红外辐射相对于向阳面很微小.

表 6-2　月球表面热环境

| | 近日点 | 远日点 | 平均值 |
| --- | --- | --- | --- |
| 太阳直照强度/$(W/m^2)$ | 1414 ±7 | 1323 ±7 | 1368 ±7 |
| 反射率 (直照点峰值) | 0.073 | 0.073 | 0.073 |
| 红外辐射/$(W/m^2)$ | | | |
| 最大 (直照点峰值) | 1311 | 1226 | 1268 |
| 最小 (夜晚) | 5.2 | 5.2 | 5.2 |

上述特点在绕月飞行的航天器设计中必须给予充分考虑. 高红外辐射作用, 可能为空间辐射器的工作带来负担, 比如在月球阳面着陆的飞行器, 即使已经考虑了使辐射器面朝天空以利于散热的问题, 但是如果附近有山, 山体的强红外辐射可能导致辐射散热器的温度上升达 10°C, 这将产生不可忽略的影响. 有鉴于此, 绕月飞行的航天器上, 如果有低吸收率、高发射率的表面, 宁愿它更朝向太阳一些, 也要尽量减小它对月球的角系数, 因为高发射率通常也意味着对红外辐射的高吸收率.

另外, 月球表面布满大量灰尘, 导热性能差, 导致昼夜温度变化剧烈. 在黑夜侧, 月球的地表温度都在 −170°C 以下, 低温环境对于可能在黑夜侧工作的航天器会产生不利影响, 热设计中应给予充分考虑. 当年在月球登陆的美国 Apollo 14 运输车, 由于其橡皮轮胎的初始设计低温限为 −57°C, 而又要在月球的黑夜侧工作, 因此一度成为需要解决的重要问题.

### 6.2.4　发射和上升阶段的热环境

虽然航天器的热控制系统主要针对在轨状态来设计, 但也必须考虑到发射前的准备阶段和火箭上升阶段的热环境状况, 包括运输过程、塔架准备、加整流罩, 以及升空之后在停泊轨道和转移轨道上的热环境控制.

航天器在运输过程中由于不供应电力, 其内部温度受环境影响会发生变化, 这个阶段的控制标准是: 温度波动不能超出设备的生存温度, 且不允许结露. 在测试和塔架准备阶段, 如果环境温度达不到要求, 就需要采用空调设备调节环境温度. 准备阶段的后期, 火箭外部将加装整流罩, 这时为了有效控制箭体温度, 通常需要向罩内吹送低流速的空气, 温度在 10~27°C. 如果仍然不能满足要求. 要另加流体回路进行冷却降温, 那么系统的复杂性和费用都将增加.

从火箭发射到航天器入轨通常需要 30~45min, 其中的前 5~6 min 是环境变化剧烈、热控任务艰巨的阶段. 整流罩的作用是保护航天器在上升阶段不受损害, 但其自身由于受强烈的气动加热作用, 温度将迅速升高 (见图 6-9), 从 80s 之前的约 30°C 迅速升高到约 200°C. 火箭的顶部 (圆锥形部分) 装有航天器主体, 因此对温升的控制比较严格, 图 6-9 显示顶部温升的最大值约为 100°C. 为了达到控制目标, 不同部分的整流罩的材料有不同的要求, 对于火箭顶部和颈部, 要求整流罩内表面的发射率小于 0.1, 颈部往下部分的发射率不超过 0.9.

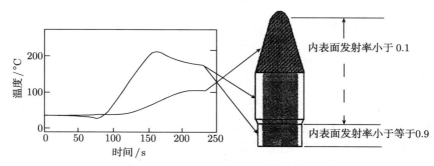

图 6-9　火箭发射后的上升阶段整流罩温升示例

随着火箭上升高度的增加, 空气变得越来越稀薄, 气动加热作用减弱. 发射后尽快抛罩可以减轻火箭飞行重量, 但又必须保证航天器的热安全. 抛罩高度需要权衡上述两种因素而后决定. 一般而言, 发射 2~5min 后火箭已经飞到足够的高度, 空气的气动加热作用几乎消失, 可以分离整流罩. 抛罩之后, 空气的气动加热变为自由分子加热 (简称 FMH), 这种加热过程还要持续 20~30min, 所产生的热流密度可达数百瓦每平方米. 自由分子加热所产生的热流密度的计算公式为

$$Q_{\mathrm{FMH}} = \frac{\alpha \rho V^3}{2} \tag{6-8}$$

式中 $\rho$ 为大气密度, $V$ 为火箭飞行速度, $\alpha$ 为动能转化系数, 取值范围为 0.6~0.8. 对于大多数航天器来说, 正常的抛罩高度大约在 100km. 抛罩之后自由分子加热仍然会在数十分钟内起作用.

对于如地球同步轨道上的航天器, 在其进入任务轨道之前通常还要经过停泊轨道 (近地圆轨道) 和转移轨道 (大椭圆轨道), 在这个阶段航天器将暴露在太阳光、地球红外、地球反照的热环境中. 另外, 航天器也可能在转移轨道上的阴影区运行数小时, 导致航天器的温度过低. 这时太阳电池阵尚未展开, 设备供电不足, 加热和降温调节能力差. 热设计中必须根据这些热环境的特点, 采取有效的补救措施.

## 6.3 航天器热分析计算

### 6.3.1 航天器的空间热平衡

航天器的空间热平衡是指处在太空中的航天器各个组成部分得热量、散热量和自身内能变化之间的平衡关系, 可用下式表示:

$$Q_1 + Q_2 + Q_3 + Q_4 + Q_5 = Q_6 + Q_7 \tag{6-9}$$

式中各部分热流的含义是: $Q_1$ 为太阳辐射得热, $Q_2$ 为地球反照得热, $Q_3$ 为地球红外辐射得热, $Q_4$ 为空间背景辐射得热, $Q_5$ 为航天器内部热源产热, $Q_6$ 为航天器向宇宙空间散热, $Q_7$ 为航天器部件的内能变化. 一般来说, 空间背景辐射项 $Q_4$ 很小, 热控设计中可忽略不计. 高轨道如地球同步轨道 (距离地面高度约 $3.6 \times 10^4 \mathrm{km}$) 上的航天器, 地球反照项 $Q_2$ 和地球红外辐射项 $Q_3$ 也可以忽略, 这样一来, 高轨道上的航天器的空间热平衡, 实际上是其辐射得热加上自身产热与辐射散热加上自身内能变化之间的平衡. 图 6-10 表示出了地球卫星在不同位置时辐射得热与辐射散热之间的关系.

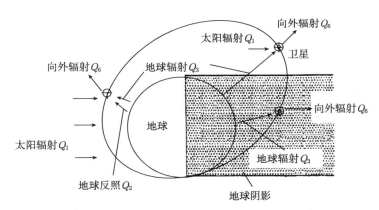

图 6-10 地球卫星热平衡示意图

在进行航天器的热平衡计算时, 首先需要根据其自身特点划分成若干个节点, 对各节点编号, 然后借助专用软件对整个节点网络进行计算. 图 6-11 表示由五种设备组成的一个航天器, 放置在圆形外壳里面. 五种设备用五个节点代表, 它们经网络连线与外壳相连; 外壳划分成若干个小单元面积, 每个单元 $F$ 视为一个节点, 共计 $m$ 个节点. 图中 $S$、$R$、$E$ 分别代表太阳辐射、地球反照和地球红外辐射.

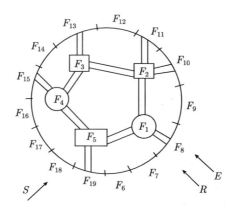

图 6-11　航天器节点换热示意图

对图 6-11 所示的任一节点 $j$, 都能够建立如下热平衡方程式:

$$
\begin{aligned}
Q_{s,j} + Q_{p,j} + \sum_{k=1}^{m} B_{k,j} A_k \varepsilon_k \sigma T_k^4 + \sum_{k=1}^{m} D_{k,j}\left(T_j - T_k\right) \\
= (Mc)_j \frac{\Delta T_j}{\Delta \tau} + A_j \varepsilon_j \sigma T_j^4, \quad j = 1, 2 \cdots, m
\end{aligned}
\tag{6-10}
$$

式中 $Q_{s,j}$ 为节点 $j$ 吸收的空间外热流; $Q_{p,j}$ 为节点 $j$ 的内热源; $B_{k,j}$ 为节点 $k$ 与节点 $j$ 间的辐射吸收因子, 表示节点 $k$ 的辐射能被节点 $j$ 吸收的份额; $D_{k,j}$ 为节点 $k$ 与节点 $j$ 之间的导热因子; $Mc$ 为节点热容量, $A_j$ 为节点的辐射面积. 方程左边第三和第四项分别代表节点 $j$ 与其他节点之间的辐射得热和热传导得热; 等式右边第一项代表单位时间内节点 $j$ 的内能变化, 第二项为其辐射散热.

　　航天器热平衡计算的主要目的, 就是要根据节点热平衡方程组的能量关系, 最终确定各个节点在空间不同位置、不同时间的温度, 保证节点温度随时处在允许范围内. 节点温度可表示成如下函数形式:

$$
T_j = f\left(S, R, E, Q_{p,j}, \cdots, \varphi_{1j}, \varphi_{2j}, \varphi_{3j}, \cdots \alpha_s, \varepsilon_j, M_j c_j, A_j, B_{k,j}, D_{k,j} \cdots\right)
\tag{6-11}
$$

式中决定节点温度 $T_j$ 的众多参数, 大致可分为三组, 如等式右端括弧中的划分. 前两组代表从太阳和地球的辐射得热、自身产热, 以及空间角系数, 它们是由航天器的飞行任务、在空间的飞行轨道和航天器的构型决定的, 可供选择的余地很小. 第三组 $\alpha_s, \varepsilon_j, M_j c_j, A_j, B_{k,j}, D_{k,j} \cdots$ 是航天器上各种部件、组件的热物理性能, 它们取决于构成航天器材料的性质和表面状态, 可选择的范围较大. 根据航天器的构型和温控标准, 对这一组参数选择确定, 并计算出不同工作状态下各节点的温度, 是热控系统的主要设计任务之一.

### 6.3.2 航天器温度计算

上一小节已经述及, 针对航天器的节点划分, 每一节点都可列出其相应的节点方程. 现在将节点方程表达式 (6-10) 改写成如下形式:

$$(Mc)_j \frac{\Delta T_j}{\Delta \tau} = \sum_{k=1}^{m} R_{k,j} \left( T_k^4 - T_j^4 \right) + \sum_{k=1}^{m} D_{k,j} \left( T_j - T_k \right) + Q_{s,j} + Q_{p,j}$$
$$j = 1, 2, \cdots, m \tag{6-12}$$

上式代表了节点 $j$ 与航天器其他节点之间的热联系, $m$ 个节点共形成 $m$ 个方程. 目前求解航天器温度场的常用方法, 是基于 "有限差分法" 思想的节点热网络分析技术. 下面对此做一简要介绍.

根据式 (6-12), 一个节点所代表的控制容积的热状况, 由两个参数体现: 温度 $T$ 和热容 $(Mc)$. 根据热容 $Mc$ 的大小, 计算之前先把热网络模型中的节点划分为三类: 扩散节点、算数节点和边界节点. 扩散节点具有有限大小的热容量, 热流进出会改变节点温度, 热平衡的数学表达式为

$$\sum Q - \frac{(Mc)\Delta T}{\Delta \tau} = 0 \tag{6-13}$$

算数节点的热容量为零, 因此它只是抽象的物理概念, 对于螺钉、薄膜、轻质隔热材料等轻型部件, 可以考虑作为算数节点对待. 算数节点的热平衡在数学上表示为

$$\sum Q = 0 \tag{6-14}$$

边界节点的含义是温度已知, 并认为其热容量无穷大, 因此热量的流进流出不影响节点温度, 如深空温度、月球表面温度以及热容很大的储藏箱等都可作为边界节点, 其数学表示为 $T =$ 常数.

在求解网络方程之前, 需要先完成网络系数计算, 即式 (6-12) 中的 $R_{k,j}$ 和 $D_{k,j}$. 其中 $D_{k,j}$ 为传导型系数, 它可以是导热因子, 也可以是对流换热因子, 因导热与对流都与温差成正比, 因此二者归于同一类型. 系数 $R_{k,j}$ 是辐射换热的吸收因子, 它表示为

$$R_{k,j} = \sigma A_k \varepsilon_k B_{k,j} \tag{6-15}$$

为了使式 (6-12) 成为线性代数方程组, 从而能够利用计算机软件求解, 需要把非线性的辐射换热温差项作如下线性化处理:

$$T_k^4 - T_j^4 = \left( T_k^3 - T_k^2 T_j - T_k T_j^2 - T_j^3 \right) \left( T_k - T_j \right)$$
$$= K(T_k - T_j) \tag{6-16}$$

系数 $K$ 由计算机在每一个时间步长用当前 $T_k$ 和 $T_j$ 算出, 然后乘以原系数 $R_{k,j}$, 于是得到一组更新过的线性方程组.

现在国际上已经开发出多种用于辐射传热计算的商用软件, 其中较常用的有美国的 SINDA(System Improved Numerical Differencing Analyzer) 软件、TRASYS (Thermal Radiation Analyzer System) 软件、以及欧洲的 Systyma Therma Workbech 软件. 它们都能够进行航天器的轨道设置、部件选择及热辐射换热分析, 并含有内部求解器进行热网络计算, 有良好的前、后处理功能.

# 6.4　被动热控技术

所谓航天器被动热控制技术, 是通过正确选用热控涂层、导热和隔热材料, 以及热管等无功耗的热控措施, 依靠航天器总体布局, 有效地组织航天器内外的热交换, 使其结构布局、仪器设备等在高温和低温运行工况下都不超出允许的温度范围. 被动热控方法的优点是技术简单、无运动部件、使用寿命长、工作可靠. 其中可靠性高的特点对于航天器的应用尤为重要. 因此, 在制定航天器热控方案时, 应充分利用被动热控技术, 发挥其特长. 在各种热控方法中, 被动热控技术总是首先需要考虑采用的.

## 6.4.1　热控涂层

热控涂层是指某些专门用于调整固体表面的热辐射性质从而达到对物体温度有效控制的表面材料. 在航天器上, 热控涂层设计的好坏, 往往决定了航天器的整体温度水平. 热控涂层的性能主要体现在它自身的发射率和对太阳辐射的吸收率上. 为了理解热控涂层对空间物体平衡温度的影响, 可考虑在地球高轨道上运行的某一无内热源的等温物体, 由于可忽略地球反照和地球红外辐射的影响, 在平衡状态下它吸收的太阳辐射能等于其向太空的辐射散热, 即

$$\alpha_s A_s S = A_e \varepsilon \sigma T_e^4 \tag{6-17}$$

式 (6-17) 表明, 该物体的平衡温度 $T_e$ 除了和受热面积 $A_s$、散热面积 $A_e$ 有关外, 还与吸收特性 $\alpha_s$ 及发射特性 $\varepsilon$ 有关. 为便于讨论, 将式 (6-17) 改写为如下形式:

$$T_e = \left( \frac{A_s \alpha_s S}{A_e \varepsilon \sigma} \right)^{\frac{1}{4}} \tag{6-18}$$

对于受太阳垂直照射、背面绝热的平板, 有 $A_s/A_e$=1; 对于外表面辐射特性和温度都均匀的球体, 有 $A_s/A_e$=1/4, 于是这两种情况下的平衡温度由 $\alpha_s$ 与 $\varepsilon$ 的比值决定. 某些典型热控涂层的 $\alpha_s/\varepsilon$ 比值及其所决定的绝热平板和等温球体的平衡温度见表 6-3.

表 6-3    某些热控涂层的 $\alpha_s/\varepsilon$ 比值及其对应的平衡温度

| 热控涂层 | $\alpha_s/\varepsilon$ | 平衡温度/°C | |
| --- | --- | --- | --- |
| | | 绝热平面 | 等温球体 |
| 石英玻璃镀银二次表面镜 | 0.07 | −71 | −130 |
| 白漆 | 0.25 | 5 | −77 |
| 灰漆 | 0.50 | 57 | −40 |
| 灰漆 | 0.75 | 92 | −15 |
| 黑漆 | 1.00 | 120 | 5 |
| 金 | 10.0 | 425 | 221 |

热控涂层可以按照其 $\alpha_s$ 与 $\varepsilon$ 的相对大小进行分类, $\varepsilon$ 为横坐标, 以 $\alpha_s$ 为纵坐标, 划分成不同区域, 代表不同的涂层类型, 见图 6-12.

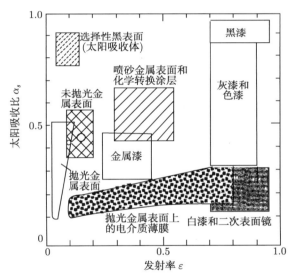

图 6-12    热控涂层的分类和数据范围

热控涂层还可以按照材料和加工工艺来分类, 如金属基材型 (抛光金属表面、喷砂金属表面)、电化学型 (阳极氧化涂层、电镀涂层)、涂料型 (有机漆、无机漆) 和真空沉积型 (真空蒸发沉积金属、二次表面镜) 等. 其中属于真空沉积型的二次表面镜涂层是一种复合表面, 由对可见光透明的表面层和对可见光反射的金属底层组成. 其特点是太阳吸收比 $\alpha_s$ 很小, 而发射率较高, 吸收–发射比 $\alpha_s/\varepsilon$ 可以做到很低, 而且耐空间紫外辐照性能好.

选择热控涂层时需要注意如下原则:

(1) 太阳吸收比 $\alpha_s$ 和半球发射率 $\varepsilon$ 需要满足设计要求;

(2) $\alpha_s$ 和 $\varepsilon$ 在空间的稳定性好, 耐紫外辐射的能力强;

(3) 在航天器上有良好的可实施性, 如对底材的适应性等;

(4) 其他特殊要求, 如安全无毒、低质量损失、低可凝性挥发物等. 在低地球轨道 (LEO) 运行的航天器, 其外部碳氢化合物型的热控涂层会受到原子氧的严重侵蚀, 造成涂层的质量损失. 航天器热设计中需要对这种质量损失加以限制.

### 6.4.2 多层隔热组件

根据辐射传热中的遮热板工作原理, 真空环境下, 在两个黑度都为 $\varepsilon$ 的无限大平行平板之间插入一块同样黑度的无限大遮热板, 则两平行平板间的辐射传热量减少一半; 如果插入 $n$ 块同样的遮热板, 则两板之间的辐射传热量减少为无遮热板时的 $1/(n+1)$, 即

$$Q = \frac{A\sigma(T_H^4 - T_C^4)}{(n+1)\left(\dfrac{2}{\varepsilon} - 1\right)} \tag{6-19}$$

多层隔热组件即根据此原理制作而成, 在太空高真空环境下它具有突出的隔热性能, 并且材质很轻、不挥发、无粉尘、安装方便, 已经成为航天器被动热控的主要手段之一. 除了航天器本体上的散热面、太阳能电池板、遥感器窗口、敏感器和推力器的安装部位之外, 航天器的其余部位几乎全部都包覆多层隔热材料. 典型多层隔热组件的结构见图 6-13.

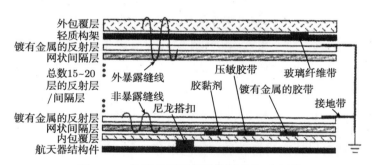

图 6-13　典型多层隔热组件的结构示意图

可见, 实际应用中多层隔热板, 除了包含核心的 "镀金属的反射层 (遮热板)" 和低热导率的 "网状间隔层" 外, 还包含内、外包覆层, 缝合线, 压敏胶带, 接地带等辅助部分, 结构很复杂. 多层隔热组件的隔热性能通常用当量导热系数 $\lambda_{\text{eff}}$ 来表示, 其定义式为

$$q = \frac{Q}{A} = \lambda_{\text{eff}} \frac{T_H - T_C}{\delta} \tag{6-20}$$

式中 $\delta$ 代表多层隔热组件的厚度, 一般在 10mm 左右. $\lambda_{\text{eff}}$ 与遮热板的层数、遮热板表面黑度以及间隔网的导热性能有关. 从式 (6-19) 来看, 增加遮热板的层数能够提高组件的隔热性能, 但实际情况是, 当层密度增加到一定程度后, $\lambda_{\text{eff}}$ 不降反升, 隔热效果恶化. 这是由于单位厚度的层数过大时, 层间接触的概率会增加, 通过接触点导热传递的热量随之增大. 一般而言, 工程实际中遮热板层数在 25~30 层, 镀金属后反射层的表面黑度在 0.02 左右. 实际多层隔热组件的 $\lambda_{\text{eff}}$ 在 $10^{-4}\text{W}/(\text{m·K})$ 量级水平, 都是经过实验测定获得的.

铝箔和真空镀铝的聚酯薄膜是应用最多的反射层材料, 其主要特点是发射率低, 制造工艺成熟, 可大批量生产, 因而成本低. 间隔层的材料, 在中、低温的情况多采用网状织物、疏松纤维或泡沫塑料等; 高温情况下选用玻璃纤维、高硅氧纤维纸或编织石英布. 内、外包覆层对多层隔热材料起保护作用, 防止环境对其造成损坏. 压敏胶带的作用主要是封闭多层隔热组件的周边和切口, 保护有机缝合线不受原子氧的侵蚀. 有些航天器由于任务的需要, 其飞行轨道要穿越空间等离子体区域, 从而造成包括多层隔热组件在内的航天器表面上积累大量电荷, 在一定条件下发生静电放电现象. 任何形式的静电放电, 都会干扰航天器内电子电气设备的工作, 严重时会造成航天器失效. 接地带的作用就是及时地把多层隔热组件上积累的静电荷导出.

### 6.4.3 热管

热管是利用封闭腔体内工质的蒸发和凝结相变来传递热量的组件, 具有热阻小、传热能力大的特点. 热管的结构及工作原理见图 6-14. 金属外壳内粘贴一定厚度的毛细材料 (管芯), 毛细材料内部充满液体工质, 管芯的中空部分充满工质的饱和蒸气. 热管工作时, 工质在加热端吸收热量而蒸发, 蒸气沿管芯中空部分移动到排热端放热冷凝, 凝结液被管芯吸收后在毛细力作用下回流到加热端, 完成一个循环. 可见, 管芯既是液体回流的通道, 又是回流驱动力的提供者, 因此是热管的核心组成部分. 分析表明, 管芯所产生的毛细抽吸压头 $\Delta p_c$ 与气–液交界面的弯曲度有关, 可表示为

$$\Delta p_c = 2\sigma \left( \frac{1}{R_1} - \frac{1}{R_2} \right) \tag{6-21}$$

$\sigma$ 为表面张力, $R_1$ 代表蒸发段气–液交界面缩进管芯毛细结构表面内的液体弯月面的半径, 它等于或略大于毛细孔的半径, $R_2$ 代表凝结段的液体弯月面半径, 实际情况中凝结段的液面基本上是平面, 故 $R_2 \to \infty$, 毛细压头只取决于蒸发段的弯月面半径.

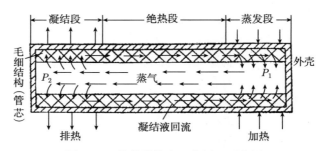

图 6-14　热管结构和工作原理示意图

在热管工作中毛细抽吸压头用于推动蒸气流动和克服管芯中的液体回流阻力. 某些情况下, 如火箭加速运动或卫星自旋时, 热管内的工质还会受到重力、离心力等体积力的影响. 体积力可分解为轴向分量和径向分量, 径向分量在任何情况下都是对毛细压力起抵消作用, 是有害的; 轴向分量对毛细压力可以起促进作用也可以起抑制作用, 取决于它与液体回流方向是否一致.

一种热管能够传递的最大热量, 除了与冷、热端温差有关外, 还受很多因素限制, 这些因素包括毛细限、携带限、沸腾限、声速限和黏性限, 它们都是温度的函数. 任何毛细结构所能提供的毛细力都有其最大值, 与此最大值所对应的热流通量称为 "毛细限", 超过毛细限蒸发端会发生局部干涸. 当热管的传热量增大, 蒸气速度相应地提高到一定程度时, 逆向流动的蒸气和液体交界面上将产生强剪切力, 导致液面掀起波浪, 甚至在热管中部卷起液滴而携带到凝结段去, 从而减少液体的回流量. 携带限可用 Weber 数来衡量, 它是蒸气的惯性力与液体表面张力之比

$$We = \frac{\rho_v V_v^2 S}{\sigma} \tag{6-22}$$

式中 $\rho_v$ 和 $V_v$ 分别是蒸气的密度和蒸气平均流速, $S$ 为气、液交界面上的某一特征尺寸. 一般认为, 当 Weber 数等于 1 时达到携带极限.

与携带限表征轴向热流传递极限不同, 沸腾限所表征的是热管在径向传递热量的极限情况. 正常工作状态下, 热管蒸发段内的毛细结构中发生的是核态沸腾换热. 当热流密度不断增大, 达到某一值时, 核态沸腾转化成膜态沸腾, 气泡膜附着于热管内壁上, 热阻迅速变大, 最后导致蒸发段在短时间内干涸, 将此时的热流密度值称为 "沸腾限". 声速限是指当蒸发段出口处的蒸气速度达到当地声速 (马赫数等于 1) 时, 流动出现阻塞, 从而限制了热负荷的进一步增加. 由于声速只与温度有关, 故声速限也只是温度的函数, 它随着温度的升高而迅速增大. 最后, 黏性限是热管工作启动的温度低限, 如果蒸发端的热源温度过低, 则所产生的管内蒸气压就不足于克服蒸气通道的黏性力, 热管就不能投入正常工作. 黏性限仅对长热管和启动蒸气压力极低的液态金属热管才有意义, 一般的热管涉及不到黏性限.

将热管的这些热通量极限曲线集中画在坐标图中, 就形成所谓的 "最大热流包络线", 见图 6-15. 只有将热管的传热量限制在这些包络线之内, 热管才能正常工作. 根据热管的工作温度范围, 在启动低温阶段, 热管的热负荷是受黏性限和声速限的限制; 进入正常阶段后, 热负荷受携带限、毛细限和沸腾限的限制.

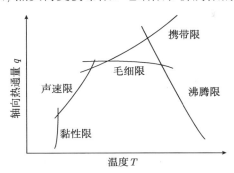

图 6-15 热管最大热流包络线示意图

热管管芯是核心部件, 对管芯的要求是有大的毛细抽吸力, 低流动阻力, 自身的径向热阻小, 工作可靠度高. 常用的毛细结构包括金属丝网、多孔陶瓷、金属粉末烧结物、纤维织物以及直接将热管内壁加工成细槽道. 目前在航天器上应用较多的是槽道芯式铝热管.

热管内工质的选择, 首先要考虑工质与管壳、管芯之间的相容性, 不腐蚀、不发生化学反应. 其次, 在工作温度变化范围内, 工质不得凝固, 也不得超过临界点. 从提高传热能力的角度看, 希望工质的物性能满足表面张力大、汽化潜热大、黏性小、较强的毛细力等要求. 低温区 (200K 以下) 常用工质有甲烷、氮、氖、氢等; 中温区 (200~700K) 有氨、丙酮、氟利昂、甲醇和水等; 高温区 (700K 以上) 有钠、钾、锂、银等液态金属工质.

热管现在已经成为航天器上最常用的热控手段之一, 热管的作用主要体现在实现均温化和设备废热利用两个方面. 均温化的实例可以参见美国于 1969 年发射的应用技术卫星 ATS-E 的太阳电池温控系统, 见图 6-16.

ATS-E 卫星主体为一外径 1.5m、高 1.5m 的圆柱体, 圆柱体周侧布置有太阳能电池, 卫星不旋转, 外表面相对于太阳方位近于固定, 在地球同步轨道上运行. 为解决太阳电池受太阳照射导致的前后温度不均的问题, 在卫星的太阳电池壳铝蜂窝夹层中预埋了 8 根周向不闭合的铝–氨轴架干道芯热管, 热管间距 190mm, 管长 4.5m. 采取这一措施后, 向阳面部位的温度从原来的 49°C 下降到 7°C, 向阳面和背阴面的温差从原来的 147°C 缩小到 17°C, 太阳电池的输出功率增加了 20%, 电池寿命得到延长, 而安装热管仅仅使卫星增加了 5%的重量.

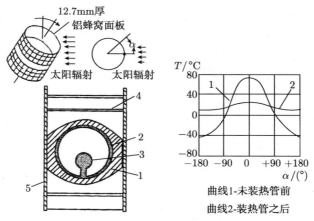

图 6-16　美国 ATS-E 卫星上热管温控效果和热管结构

1- 热管管体; 2- 丝网;3- 干道;4- 铝蜂窝芯;5- 铝蜂窝芯外蒙皮

在设备废热利用方面, 我国在 1976 年发射的返回式卫星是一个很好的实例. 为了将发热量大的仪器产生的废热传输到发热量低而需要加温的仪器处, 在卫星仪器舱内使用了 16 根热管, 用来分别控制几个仪器的温度. 这样做的结果是, 省去了重达 12kg 的用于加热的电池组, 增加的全部热管的重量才 1kg, 卫星辅助设施重量大幅降低.

### 6.4.4　相变材料热控

相变材料的基本特征是在某个温度下发生相变, 吸收或者放出潜热, 而在此过程中材料的温度基本保持不变. 在航天器上, 相变材料作为热控手段主要用于两个方面: 一是吸收高发热部件的瞬时发热量, 解决其过热问题, 二是向某些偶然工作的部件补充热量, 防止其温度过低. 设计中也往往针对具有脉冲式热源特点的设备和部件, 将相变材料设计成既是热沉又是热源的可逆系统.

目前研究的最多并已得到实际应用的相变材料是熔化–凝固性相变材料, 它们在工作时都是经过凝固放热–熔化吸热的周期变化过程. 图 6-17 给出处在冷板和空间热辐射器之间的相变材料内部温度场的周期变化情况. 图 6-17(a) 为在热辐射器的散热冷却作用下 (同时期内与冷板相连的设备不发热), 相变材料已经全部凝固, 冷板处的温度 $T_c$ 刚好等于相变温度 $T_m$; 图 (b) 为设备发热阶段, 冷板温度 $T_c$ 不断升高, 带动液态部分和固态部分的温度也相应升高, 固态部分不断熔化, 固–液界面不断右移; 图 (c) 为设备发热时段结束, 冷板温度已经达到某个接近于设备最高允许温度的 $T_{c,\max}$, 固体部分全部熔化, 辐射器的温度上升到相变温度 $T_m$. 图 (d) 所示的阶段内设备散热停止, 辐射器散热导致外部的相变材料再次凝固, 期间液态温度均匀, 维持在相变温度 $T_m$, 辐射器温度 $T_r$ 则不断降低, 固–液界面不断左移, 直至抵达冷板处. 如果不采用相变材料作缓冲层, 虽然亦可通过空间热辐射器散热来保证 $T_{c,\mathrm{max}}$ 处于允许范围内, 热辐射器的面积和重量将会增加很多.

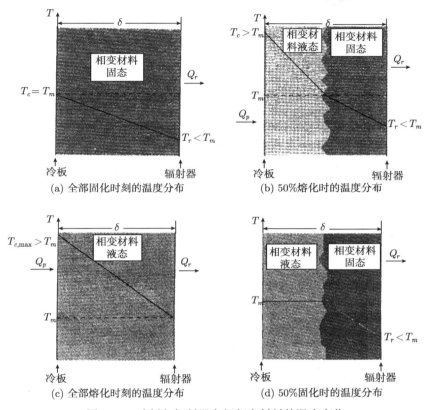

(a) 全部固化时刻的温度分布 (b) 50%熔化时的温度分布

(c) 全部熔化时刻的温度分布 (d) 50%固化时的温度分布

图 6-17 冷板与辐射器之间相变材料的温度变化

通过分析可以得到冷板处的最高温度 $T_{c,\mathrm{max}}$ 可表示为

$$T_{c,\mathrm{max}} = T_m + \frac{Q_p \delta}{\lambda_l A_{cp}} \tag{6-23}$$

式中 $Q_p$ 为从设备传入冷板的热量, $\delta$ 为相变材料层厚度, $\lambda_l$ 为液态相变材料的导热系数, $A_{cp}$ 为发热设备与冷板之间的传热面积.

用于航天器热控制的相变材料, 除了要求熔化温度合适外, 还要求熔化潜热、导热率和热扩散率高, 密度、比热大, 体积变化小, 以及与容器相容等. 目前可供选择的相变材料大约有 500 多种, 表 6-4 列出了常用的几种. 表中十四烷、十六、十八烷和二十烷都是石蜡族的饱和碳氢化合物, 它们的特点是熔化潜热大, 可供选择的熔点范围宽 ($-5 \sim 66°C$), 无毒, 无腐蚀性, $500°C$ 以下化学性质稳定, 熔化时体积变化小, 使用中可靠性高, 因此在航天器热控领域具有广泛的应用前景. 其中十八烷和二十烷已经在 1971 年成功用于美国阿波罗 15 号的月球车上, 其做法是把相变材料与发热的信号处理器、驱动控制电路盒、通信转发单元和辐射器集成在一起, 在月球车每次出动执行任务期间, 发热部件所产生的热量被相变材料熔化吸收, 返回营地后, 开启辐射器上的百叶窗, 使其向太空排散掉相变材料储存的热量, 相变材料固化, 为下一次出动执行任务做好准备.

表 6-4　几种常用相变材料的性质

| 名称 | 十四烷 | 十六烷 | 十八烷 | 二十烷 | 三水化硝酸锂 | 水 |
|---|---|---|---|---|---|---|
| 分子式 | $C_{14}H_{30}$ | $C_{14}H_{34}$ | $C_{18}H_{38}$ | $C_{20}H_{42}$ | $LiNO_3 \cdot 3H_2O$ | $H_2O$ |
| 熔点/°C | 5.5 | 16.7 | 28.0 | 36.7 | 29.9 | 0 |
| 熔化潜热 /(J/kg) | $2.26 \times 10^5$ | $2.37 \times 10^5$ | $2.43 \times 10^5$ | $2.47 \times 10^5$ | $2.96 \times 10^5$ | $3.34 \times 10^5$ |
| 密度 /(kg/m³) | 固 825(4°C) 液 771(10°C) | 固 835(15°C) 液 776(16.8°C) | 固 814(27°C) 液 778(37°C) | 固 856(35°C) 液 778(37°C) | 固 1550 液 1430 | 固 916.8(0°C) 液 999.8(0°C) |
| 导热率 /(W/(m·K)) | 0.1499 | 0.1507 | 0.1507 | 0.1507 | 固 0.8058 液 0.5412 | 固 2.2604 液 0.5860 |
| 比热 /(J/(kg·K)) | $2.07 \times 10^3$ | $2.11 \times 10^3$ | $2.16 \times 10^3$ | 固 $2.20 \times 10^3$ 液 $2.01 \times 10^3$ | 固 $1.80 \times 10^3$ 液 $2.68 \times 10^3$ | 固 $2.04 \times 10^3$ 液 $4.19 \times 10^3$ |
| 熔化膨胀率 |  |  |  |  | +8.0% | −9.06% |

相变材料在航天器热控制中的应用有多种形式, 美国在 1972 年发射的天空实验室采用了在冷却回路中加装相变材料热容器, 用以改进系统的热效率, 如图 6-18 所示. 从舱外辐射器流回的冷却介质, 在轨道上经历了巨大的环境变化, 温度降到

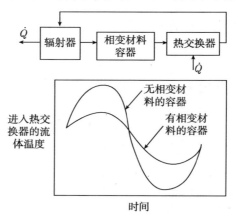

图 6-18　相变材料对流体回路中温度波动的影响

很低. 对于热交换器的有效工作来说, 这样大的温度变化过于剧烈. 因此, 在冷却回路中加装相变材料热容器, 利用相变材料的交替熔化和凝固, 维持进入热交换器的流体温度提升到允许的范围内.

# 6.5  主动热控技术

当被动热控技术不能满足航天器的要求, 或者某些精密设备的工作环境要求温度必须控制在较小的变化范围内的情况下, 就必须采用控制能力更高的主动热控技术. 所谓主动热控方法, 是在变化的内外热环境下, 利用某种自动控制系统, 自动地调节温控装置使其发生相应动作, 从而使航天器仪器设备的工作温度保持在规定的范围内. 主动热控技术包括热控百叶窗、热控旋转盘、热开关、热二极管、气–液循环热控回流、电加热控制, 以及各种低温制冷器. 本节对其中主要的几种主动热控技术做一介绍.

### 6.5.1  热控百叶窗

热控百叶窗利用可转动的低发射率的叶片来调节设备散热底板的散热量, 以此达到控制设备温度的目的, 其工作原理见图 6-19. 当仪器设备的底板温度降低到某个设计温度时, 叶片自动转到关闭状态, 完全遮挡住设备的散热面, 使散热量降低到最小, 对设备起到保温作用. 相反地, 当设备温度升高到某个设定值时, 百叶窗自动打开, 使底板热量有效排散, 设备温度降低.

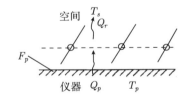

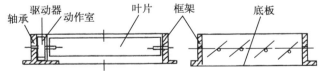

图 6-19  百叶窗结构及工作原理示意图

百叶窗系统一般由叶片、驱动器、轴和轴承、动作室、底板和框架组成, 典型的百叶窗如图 6-20 所示. 叶片是百叶窗的核心部件, 从遮挡散热的效率着眼, 要求叶片的发射率要尽可能低, 比如表面镀金抛光的叶片, 其发射率可低到 0.02~0.03. 为使动作灵敏, 叶片应轻而薄, 且有较好的强度和刚度, 常用铝合金或铍合金薄片制成. 叶片的长宽比还应考虑其振动频率问题.

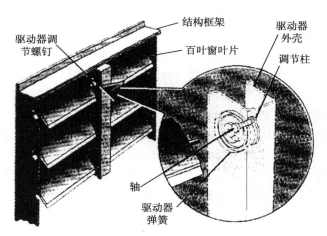

图 6-20　典型热控百叶窗的构成

百叶窗中第二重要的部件是驱动器, 它的作用是使叶片按照预先设定的温度–角度关系而转动. 驱动器分无源主动驱动器和有源反馈控制驱动器, 前者结构相对简单, 但控制精度较低; 后者用温度敏感器传递温度信号, 通过电子控制线路来控制驱动机构, 系统复杂, 但控制精度高. 双金属螺旋弹簧是最常见的无源主动驱动器 (见图 6-20), 它由两种线膨胀系数差别很大的金属片压合而成. 当温度发生变化时, 螺旋状的双金属片产生转动, 带动叶片旋转. 一般而言, 这种驱动器的叶片从全关闭到全打开需要 $10\sim15°C$ 的温度变化, 也就是说, 它对设备散热底板的温控范围是 $10\sim15°C$.

百叶窗的工作效率通常用当量发射率 $\varepsilon_{\text{eff}}$ 来衡量, 其定义是在百叶窗全部或部分遮挡下, 设备底板实际散热量与相同温度、相同面积的黑体表面的理想散热量之比, 实质上它是一个与叶片自身发射率、底板发射率以及叶片开启角度有关的组合发射率. 实用中把 $\varepsilon_{\text{eff}}$ 表示成底板温度的函数, 并认为它随底板温度呈线性变化, 即

$$\varepsilon_{\text{eff}} = \begin{cases} \varepsilon_{\text{c}}, & T \leqslant T_{\text{c}} \\ \varepsilon_{\text{o}} - \dfrac{\varepsilon_{\text{o}} - \varepsilon_{\text{c}}}{1 - T_{\text{c}}/T_{\text{o}}}\left(1 - T/T_{\text{o}}\right), & T_{\text{c}} \leqslant T \leqslant T_{\text{o}} \\ \varepsilon_{\text{o}}, & T \geqslant T_{\text{o}} \end{cases} \qquad (6\text{-}24)$$

式中 $\varepsilon_{\text{c}}$ 和 $\varepsilon_{\text{o}}$ 分别是百叶窗完全关闭和完全打开时的当量发射率, $T_{\text{c}}$ 和 $T_{\text{o}}$ 分别是与其相对应的设备底板温度. 从国外发表的文献来看, 百叶窗的当量发射率在 0.08(关闭状态)$\sim$ 0.71(打开状态) 内变化.

### 6.5.2 热开关

在航天器的在轨运行中, 经常会遇到发热量变化较大或热沉温度变化较大的情况, 这时我们希望能够适时地改变从舱内到舱外的导热热阻, 从而调节导热量, 以达到控制舱内温度的目的. 这个任务往往由热开关来完成, 它属于导热式主动热控方法的一种, 图 6-21 给出了往复式热开关的结构及工作原理.

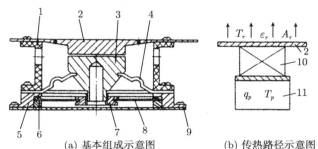

图 6-21 往复式接触热开关的结构和工作原理

(a) 基本组成示意图 (b) 传热路径示意图

1-隔热支架; 2-辐射散热面; 3-接触传导塞; 4-导热束; 5-底座; 6-安装环;

7-调节螺母; 8-双金属驱动片; 9-底板; 10-热开关组件; 11-热源

热源 11 的发热量能否有效地传导给辐射散热面 2 取决于热开关的开、合状态. 接触传导塞 3 受双金属驱动片 8 控制, 而双金属驱动片是否动作则取决于与舱内发热设备相连的底板 9 的温度. 当底板温度升高到一定值时, 双金属驱动片产生变形, 推动接触塞向上移动, 热开关闭合, 底板的热量通过高热导率的导热束 4 迅速传递给辐射散热面 2, 然后向太空排散. 舱内温度下降到一定数值时, 热开关断开, 底板和辐射散热面之间的传热量降低到最小. 因此, 往复式热开关只有导通和切断两种工作状态, 其主要特性参数就是导通和切断时的热流比.

美国发射的 "勘察者"(Surveyor) 系列登月器上应用了此种热开关. 在月夜温度 $-184°C$、月昼温度 $+125°C$ 的严峻的月面环境温度下, 热开关使登月器内两个舱的温度维持在允许的范围内: A 舱 $4.5\sim52°C$, B 舱 $-32 \sim +52°C$. 所用热开关的导通热导为 $0.314W/°C$, 关断热导为 $1.05\times10^{-3}W/°C$, 其开关热导变化倍率为 300:1.

除了上述往复式接触热开关外, 还有旋转滑动式接触热开关、石蜡热开关、低温热开关以及可变热导热管等形式, 读者可参阅相关资料.

### 6.5.3 热二极管

所谓热二极管就是单向传热热管, 它在正向传热性能优良, 而在反向只有由管壁轴向导热引起的少量的漏热. 热管的单向传热是利用不凝性气体阻塞或液体捕集器来阻断反向工作时凝结液的回流来实现的. 这里介绍液体捕集器式热二极管的工作原理.

图 6-22 为液体捕集器式热二极管的工作原理图. 在蒸发段的端部设有一个液体捕集器, 它由铝质的实心材料和许多液体存储孔构成, 捕集器与热管本体之间无毛细连通. 热管正向工作时, 捕集器和蒸发段一同受热, 它们内部存储的凝结液体蒸发而进入热管循环, 热管处于高热导率的正常工作状态, 见图 6-22(a). 逆向工作时则不然, 当热管的左端变成加热段而右端为冷却段时, 见图 6-22(b), 蒸气冷凝后逐渐地被蓄积在液体捕集器中, 由于捕集器与热管本体之间无毛细连通, 故凝结液不能再流回到蒸发段进行循环, 从而加热段的工质将逐渐干涸, 热管成为一根只有少量的管壁导热的空心圆管, 实现了逆向传热阻断.

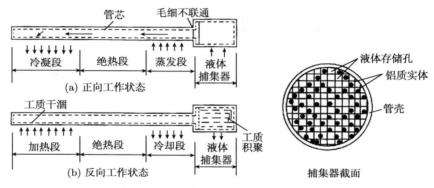

图 6-22　液体捕集器式热二极管工作原理图

用于评价热二级管的性能参数包括: 最大正向传热量 $Q_n$, 反向传热量 $Q_{re}$, 阻断能量和阻断时间等. 阻断能量是为了使热管自正向工作转到逆向阻断所需要加入的热量, 阻断时间是自正向工作状态到完成逆向阻塞所需时间, 此二者越小越好. M. Groll 和 W. D. Munzel 在 1979 年发表了对两种液体捕集器式热二极管的实验结果, 见表 6-5. 由表中数据可见, 两种热二极管的正、反向热导比分别达到了 525 和 2400, 因此它们具有良好的单向传热特性, 只是阻断时间较长, 需要 20 min 左右.

表 6-5　液体捕集器式热二极管的实测特性

| | 铝轴向槽道热管为管体的热二极管 | | 干道芯不锈钢管体热二极管 | |
| --- | :---: | :---: | :---: | :---: |
| | 理论值 | 实验值 | 理论值 | 实验值 |
| 最大正向传热量 $Q_n$/W | 230 | 280 | 145 | 130 |
| 逆向传热量 $Q_{re}$/W | 1.1 | 1.25 | 0.03 | 0.1 |
| 阻断能量/(W·h) | 1.89 | 1.54 | — | 1.9 |
| 阻断时间/min | ≤20 | ≈18 | — | ≈20 |
| 正向工作时热管总热导/(W/K) | 11.0 | 20.8 | — | 7.7 |
| 逆向工作时热管总热导/(W/K) | 0.029 | 0.039 | 0.008 | 0.0032 |
| 正向与反向热导比 | 380 | 525 | — | 2400 |

### 6.5.4 流体循环热控系统

由于流体在封闭环路中的热量传递容易管理和控制, 对大范围的空间如整舱甚至多舱段的热管理系统十分有效, 尤其对于生物卫星、载人航天飞船、航天飞机和空间站等类型的航天器, 它能够实现有效地排散大量废热和精确地控制舱内温度水平, 因此在这些场合经常被采用. 截止到目前, 成功采用了液体循环热控制系统的航天器包括: 前苏联的 "联盟号" 飞船、"和平号" 空间站; 美国的 "双子星座" 飞船、太空实验室、航天飞机; 我国的 "神州" 飞船系列; 以及正在太空运行的国际空间站等.

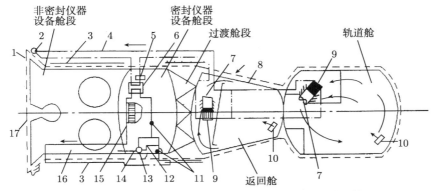

图 6-23 "联盟号" 飞船中双回路液体循环热控制系统简图

1-多层隔热材料; 2-姿控发动机; 3-热辐射器; 4-舱内流体回路; 5-内回路驱动泵; 6-中间换热器;

7、14-温度传感器; 8-返回舱防热层; 9-冷凝干燥器; 10-风扇; 11-外回路驱动泵; 12-外回路;

13-流量调节器; 15-舱内气–液换热器; 16-设备舱段加热盘管; 17-发动机喷管盖

图 6-23 给出了 "联盟号" 飞船中双回路液体循环热控制系统的大致情况. 飞船由轨道舱、返回舱和仪器设备舱组成, 前两个舱为温、湿度需要调节控制的密封舱, 供三个航天员生活和工作, 舱内空气温度标准为 $20°C±5°C$, 相对湿度 40%~70%. 仪器设备舱 (又称推进舱) 分为密封和非密封两段, 其中密封段内仪器设备所要求的温度范围是 0~40°C. 三个舱的外部都包覆多层隔热板, 使外表面的热流密度降至 $2.5W/m^2$ 以下. 飞船内部的热控由内、外两个回路组成的主动式流体循环完成. 首先, 航天员和仪器设备的散热量经过通风换热系统被冷板或冷凝干燥器 9 等集热装置吸收, 这些热量被内部回路中的工质携带到中间换热器 6 进行换热, 释放给外环路中的工质, 再输送到推进舱外的辐射器 3, 最后排向太空. 内回路中流体工质的冰点为 $-20°C$, 外回路流体的冰点 $-100°C$. 从外回路进入中间换热器之前的冷流体温度为 7°C.

冷凝干燥器是流体循环热控系统中的重要组件, 其结构见图 6-24. 冷凝干燥器的作用除了汇集热量外, 还承担将航天员呼出的水汽在冷凝换热器上凝结并收集的作用, 因此它是航天飞船上物质循环利用的组成部分. 为了将舱内空气温、湿度控制在合适的范围内, 冷凝干燥器内装有风机和气体流量调节阀, 用于控制传热率.

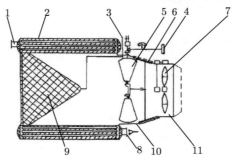

图 6-24　冷凝干燥器组件结构示意图

1-冷却液体进口; 2-冷凝换热器; 3-凝结水排出口; 4-气体流量调节器手柄;

5、6-气体流量调节器; 7、11-风机; 8-冷却液体出口; 9-凝结水收集器; 10-壳体

### 6.5.5　电加热控制技术

电加热热控方法是目前航天器中最常用的主动式热控技术之一, 一般卫星热控系统均采用以被动热控为主, 电加热热控为辅的热控方案. 这种热控方法虽然控制精度较低一些, 但是安全可靠性高. 电加热热控系统的基本组成包括电加热器、温度敏感元件、恒温控制器、电源开关, 以及防短路的熔断器等部件.

用于航天器上的电加热器主要有薄膜型和铠装型两大类. 薄膜型电加热器也称电加热片, 其厚度在 0.2mm 以下, 可以做成各种形状从而与加热对象的形状相配合. 薄膜电加热器由上下两层电绝缘薄膜中间夹电热丝或电热箔组成, 其特点是单位面积的质量很小, 热惯性小, 因此特别适用于精密仪器的温度控制. 常用的电热材料有镍铬合金和铜镍锰合金两类, 它们的电热性能见表 6-6. 用于外包皮的电绝缘材料包括聚酰亚胺薄膜、氟 46 薄膜以及硅橡胶等, 它们的体积电阻在 $10^{11}\Omega\cdot cm$ 以上, 能够在 $-200 \sim 200°C$ 内工作, 并且有很高的抗拉强度.

表 6-6　两种电热材料的机械和电热性能

| 类型 | 牌号 | 密度 /(kg/m³) | 抗张强度 /(10⁸Pa) | 最高工作温度 /(°C) | 电阻率 /(Ω·mm²/m) | 电阻温度系数 /(10⁻⁵/°C) | 导热率 /(W/(m·K)) |
|---|---|---|---|---|---|---|---|
| 镍铬合金 1 | Cr20Ni80 | 8400 | 6.4~7.8 | 1150 | 1.09 | 8.9 | 16.9 |
| 镍铬合金 2 | Cr15Ni60 | 8200 | 6.4~7.8 | 1050 | 1.12 | 16.1 | 12.6 |
| 铜镍锰合金 | BMn40-1.5 | 8900 | 3.9~5.9 | 500 | 0.48 | 2~5 | 20.9 |

铠装型电加热器见图 6-25, 它由内部的绕线电阻和圆柱形金属外壳组成, 在电阻丝和外壳之间填充电绝缘但导热性良好的粉末材料, 如 MgO 粉末. 除刚性的圆

柱型电加热器外, 还有细长型的铠装加热丝, 它具有一定的柔性, 可缠绕在被加热的器件或设备上. 铠装型电加热器通常用于加热高温部件, 如航天器的阱–推力器或喷管的喉部.

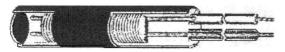

图 6-25　铠装型电加热器简图

电加热主动热控系统的另一个核心部件是温度控制器, 其作用是按照预先设定的温度标准对加热过程实现自动控制. 图 6-26 为两种不同类型的温度控制器. 图 6-26(a) 所示的双金属恒温控制器属于传统的机械式自控单元, 当温度降低到一定程度时双金属膜片会骤然动作, 推动开关臂使镀银触头与电极闭合, 加热器开始加热. 温度升高到一定值后双金属片反向动作, 加热器断电停止加热. 一般地, 双金属恒温控制器能够实现的温控精度为 $4°C$(设定点为 $±2°C$). 由于此种控制器工作可靠, 美国 NASA 至今仍然在卫星上采用它. 图 6-26(b) 为另一种温度控制器 —— 固态控制器的示意图, 它用电子装置替代了机械式开关, 因此使用寿命延长, 控制精度提高 (温控精度可达 $0.1°C$). NASA 开发的某种固态控制器中的温控模块封装尺寸 $16.5mm×21.6mm×24.1mm$, 控制加热功率范围 $0\sim100W$, 设定点的温控精度 $0.25°C$, 输入电压 $15\sim45V$(DC), 模块正常工作的环境温度范围 $-55 \sim +75°C$, $25°C$ 的环境中工作寿命长达 470 万小时.

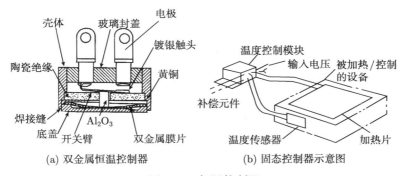

(a) 双金属恒温控制器　　　　(b) 固态控制器示意图

图 6-26　恒温控制器

## 6.5.6　航天器中的低温制冷方法

有些航天仪器设备, 如红外望远镜和无线电接收器的低噪声放大器等, 要求很低的背景温度, 低温程度达 $200\sim2K$, 这就要求必须提供可靠的深冷技术手段. 图 6-27 是 NASA 根据 60 多个航天器制冷系统的数据归纳出的深冷技术的选用范围, 它们对应的飞行寿命假设为一年或更长.

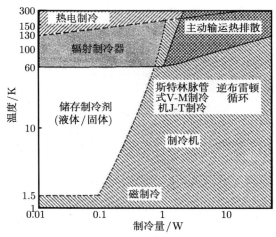

图 6-27    航天器深冷技术的选用范围示意图

　　笼统地说, 当制冷量较小, 比如说在 0.1~1W 以下时, 从高温到低温可考虑依次采用热电制冷、辐射式制冷或存储制冷剂制冷; 当制冷量较大, 无论制冷温度高低, 都以选择制冷机制冷方法为主. 制冷机涉及各种制冷原理和系统控制, 由专门的课程讲授, 尤其是在航天器上应用的微型制冷机, 更是各个国家专门机构研制的产品, 通常都属于国际禁运产品. 液体或固体储存式一次性制冷系统, 是利用亚临界或超临界状态的深低温状态的液体或固体蒸发或升华带走热量, 从而创造低温环境. 它涉及较多的低温物理知识, 这里也不作展开介绍. 下面对另外两种较常用的低温制冷方法 —— 辐射式制冷器和热电制冷器做一介绍.

　　航天器所处的深空环境作为一个 4K 低温的热沉, 为利用辐射散热而达到制冷目的提供了一个理想条件. 理论上, 辐射式制冷器可以达到 60K 的制冷深度, 如果温度再低, 由于辐射传热量与绝对温度的四次方成正比, 制冷效率将迅速减小, 所需要的散热面积急剧增大, 带来重量增加、结构漏热等一系列问题, 从而导致技术上不可行. 这种制冷方法的优点是没有运动部件, 不消耗功率, 因而飞行寿命特别长.

　　辐射制冷器外形为圆台型, 如图 6-28 所示, 上部面积较大的外辐射器为保护面, 允许冷板 (内辐射器) 的射线自由穿过. 冷板是制冷器的核心部件, 其作用是把探测器传导过来的热量以辐射的方式迅速排散, 从而保证探测器处在一个稳定的低温环境下. 为保证冷板工作时不受太阳辐射的影响, 采用反射/屏蔽锥将冷板围起来的做法, 防止太阳辐射直接照射到冷板上对其加热, 同时谨慎设计飞行器的轨道、姿态和辐射器的方位. 图 6-28 中太阳射线与屏蔽锥壁面的夹角为 30°, 恰好越过冷板而全部落在对面的屏蔽锥的内壁面上, 经过再次反射后返回太空, 见图 6-28(b). 该辐射器的设计指标是：在 100K 的制冷温度下, 制冷量为 10mW, 内辐射器直径

100mm, 辐射表面的 $\alpha_s=0.08$, $\varepsilon=0.8$; 屏蔽锥内表面 $\alpha_s=0.1$, $\varepsilon=0.02$, 总重量 1.6kg.

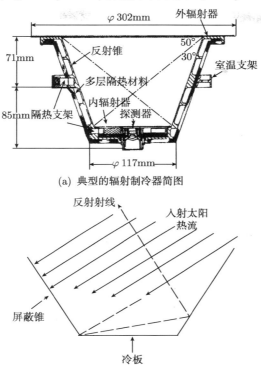

(a) 典型的辐射制冷器简图

(b) 辐射制冷器的工作原理图

图 6-28　典型的辐射制冷器及其工作原理

　　热电制冷是根据物理学上的佩尔捷 (Peltier) 效应, 它与热电偶测温原理 (赛贝克效应) 正好相反. 当电流通过由两种不同金属组成的环路时, 在它们的两个交接面上会形成高低不同的两个温度, 导致一端从环境吸热、一端放热, 即产生制冷效应. 制冷量的大小取决于金属对种类和所施加的电压. 如果以 P 型和 N 型半导体代替金属对, 则制冷效果更佳, 所以现在应用的热电制冷都采用半导体材料, 其原理见图 6-29. 实用中为了提高制冷量, 通常采用 P 型和 N 型半导体棒交错焊接在

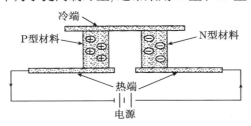

图 6-29　热电制冷工作原理图

铜片上, 这样做在电性能上半导体棒是串联的, 但是在热性能上却是并联的, 因而能够提高制冷能力. 用于电热制冷的半导体材料主要为碲化铋和锑化铋.

通常衡量制冷效率的技术指标是 COP, 它等于制冷量与输入功率之比. 电热制冷的 COP 强烈依赖于电偶对冷热结的温度, 见图 6-30. 实验表明, 电偶对按佩尔捷效应所计算出的制冷量, 并不是真正的制冷量, 它还包含了电路的焦耳热和从系统的热端到冷端通过导热而逆向传回的热量, 需要减去这两项后才是有效制冷量. 在热结温度不变时, 冷端温度越低, 逆向导热越明显, 制冷效率就越低, 图 6-30 所示的理论性能曲线清楚地表明 COP 随制冷温差的增大会大幅下降. 图中的参数 $z$ 称为半导体材料的 "热电品质因数", 是表示材料热电效应的参数, 其定义式为

$$z = \frac{\alpha^2}{\rho k} \quad (\text{K}^{-1}) \tag{6-25}$$

式中 $\alpha$ 为材料的热电系数 (V/K), $\rho$ 为电阻率 ($\Omega \cdot$ cm), $k$ 为导热系数 (W/(cm·K)). 对于由 N 型和 P 型半导体材料组成的热电系统, 其热电品质系数为

$$z = \frac{(\alpha_\text{p} - \alpha_\text{n})^2}{\sqrt{\rho_\text{n} k_\text{n}} + \sqrt{\rho_\text{p} k_\text{p}}} \quad (\text{K}^{-1}) \tag{6-26}$$

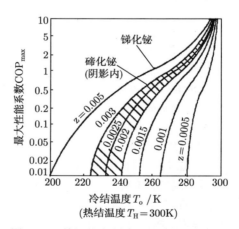

图 6-30　单级热电制冷器理论 COP 曲线

热电制冷方式结构简单、可靠, 装置紧凑, 工作时无噪声, 从 20 世纪 90 年代开始在航天器上得到较多应用. 它适用的制冷温度范围是室温到 −100°C, 单级制冷器的最大温差约在 60°C, 可以采用多级获得更低温度, 但制冷量将明显降低. 电热制冷的主要缺点是它的制冷效率低. 从国外航天器上的应用情况看, 当制冷温度在 −35°C 以下时, 采用多级热电制冷的 COP 大多在 10% 以下, 温度越低, 制冷效率也越低. 航天器热控工程师所关心的主要问题是, 如何在给定的冷−热源温度条件和制冷量的约束下使 COP 最大化.

# 6.6 空间热辐射器

航天器内部的多余热量, 最终必须以辐射的方式排向太空, 这个任务由空间热辐射器来完成. 辐射器有不同的形式, 一般的航天器以其结构的外表面作为辐射散热面 (称为蒙皮散热), 这时散热器不再是一个独立的部件, 它需要和结构本体统筹设计. 除了蒙皮热辐射器外, 还有热管辐射器、肋片管循环式辐射器、可展开式辐射器以及液滴辐射器、柔性辐射器等新型辐射器. 本小节将对其中的主要形式做一介绍.

### 6.6.1 热管辐射器

热管辐射器的设计思想是, 依靠热管的强导热能力把航天器内部的产热量传导到冷端 (即热管冷凝端). 热管冷端处于航天器的外部, 数根相互平行的热管之间以皱褶状的肋片相连接, 肋片之间交接粘连, 从而形成蜂窝状骨架. 骨架的上、下两侧, 覆盖以高发射性能的金属辐射板, 肋片把热管的冷凝热量传给辐射板, 最终由辐射板把热量向太空排散. 热管辐射器的基本结构见图 6-31.

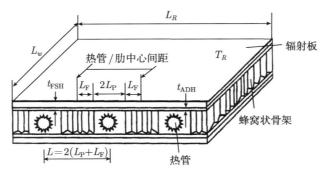

图 6-31 热管–蜂窝板式热辐射器简图

热管辐射器的厚度除了蜂窝状骨架的厚度外, 还包括辐射面板的厚度及胶层厚度 (即图中的 $t_{FSH}$), 图中 $t_{ADH}$ 代表黏结胶层厚度. 影响热管辐射器的主要结构参数是相邻热管中心间距, 即图中的 $L = 2(L_P + L_F)$, 下标 P 和 F 分别代表热管和肋片. 中间间距过大, 远离热管的肋片温度过低, 肋片效率下降; 距离过小, 则不利于发挥肋片作为扩展散热面的作用. 选择合适的热管间距和面板厚度, 以使辐射每一千瓦的热流所需的面积和重量最小, 就是辐射散热器的设计优化问题, 是热控设计师的主要任务之一. 图 6-32 为刘欣等所研究的某种热管辐射器的优化结果. 辐射器采用铝合金材料做面板, 长度 $L_w$=1m, 表面涂层发射率 $\varepsilon$=0.85, 热管外径 10mm, 单位长度质量为 0.13kg/m, 肋基热管表面温度 $T_h = 20°C$. 计算分别对五个肋片厚度 $\delta =$

0.5mm、0.8mm、1.0mm、1.2mm、1.5mm 和五个热管间距 $L = 10\text{cm}$、16cm、20cm、24cm、30cm 进行优化. 显热, $L = 20\text{cm}$ 时效果最佳, 而 $\delta$ 越薄越好.

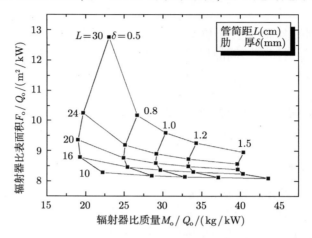

图 6-32　热管间距 $L$ 和面板厚度 $\delta$ 对热管辐射器比面积与比质量的影响

有些情况下, 航天器舱内仪器设备的发热量不均匀, 导致各个平行热管的热负荷有较大差异, 而温度的不均匀会导致热管辐射器的整体散热性能下降. 解决这种问题的常用方法就是采用所谓的 "正交热管网络辐射器", 见图 6-33. 这里除了作为热量主传输通道的平行热管之外, 又增加了横向热管. 横向热管的作用是拉平平行热管之间的温度, 改善整个热辐射器的温度均匀性. 横向均温热管可以是外贴在面板上的, 也可以是预埋在蜂窝板内的, 预埋式的制造工艺相对复杂.

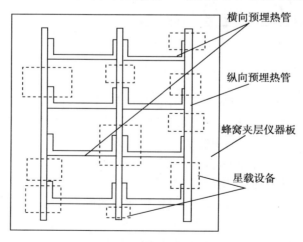

图 6-33　正交热管网络辐射器示意图

### 6.6.2　肋片管循环式辐射器

如果不是由热管将航天器舱内的热量传导到舱外的管–肋式辐射器, 而是由环路中的流体携带出去, 流体散热降温之后再返回舱内加热, 那么这种辐射器就称为肋片管流体循环式辐射器. 与上一小节所讨论的热管辐射器不同, 循环式辐射器中沿管轴向的温度是不均匀的, 它随着流体向前行进而逐渐降低. 另外, 循环式辐射器在与流体流向相垂直的肋展方向上肋片温度也逐渐降低, 即存在着肋片效率问题.

图 6-34 为肋片管辐射器的一个计算单元, 鉴于温度沿管轴向变化, 首先取任一微元段 d$L$ 进行分析. 假定微元管道外壁有均匀的温度 $T_w$, 并且忽略管外壁与肋片之间的辐射换热, 则上、下两面的净辐射散热量由管壁散热量和左右肋片的散热量组成

$$\mathrm{d}Q_r = (C_\varepsilon T_w^4 - q_a)L_d\mathrm{d}L + 2C_\varepsilon T_w^4 \eta L_h \mathrm{d}L \tag{6-27}$$

式中 $C_\varepsilon = \sigma(\varepsilon_a + \varepsilon_b)$, $\eta$ 为肋片效率, 需要根据肋片结构参数、肋片材料及辐射热流等做专门计算; $q_a$ 为散热面从地球和太阳获得的辐射热量. 为分析计算方便, 先定义一个当量宽度 $L_e$, 以这个宽度和辐射器微元长度 d$L$ 在肋基温度 $T_w$ 下的散热量, 等于真实宽度 $2L_h + L_d$ 下非均匀温度表面的实际散热量, 即

$$\mathrm{d}Q_r = (C_\varepsilon T_w^4 - q_a)L_e\mathrm{d}L \tag{6-28}$$

结合式 (6-27) 可得

$$L_e = L_d + \frac{2\eta L_h}{1 - \dfrac{q_a}{C_\varepsilon T_w^4}} \tag{6-29}$$

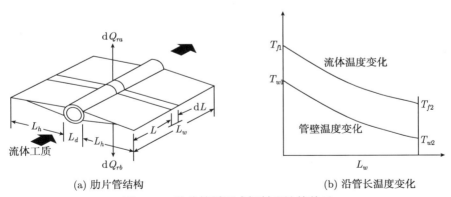

(a) 肋片管结构　　　　　　　　　(b) 沿管长温度变化

图 6-34　肋片管循环式辐射器计算单元

在已知流体流量 $m_f$、比热 $C_p$、对流换热系数 $h_f$、流道周长 $S$ 以及肋效率等参数的条件下, 对式 (6-28) 进行积分, 可得到关于肋片管辐射器长度 $L_w$ 的表达式为

$$L_w = \left( \frac{m_f C_p}{S h_f} \right) \Psi_f + \left( \frac{m_f C_p}{C_\varepsilon T_{w1}^3 \bar{L}_e} \right) \Psi_r \tag{6-30}$$

式中 $\bar{L}_e$ 是表示在 $T_{w1}$ 和 $T_{w2}$ 下辐射器当量宽度 $L_e$ 的平均值, 两个 $L_e$ 值与两个表面温度下的肋效率有关. $\Psi_f$ 和 $\Psi_r$ 分别称为膜热阻系数和辐射参数, 它们都是关于 $T_w$ 积分的结果, 即

$$\Psi_f = - \int_{T_{w1}}^{T_{w2}} \frac{4 C_\varepsilon T_w^3 \mathrm{d}T_w}{C_\varepsilon T_w^4 - q_a} \tag{6-31}$$

$$\Psi_r = - C_\varepsilon T_{w1}^3 \int_{T_{w1}}^{T_{w2}} \frac{\mathrm{d}T_w}{C_\varepsilon T_w^4 - q_a} \tag{6-32}$$

实际计算中 $\Psi_f$ 和 $\Psi_r$ 都可以由线算图查得.

### 6.6.3    可展开式辐射器

随着航天器机载设备发热功率越来越大, 以航天器外表面作为散热面的做法越来越不能满足要求, 于是可展开式辐射器应运而生. 所谓展开式辐射器, 是指在地面发射状态时处于折叠收拢状态, 发射入轨之后展开. 航天器内部的热量用不同的技术手段传递到展开的辐射器上, 最终排散到空间.

美国 NASA 研制的为国际空间站服务的大型可展开式辐射器参见图 6-35. 它由力矩臂、流体软管、铰链、剪刀机构和销钉等组成. 辐射器由 8 块辐射板组成, 每块板的尺寸 $9' \times 11'$, 展开后的长度为 $75'$, 总重量 998kg, 在 11°C 下散热能力为 16kW.

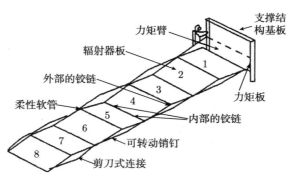

图 6-35    国际空间站可展开式辐射器简图

可展开式辐射器能够有效工作的前提条件, 是必须有联系舱内外的合适的热量传输通道. 除了选用泵驱动的单相液体回路外, 现在中小型可展开式辐射器更倾向于采用称为 "回路热管"(loop heat pipe, LHP) 的形式. LHP 属于两相流体回路, 它由一个具有高毛细力的蒸发器和液体补偿器, 一个普通光管冷凝器, 以及蒸气导管和凝结液导管组成, 见图 6-36. 导管是柔性的, 长度可达数米到十数米, 因此可以

方便地用于展开式机构上. 凝结液体在毛细力的抽吸作用下回流到液体补偿器, 在此过程中被液体导管节流降压, 从而具备蒸发吸热的功能. 液体补偿器内储液量的多少, 能够控制由毛细结构组成的蒸发器内蒸发液面的大小, 从而调节 LHP 的传热量.

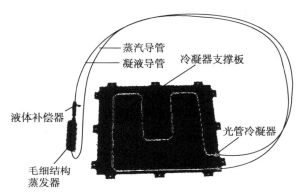

图 6-36　回路热管式辐射器

LHP 辐射器的主要优点是, 能够远距离传输热量, 最远可达十几米; 有一定的可变热导能力, 当热源温度升高或降低时, 它能自动地改变传热量, 从而控制温度波动; 没有活动部件, 使用寿命长, 可靠性高. 但是, LHP 热管与普通热管能够双向传热不同, 它只能够沿单一方向传热, 这是由于 LHP 的冷凝器为光管, 内部不含毛细结构, 因此不能产生抽吸凝结液体回流的作用. 另外, LHP 辐射器在低负荷下运行时, 辐射器的温度可能很低, 且凝结液体流动缓慢, 因此可能造成冷凝管内的液体结冰. 在热控设计中, 需要充分考虑液体冷冻所产生的管道应力以及解冻措施等问题.

### 6.6.4　液滴式辐射器

这是一种还处在概念设计阶段的新型辐射器, 与实际应用还有一段距离, 这里对其工作原理做一简要介绍. 如图 6-37 所示, 航天器舱内的废热, 通过废热换热器传给辐射器工作流体, 工作流体进入液滴发生器. 在振荡器的搅动和分离作用下, 工作流体以一定频率从液滴发生器的多排微孔中喷射到航天器外的真空空间, 形成

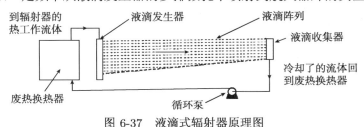

图 6-37　液滴式辐射器原理图

规则的液滴阵列. 由于液滴的数量众多, 单位体积的比表面积巨大, 因此, 可向空间以辐射方式排散大量的热量. 由于航天器处在无重力或微重力状态, 喷射出的液滴得以按惯性运动, 只要设计合理, 它们就能够在液滴收集器处汇集, 然后被收集起来. 循环泵将冷却后的液体送回到废热换热器, 被再次加热后进入下一循环.

　　由于液滴式辐射器采用液滴自身直接向空间散热的方式, 减少了中间传热环节, 因此理论上可以达到很高的传热率. 但是, 由于液滴是直接暴露在太空中的, 在真空环境下它必然会蒸发. 为了使蒸发损失尽量小, 要求液体的蒸气压要小于$10^{-7}$Pa, 同时要求液体在辐射特性上有低的吸收率和高的红外发射率. 化学稳定性方面, 要求液体能够阻止因原子氧作用引起的化学反应, 能阻止因紫外照射引起的增强氧化反应. 另外, 还要求液体的黏度小, 以减少液滴发生器、收集器以及循环泵的流动压力损失; 有较高的表面张力以促使液滴形成, 与喷嘴和收集器表面的浸润性能要差. 最后, 希望液体与相接触的材料有较好的相容性, 无腐蚀作用.

　　液滴发生器是这种辐射器的技术关键, 液滴的粒径大小、在空中的排列形式以及运动路径, 都与喷孔尺寸及振荡器的设计有直接关系, 而这些内容恰恰是影响该种辐射器工作性能的主要因素. 液滴回收装置也是系统中十分重要的部件, 在航天器中所携带的液体是非常宝贵的物质, 回收中不允许有任何泄露. 从结构到动态性能都能满足在轨航天器要求的液滴式辐射器还处在进一步的研究过程中.

## 参 考 文 献

侯增祺, 胡金刚. 2007. 航天器热控制技术 —— 原理及其应用, 北京: 中国科学技术出版社.

刘欣, 苑中显, 丁立, 等. 2009. 热管辐射器在高空环境中的应用研究. 工程热物理学报, 30(7): 1194–1196.

闵桂荣, 郭舜. 1998. 航天器热控制. 北京: 科学出版社.

王炳忠. 1988. 太阳辐射的测量与标准. 北京: 科学出版社.

王希季. 2002. 20 世纪中国航天器技术的进展. 北京: 中国宇航出版社.

空间天文网. 2009. 卡西尼 (Cassini) 计划. http://space.lamost.org.

Bienent W, Brennan P J. 1971. Transient performance of electrical feedback – controlled variable conductance heat pipes. ASME Paper 71-AV-27.

Cao J F, Hou Z Q. 2003. Startup and operating of a loop heat pipe at different evaporator orientations, Proceedings of the 7th International Heat Pipe Symposium, Jeju, Korea, Oct. 12-16: 182-186.

Edwards D K, Marcus B D. 1972. Heat and mass transfer in the vicinity of the vapour/gas front in gas load heat pipe. Trans ASME, Ser C, 94(2): 155-162.

Gilmore D G. 2002. Spacecraft thermal control handbook, Vol. 1, Fundamental Technologies. The Aerospace Corporation Press.

Groll M, Munzel W D. 1979. Transient behavior of liquid trap heat pipe thermal diodes. AIAA 14th Thermophysics Conference, Paper 79-1094, Orlando, Florida, June 4-6.

Ku J, Kroliczek E, Taylor W, et al. 1986. Functional and performance tests of two capillary pumped loop engineering models. AIAA Paper No.86-1248.

Marcus B D. 1972. Theory and design of variable conductance heat pipe. NASA CR-2018, April.

Michalek T J, Stipandic E A, Coyle M J. 1972. Analytical and experimental studies of an all specular thermal control louver system in a solar thermal vacuum environment. AIAA Paper: 72-268.

Perotto V, Tavera S, Goncharov K, et al. 2000. Development of improved 1500W deployable radiator with Loop Heat Pipe. 2000 Society of Automotive Engineers, Inc.

Thekaekara M P. 1970. Proposed standard values of the solar constant and the solar spectrum. J Environmental Science, Sep/Oct: 6-8.

Vonder Haar T H, Suomi V E. 1969. Satelite observation of the Earth's radiation budget. Science, 163(3868): 667–669.

# 第7章 多孔介质中的传热与传质

作为传热传质学的一个重要分支, 多孔介质中的传热传质问题已经越来越受到人们的关注. 其原因在于, 自然界和工程领域都大量存在着多孔介质物体及其相关的热质传递问题, 从土壤、岩石中水分和石油的迁移流动, 到人体组织中血液和体液的循环, 再到工程领域中食品、药品及材料的制造, 无不牵涉多孔介质问题. 作为一门新兴学科, 也由于问题自身的复杂性, 多孔介质中热质传递的规律性迄今仍未完全了解. 本章在汇集文献中相关研究进展的基础上, 介绍多孔介质的基本概念和热质传递的数学模型, 以及几种典型的工程应用, 最后对分形理论在多孔介质热质传递中的应用做一简介.

## 7.1 多孔介质的孔隙度与渗透率

### 7.1.1 多孔介质的基本概念

所谓多孔介质, 是指由固体物质组成的骨架和由骨架分隔成大量密集成群的微小空隙所构成的物质. 多孔介质的主要物理特征是空隙尺寸极其微小, 比表面积数值大. 固体材料内部通常都分布着大量的 "空洞". 这些空洞按尺度的大小可划分为微孔隙、洞穴和中度孔隙. 微孔隙实质上是分子间隙, 因此微孔隙中的分子作用力不能忽略. 洞穴尺度较大, 流体在其中流动时会产生边界层、漩涡和黏滞作用, 因此宏观流动阻力在洞穴中起主要作用. 中度孔隙的尺度介于微空隙和洞穴之间, 从几十微米到 1mm, 其中所发生的传递现象主要由压力梯度、温度梯度和湿度梯度等动力过程控制. 多孔介质的传热和传质, 主要就是针对中度孔隙材料中的流动传递现象展开的研究.

多孔介质内的微小空隙可能是互相连通的, 也可能是部分连通、部分不连通的. 据此, 多孔介质中的孔隙分为连通孔隙、死胡同孔隙、微毛细管束缚孔隙和孤立孔隙四种, 其中连通孔隙是有效的, 见图 7-1. 多孔介质内部的孔隙极其微小, 工程实测数据表明, 储集石油和天然气的砂岩地层的孔隙直径大多在 $1\sim500\mu m$; 毛细血管内径一般为 $5\sim15\mu m$; 肺泡–微细支气管系统的孔隙直径一般为 $200\mu m$ 左右或更小; 植物体内输送水分和糖分的孔隙直径一般不大于 $40\mu m$.

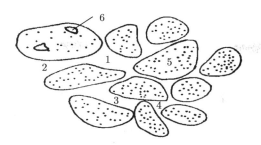

图 7-1 砂岩的孔隙和喉道

1-连通孔隙; 2-喉道; 3-死胡同孔隙; 4-微毛细管束缚孔隙; 5-颗粒; 6-孤立孔隙

### 7.1.2 孔隙度

为了衡量多孔介质的孔隙发育程度, 并表征其中孔隙总体积的大小, 提出了孔隙度 (或孔隙率) 的概念. 它是指多孔介质内的微小孔隙的总体积与该多孔介质的外表体积的比值, 用 $\phi$ 表示为

$$\phi = \frac{V_p}{V_p + V_m} \tag{7-1}$$

式中 $\phi$ 为孔隙度 (%); $V_p$ 为孔隙体积; $V_m$ 为基质颗粒体积.

在常见的非生物多孔介质中, 鞍形填料和玻璃纤维等的孔隙度最大可达到 83%~93%; 煤、混凝土、石灰石和白云石等的孔隙度最小, 可低至 2%~4%; 与地下流体资源有关的砂岩孔隙度大多在 12%~30%, 土壤的孔隙度为 43%~54%, 砖的孔隙度为 12%~34%, 皮革的孔隙度为 56%~59%, 均属中等数值; 动物的肾、肺、肝等脏器的血管系统的孔隙度亦为中等数值.

为了研究和应用的方便, 人们特意构造出了一种理想的多孔介质. 所谓理想介质, 是指由等直径或几种等直径的球形颗粒组成的多孔介质. 由同一种直径的颗粒所组成的理想多孔介质, 孔隙度仅是颗粒排列方式的函数, 而与颗粒的大小无关. 对

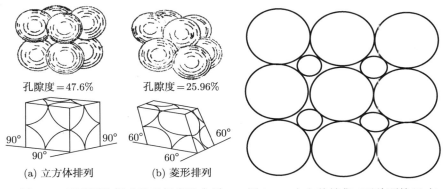

图 7-2 球形颗粒组成的理想多孔介质　图 7-3 立方体填集 (两种颗粒尺寸)

等直径球形颗粒组成的多孔介质的两种排列情况的孔隙度进行计算, 正立方体排列时 $\phi = 47.6\%$, 最紧密的菱形排列时 $\phi = 25.96\%$, 见图 7-2. 由两种颗粒尺寸所组成的立方体填集的多孔体, 孔隙度近似为 12.5%, 见图 7-3.

### 7.1.3　渗透率与达西渗流模型

多孔介质允许流体通过相互连通的微小孔隙的性质称为渗透性. 常见的多孔介质均具有一定的渗透性. 渗透率是表示多孔介质渗透性强弱的物理量. 渗透率与多孔介质的另一物理性质 —— 孔隙度之间不存在固定的函数关系, 而与孔隙大小及其分布等因素有直接关系. 多孔介质的渗透性是在一定压差下使液体或气体透过的能力. 可以用渗透率来衡量渗透能力的大小, 并且可以定量地进行测定.

1856 年法国工程师达西 (Darcy) 用人工砂子堆成储层模型, 使水在一定压差下渗透通过储层, 由此实验得出了渗透率的最初形式. 达西指出, 在其他因素相同的情况下, 单位渗流面积所通过的流量 $Q/A$, 正比于两个端面之间的压头 $\Delta H$, 亦即

$$\frac{Q}{A} = a\Delta H \tag{7-2}$$

式中 $a$ 为比例常数. 这一表达式后来又经过进一步改进, 将流体黏度考虑在内, 就引出渗透率的概念. 将式 (7-2) 改写成如下形式:

$$\Delta p = \frac{\mu}{K} \cdot \frac{Q}{A} L \tag{7-3}$$

或

$$Q = \frac{AK}{\mu} \cdot \frac{\Delta p}{L} \tag{7-4}$$

式中 $\Delta p$ 为压力降, $L$ 为流程长度. 系数 $K$ 被定义为渗透率或渗透系数. 渗透率的大小取决于多孔介质孔隙的大小、形状及连通情况, 亦即与孔隙结构有密切关系. 为纪念达西对多孔介质所作出的开创性工作, 渗透率的单位定为 "达西". 当黏度为 1 厘泊 · 秒的流体, 在压力梯度为 1atm/cm 的作用下, 通过断面面积为 1cm$^2$ 的多孔介质, 且流量为 1cm$^3$/s 时, 此时所得渗透率定义为 1 达西. 在实际使用时, 达西的单位显得很大, 因此更经常使用的是毫达西 (1 达西 =1000 毫达西). 另外, 在国际标准计量单位中规定渗透率的单位是 μm$^2$, 达西与 μm$^2$ 之间的换算关系为

$$1 \text{ 达西} = 1.02 \times 10^{-8} \text{cm}^2 = 1.02 \mu\text{m}^2$$
$$1 \text{ 毫达西} = 10^{-3} \text{ 达西} = 1.02 \times 10^{-3} \mu\text{m}^2$$

渗透率具有面积的量纲, 所以它的物理意义可以理解为代表了多孔介质中孔隙通道面积的大小和孔隙弯曲程度. 渗透率越高, 说明多孔介质孔道面积比越大, 流动越容易. 大多数砂岩油层的渗透率为 200~1000 毫达西, 砖的渗透率为 5~220 毫达西, 土壤的渗透率一般为 0.29~14 毫达西.

## 7.2 多孔介质中流动与传热的数学模型

多孔介质内部的流动特点是, 由于孔隙具有弯曲性、不定向性、随机性, 所以导致流动存在弥散效应, 其具体体现是流体速度大小和方向不断改变, 流束混合与分离不断发生, 流动阻力增大. 在流动形态上, 层流–湍流转变提前. 从传热的角度看, 多孔介质内部存在耦合传热, 包括固体骨架的导热、固体与流体之间的对流换热及当流体为气体时的辐射换热等.

按照多孔介质内的流体是否发生相变来区分, 多孔介质分为饱和态和非饱和态. 在饱和多孔介质中, 孔隙间充满着液体或者气体 (称为干饱和), 因此, 仅涉及单相流体的流动与传热问题, 相对于含湿非饱和的相变传热问题, 饱和多孔介质问题要显得简单一些. 作为对多孔介质流动传热的基础认识, 本节只讨论饱和的多孔介质内部的流动与传热问题.

### 7.2.1 达西定律

达西定律是描述饱和多孔介质内部流体流动的基本方程. 忽略重力的作用, 达西定律可写为如下微分形式:

$$-\frac{\mathrm{d}p}{\mathrm{d}x} = \frac{\mu}{K}\left(\frac{u_{\mathrm{D}}}{\varepsilon}\right) \tag{7-5}$$

式中, $\varepsilon$ 为多孔介质的截面孔隙率, $u_{\mathrm{D}}$ 称为达西匀流速度 ($u_{\mathrm{D}} = Q/A$), 负号表示压力梯度与流速方向相反. 式 (7-5) 反映了孔隙流道中流速 $u_{\mathrm{D}}/\varepsilon$ 与当地压力梯度之间的线性关系, 它仅适用于在横截面上速度 $u_{\mathrm{D}}$ 分布均匀、低流速, 且流动惯性力可忽略的饱和多孔介质中的流动. 对于由球形固体颗粒所组成的多孔介质, 当基于颗粒直径的雷诺数 $Re_p > 1$ 时, 压力梯度和流动速度将不再满足达西定律所表示的线性关系. 另外, 达西模型在多孔介质与固体壁面相交接的边界上无法满足无滑移条件.

### 7.2.2 达西定律的修正 ——Brinkman 方程

为了改进达西模型无法满足固体边界处的无滑移条件, 以及忽略惯性力等缺陷, Brinkman 提出了改进模型, 将固体骨架看作均匀悬浮的球体, 然后考虑界面效应, 从而将斯托克斯黏性穿透流与达西流结合起来. Brinkman 修正方程的形式为

$$\nabla p = -\frac{\mu}{K}u + \mu'\nabla^2 u \tag{7-6}$$

式中 $\mu$ 为流体的动力黏性系数, $\mu'$ 为有效黏性系数, $\mu' = \mu[1 + 2.5(1 - \varepsilon)]$, $u$ 为孔隙中的流体速度. $K \to \infty$(相应于 $\varepsilon = 1$) 时, 多孔介质体表处的界面阻力消失, 仅有悬浮球体的绕流阻力; $K \to 0$, 体表处的界面阻力主控, 悬浮球体的绕流阻力消失.

此外, 还先后出现了 Forchheimer 修正方程、Brinkman-Forchheimer 修正方程, 以及 Wooding 修正方程等, 可参考相关资料.

### 7.2.3 能量方程

描述饱和多孔介质内部热量平衡关系的能量方程为

$$(\rho c)_m \frac{\partial T}{\partial \tau} + (\rho c_p)_f \vec{V} \cdot \nabla T = \nabla \cdot (\lambda_m \nabla T) + q''_m \tag{7-7}$$

其中

$$(\rho c)_m = (1 - \phi)(\rho c)_s + \phi(\rho c_p)_f \tag{7-8}$$

$$\lambda_m = (1 - \phi)\lambda_s + \phi\lambda_f \tag{7-9}$$

$$q''_m = (1 - \phi)q''_s + \phi q''_f \tag{7-10}$$

它们分别称为多孔介质的表观热容量、表观导热系数和表观内热源. 多孔介质的能量方程在形式上与单相流动换热方程类似, 反映了对流项、扩散项和内能变化率之间的关系. 其不同之处在于, 多孔介质的自身属性决定了其物性的不均匀性, 因此, 方程所涉及的各物性参数均为固体骨架物性和孔隙中流体物性的加权平均. 这样一来, 非均匀的多孔介质就可以近似地按照均匀介质的流动问题处理.

## 7.3 多孔介质传热的工程应用

### 7.3.1 沿水平板强制对流换热的比较

采用边界层积分方法近似求解流体外掠平板流动换热问题, 根据有无多孔介质及多孔介质中的不同流型, 分为三种情况, Kaviany 对三种情况下的传热规律进行了分析, 这里介绍其主要结论.

(1) 无多孔介质的外掠平板层流换热, 对边界层简化后可采用相似变量的求解方法, 求解过程可参阅 2.3 节. 相应的无量纲准则方程式为

$$Nu_x = 0.332 Re_x^{1/2} Pr_e^{1/3} \tag{7-11}$$

(2) 多孔介质中为常截面达西流, $u_D$ 沿程不变, 局部 $Nu$ 数成为局部 $Pe$ 数的函数,

$$Nu_x = 0.53 Pe_x^{1/2} \tag{7-12}$$

(3) 多孔介质中为 Brinkman-Forchheimer 修正方程所描述的非达西流动, 边界无滑移. 此时 $Nu$ 数除了与 $Re$ 数及 $Pr$ 数有关外, 还与反映多孔介质属性的 $\Gamma$ 参数有关, 即

$$Nu_x = 0.57 \Gamma_x^{1/6} Re_x^{1/2} Pr_e^{1/3} \tag{7-13}$$

其中

$$Pe_x = Re_x Pr_e = \frac{u_{D,\infty}x}{a_e} \tag{7-14}$$

式中下标 $e$ 代表按介质的等效物性所计算的准则数. 以上三式所确定的多孔介质平板换热的分区情况见图 7-4. 图中横坐标 $\Gamma_x$ 为采用积分方法求解动量方程时所出现的综合参数, 其定义式为 $\Gamma_x = \dfrac{3\gamma_x^2}{8Re_x} + \dfrac{54}{105}\zeta_x$, 其中所涉及的两个参数分别为 $\gamma_x^2 = x\phi/K$, 和 $\zeta_x = c_E\phi/K^{1/2}$, $c_E$ 为修正达西流的欧根常量, 相应地, $\zeta_x$ 项称为"无量纲欧根阻力".

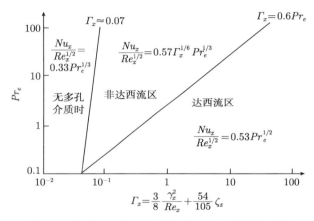

图 7-4 半无限大多孔介质中受迫对流传热分区图

### 7.3.2 土壤内的热湿迁移

土壤是典型的多孔介质, 其内部的热量和水汽的传递受到多种因素的影响. 从外部自然环境来看, 影响因素包括环境温度、环境湿度、环境风速和太阳辐射强度. 地表在环境因素的综合作用下, 内部的温度和水含量的分布将发生变化. 对于孔隙率为 39% 的沙土, 在环境温度作周期性变化的条件下, 沙土内部的温度和含水量在两昼夜内的变化见图 7-5. 计算模型为一高度 50cm、半径 25cm 的圆柱体, 坐标原点位于圆柱体底部, $Y/H = 1$ 代表地表. 圆柱体的侧面和底面绝热绝湿, 因此为一维传递模型. 土壤初始温度为 15°C, 初始容积含水量 $\varepsilon_l=37.9\%$.

由图 7-5(a) 可见, 在周期性环境温度和太阳辐射及风速的作用下, 土壤表面及内部温度亦呈现准周期性变化. 整体上看, 近地表处的温度高于内部温度, 越往下温度越低, 同时温度波的时间延迟也越明显. 另外, 对于某一深度来说, 其温度周期变化的基准线随时间呈上升趋势, 这是由于地表太阳辐射加热作用所致. 图 7-5(b) 所示的水含量显然不出现周期性变化, 但 48h 之后的水含量分布与初始分布相比有所降低, 地表处的水含量从初始的 37.9% 下降到 37.4%. 地下 50cm 处的水含量无变化. 这表明在四大环境参数中, 环境温度不是引起水含量变化的最主要的参数.

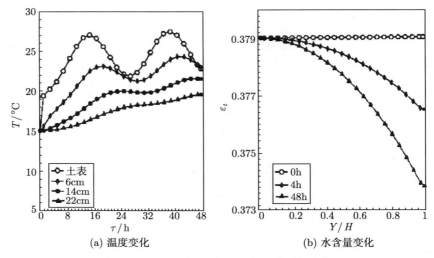

(a) 温度变化　　　　　　　　　　　(b) 水含量变化

图 7-5　沙土内的温度和水含量随时间变化

计算条件: 环境温度 $T = 20\left[1.25 + 0.25\cos\pi\left(\dfrac{\tau}{3600} - 14\right)\Big/ 12\right]$ (°C); 空气相对湿度 RH = 40%; 地表风速 $V_a = 1\mathrm{m/s}$; 太阳辐射 $R_s = 400\mathrm{W/m^2}$

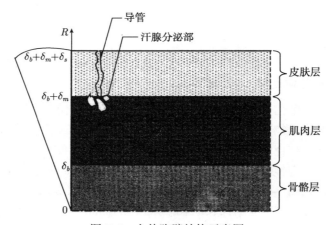

图 7-6　人体胳臂结构示意图

### 7.3.3　生物组织中的热质传输

　　人体胳臂的结构见图 7-6. 生物组织为典型的多孔介质, 生物体内部持续进行着传热传质过程, 其内部传热过程可用下式描述:

$$\rho c \frac{\partial T}{\partial \tau} = \nabla \cdot (\lambda \nabla T) + W_b C_b (T_a - T) + Q_m \tag{7-15}$$

式中不带下标者为生物组织的物理量, 源项 $Q_m$ 为新陈代谢引起的产热, $T_a$ 为动脉血液温度, $C_b$ 为血液的比热, $W_b$ 代表血液灌注率, 它的大小与体温有关.

根据式 (7-15) 多孔介质模型进行数值模拟计算, 可以得到胳臂在不同环境温度下组织内部的温度场和从皮肤表面到胳臂内部的汗液蒸发量, 分别见图 7-7、图 7-8. 计算条件为, 环境空气湿度 $w = 60\%$, 皮肤组织的孔隙率 $\phi = 10\%$.

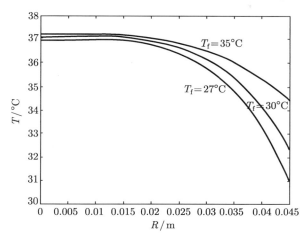

图 7-7 环境温度变化对组织内部温度的影响 ($w = 60\%$, $\phi=10\%$)

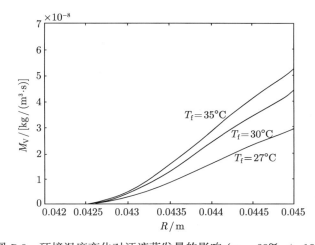

图 7-8 环境温度变化对汗液蒸发量的影响 ($w = 60\%$, $\phi=10\%$)

## 7.4 分形理论及其应用简介

分形理论是建立在分形几何研究的基础上的数学分支, 它产生于 20 世纪 50 年代. "分形" 是相对于 "整形" 而言的, 其基本涵义是指不能够用常规的几何图形来描述的, 但是又具有一定规律性的几何结构. 这种规律性通常是指它的自相似性, 既可以是严格的自相似, 也可以是不严格的、只是统计意义上的自相似.

　　与欧氏空间用整数维度来描述几何体系不同, 分形理论认为空间维数也可以是分数, 以此来描述自然界中事物的非规则程度. 点是零维的, 线是一维的, 平面是两维的, 都是整数维. 但植物的根系、海岸线、多孔介质结构等, 不能用欧氏空间描述, 需要用分型理论来进行分析.

### 7.4.1　分形维数的概念

　　分形维数简称分维 (fractal dimension), 它是描述分形物体的主要指标. 分维不同, 物体的复杂程度就不同. 通常情况下, 分维是一个分数. 分维的数学意义是指所研究的几何体大小与它的某一个特征尺寸之间呈幂指数规律的那个指数. 根据研究对象不同, 分维有不同形式, 包括相似维数、Hausdoff 维数、容量维数和关联维数等. 这里介绍两种较简单的分形维数定义.

　　相似维数 $D_s$: 用于整体和局部严格相似的情形, 如图 7-9 所示的 Sierpinski 地毯. 设某一图形由 $m$ 个与它相似的部分组成, 相似比为 $\gamma$, 则相似维数 $D_s$ 的估算公式为

$$D_s = -\frac{\ln(m)}{\ln(1/\gamma)} \tag{7-16}$$

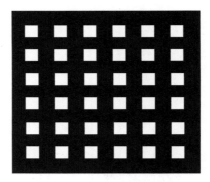

图 7-9　Sierpinski 地毯

　　容量维数 $D_c$: 它以包覆作为基础, 考虑的图形要求是欧氏空间中的有界集合, 用特征尺度为 $L$ 的基本几何图形 (圆、球、正方形、立方体等) 去近似分形图形, 也即进行包覆. 假定包覆所需要的基本几何体的最小个数为 $N(L)$, 则

$$D_c = \lim_{L \to 0} \frac{\ln N(L)}{\ln(1/L)} \tag{7-17}$$

　　容量维数由于计算简单以及易于经验估计而得到广泛应用. 对于多孔介质, 由于其自身的复杂性, 不能用单一的分形维数描述, 通常用 "孔轴分形维数" 来描述

孔通道的弯曲度; 用 "孔壁表面分形维数" 来描述孔壁不规则和不光滑的程度; 还用 "基质质量分形维数" 来描述剖面上骨架基质和孔隙分布的不均匀性. 这些分形维数可以计算或者采用实验方法测量.

### 7.4.2 多孔介质结构的分形描述

人工生成的多孔介质的代表物体 ——Menger 海绵, 在描述多孔介质方面有着广泛应用. 其生成方法是: 对于一个边长为 $R$ 的立方体, 沿三个边长都分为 $m$ 等份, 得到 $m^3$ 个小立方体, 它们的边长为 $R/m$. 然后, 随机地去掉其中的 $n$ 个立方体, 则剩下的立方体个数为 $m^3 - n$. 再依此规则对余下的部分进行操作, 经过 $i$ 次构造之后, 样本中小立方体的边长为 $r_j = R/m^i$, 剩余小立方体的个数为 $(m^3 - n)^i$, 见图 7-10.

图 7-10  Menger 海绵外形

按照相似维数的定义式 (7-16), Menger 海绵的相似分形维数为

$$D = \frac{\ln(m^3 - n)}{\ln(m)} \tag{7-18}$$

当 $m=3$, $n=7$ 时, 算得 $D=2.7268$, 这种多孔体被称为 "谢尔宾斯基海绵".

Menger 海绵的孔隙率为

$$\phi = 1 - \left(\frac{m^3 - n}{m^3}\right)^i \tag{7-19}$$

将式 (7-18) 的关系代入式 (7-19), 得到用分形维数表示的孔隙率

$$\phi = 1 - \left(m^{D-3}\right)^i \tag{7-20}$$

Menger 海绵单位体积的比表面积为

$$S = \frac{6n}{R^3 m^6} \cdot \left[1 + m^{D-6} + \cdots + \left(m^{D-6}\right)^{i-1}\right] \tag{7-21}$$

### 7.4.3   多孔介质渗透率的分形研究

应用分形理论研究多孔介质渗透性的一个例子是对 "双弥散多孔介质模型" 的研究. 所谓双弥散多孔介质, 是指该介质由粒子凝聚在一起的 "粒子团" 组成, 见图 7-11. 这种模型把多孔介质看成是由非接触的颗粒和连在一起的弯弯曲曲的颗粒链组成. 链长为 $L_t$, 颗粒直径为 $\lambda$, $L_t$ 随 $\lambda$ 而变化. $L_0$ 为颗粒链的表观长度. 用 $\lambda_{\max}$ 和 $\lambda_{\min}$ 分别代表颗粒直径的最大值和最小值.

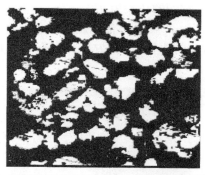

(a) 双弥散多孔介质放大50倍的图像(黑色为孔隙, 白色为许多铜粒子粘在一起形成的团聚体)

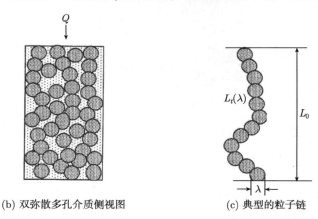

(b) 双弥散多孔介质侧视图                    (c) 典型的粒子链

图 7-11   双弥散多孔介质分形模型简图

针对图 7-11 所示的模型, 首先确定面积分形维数 $D_f$ 和孔道弯曲度维数 $D_T$, $D_f$ 和 $D_T$ 的数值都处于 1 到 2 之间, $D_T$ 的值越大, 表明多孔通道的弯曲程度越大. 在此基础上, 结合构成多孔介质的固体和流体的物性, 以及孔隙率等参数, 即可确定多孔体的等效导热系数和渗透率, 其中渗透率 $K$ 可表示为

$$K = \frac{\pi}{128} \frac{L_0^{1-D_T}}{A} \frac{D_f}{3+D_T-D_f} \lambda_{\max}^{3+D_T} \tag{7-22}$$

分析中首先把粒子链等效成为由规则正方体构成的传导链, 正方体周围被液体包裹, 共同形成一个传递单元, 用 $A$ 表示单元的横截面面积. 如果材料微结构里的流动通道可以近似为直通道, 即 $D_T = 1$, 则式 (7-22) 可以简化为

$$K = \frac{\pi}{128} \frac{1}{A} \frac{D_f}{4 - D_f} \lambda_{\max}^4 \qquad (7\text{-}23)$$

由式 (7-23) 计算所得到的渗透率与相同条件下实验值的比较情况见图 7-12. 可见, 在一定范围内式 (7-23) 具有一定的预测精度, 反映了理论分析的合理性.

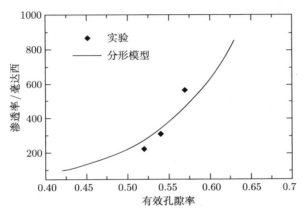

图 7-12　双弥散多孔介质的渗透率分形模型预测与实验结果的比较

## 参 考 文 献

刘伟, 范爱武, 黄晓明. 2006. 多孔介质传热传质理论与应用. 北京: 科学出版社.

王补宣. 1998. 工程传热传质学. 下册. 北京: 科学出版社.

薛定谔 AE. 1982. 多孔介质中的渗流物理. 王鸿勋, 张朝琛, 孙书琛译. 北京: 石油工业出版社.

郁伯铭. 2003. 分形介质的传热与传质分析 (综述). 工程热物理学报, 24(3): 481-483.

俞昌铭. 2011. 多孔材料传热传质及其数值分析. 北京: 清华大学出版社.

张浙. 1994. 含湿多孔介质的热质传递机理及其应用研究. 华中理工大学博士学位论文.

朱光明, 刘伟, 杨昆, 等. 2004. 人体肢体隐性发汗及其降温效应机理的热物理分析. 中国生物医学工程学报, 23(2): 163-168.

Bear J. 1972. Dynamics of Fluids in Porous Media. American Elsevier Publishing Company, Inc.

Dullien F A. 1992. Porous Media: Fluid Transport and Pore Structure. 2nd ed. New York: Academic Press.

Katz A J, Thompson A H. 1985. Fractal sandstone pores: implications for conductivity and pore formation. Physical Review Letters. 54(12): 1325-1328.

Kaviany M. 1987. Boundary-layer treatment of forced convection heat transfer from a semi-infinite flat plate embedded in porous media. ASME Journal of Heat Transfer, 109(2): 345-349.

Nield D A, Bejan A. 2006. Convection in Porous Media. 2nd ed. New York: Springer-Verlag.

Rosenberg N J. 1974. Microclimate: the biological environment. John Wiley & Sons.

Zhou G M, Liu W, et al. 2000. Heat and mass transfer in upper limbs with phase change and migratin of sweet. *In*: Wang B X. Heat Transfer Science and Technology 2000. Beijing: Higher Educaton Press: 763-768.

# 第 8 章  微/纳米尺度传热简介

建立尽可能紧凑而廉价的系统一直是工程领域长期的主旋律, 微电子机械系统 (micro-electro-mechanical systems, MEMS) 是人类多年来向着这个主旋律进军的重要成就之一. 与 MEMS 系统密切相关的微/纳米加工技术, 采用激光束、离子束以及电子束研磨, 或者 X 射线刻蚀等技术, 来完成关键作用尺度在 0.1~100nm(相当于原子尺寸到光波波长) 范围内的超精细材料加工. 大致而言, 微电子机械系统的尺寸比氢原子直径大四个数量级, 但又比传统的人造机械尺寸小四个量级. 它们的共同特征是, 物质和能量的输运均发生在一个有限的微小结构内, 作用机理复杂. 由于微电子机械系统涉及仪器、医疗、生物系统、机器人、导航系统及计算机应用等众多领域, 所以, 全面了解系统在特定尺度内的微机电性质以及材料的热物性及热行为, 已经成为迫切的任务. 然而, 目前的科学和工程水平尚无法做到这一步, 于是催生出一门崭新的现代热科学的分支 ——"微/纳米尺度传热学". 作为对这门新生学科的入门, 本章将对微尺度传热的分析方法、微/纳米尺度下的基本传热和流动现象作一简要介绍.

## 8.1  微尺度传热的一些典型问题

从 20 世纪末以来, 随着微电子技术和微加工技术的迅速发展, 微型电子机械系统在国际上形成了一个新兴的技术领域, 微电子器件的冷却问题成为国际微电子学界和国际传热学界的热点. 一方面电子器件的特征尺寸越来越小, 从微米量级向纳米量级发展; 另一方面, 器件的集成度越来越高, 热流密度增大到 $10^5 \text{W/m}^2$ 以上, 为冷却技术带来新的挑战. 据报道, 为应对未来世界范围内的竞争, 美国政府确定, 材料、加工、信息、通信、生物、能源和交通七个学科为需要国家重点关注和支持的关键技术领域, 并归纳出了针对这七个领域的一些共同的科学问题, 其中之一就是在空间、时间微细尺度条件下的传热问题. 1997 年, 国际传热传质组织首次召开微传热领域的国际会议, 表明 "微/纳米尺度传热学" 作为传热学分支的正式形成.

在微型电子机械系统发展过程中, 某些有代表性的微型器件, 比如高温超导薄膜、微型换热器、微型燃气透平等不断地被研究和开发, 成为微尺度传热学的应用领域. 已有的研究表明, 对于高温超导薄膜的导热, 傅里叶定律不再适用, 而代之以玻尔兹曼 (Boltzmann) 方程; 对于微型通道换热器, 微尺度下的流动传热机理与宏观理论有很大差异, 边界效应、尺度效应及量子效应等不得不考虑; 在微型燃气透平中, 热功转换效率与材料性能、表面作用及微结构形式都有更为密切的关系. 此外, 微尺度热控制及微生物传热的研究, 也已经成为微尺度传热学的重要内容. 因此, 微尺度传热学不可避免地成为电子、机械、物理、化学、材料、生物等多学科交叉的新的分支学科.

微尺度传热之所以能够发展成为一个新的分支学科, 是因为当物体的特征尺度微细化后, 其流动和传热的规律性明显不同于常规尺度下的流动和传热过程. 换言之, 当研究对象微细到一定程度以后, 就会出现流动和传热的尺度效应. 在微电子机械系统中, 当器件的尺寸缩小至毫米、微米或更小量级时, 就可称为 "微型器件" 或 "微型机械". 这种称谓不过是一种笼统的说法, 更重要的是要讨论和研究尺度微细化后出现的机械、力学和热学等现象及规律性的变化, 因此, "微细" 只是一个相对的概念, 而不是指某一特定尺度. 至于缩小到何种程度才能称为微细, 这要看所讨论的物理现象. 以竖直平板上的自然对流换热为例, 当物体尺度缩小至厘米量级时, 其换热规律性已经有明显不同, 所以这时厘米级就可称为 "微细"; 而当所讨论的问题涉及连续介质假定或 Navier-Stokes 方程的适用性等问题时, 物体尺寸即使小到微米量级, 有时也不能作为 "微细" 看待, 这是因为微米仍比分子平均自由程高 1~2 个数量级, 因而连续介质的假定和 Navier-Stokes 方程都仍然是适用的. 另外, 微细尺度还包括时间尺度上的微细, 例如, 快速加热和冷却过程就属于时间尺度微小化的物理问题.

微细尺度下的流动和传热与常规尺度的规律不同的原因, 可以分为如下两大类: 一类原因是当物体的特征尺寸缩小至与载体粒子 (分子、原子、电子、光子等) 的平均自由程的同一量级时, 基于连续介质定义的一些宏观概念和规律就不再适用, 黏性系数、导热系数等概念要重新讨论, N-S 方程和导热方程等也不再适用. 第二类原因则来自于相关联的外部影响因素, 此时虽然物体的特征尺寸远大于载体粒子的平均自由程, 连续介质的假定仍能成立, 但是由于尺度的微细化, 原来的各种影响因素的相对重要性发生了变化, 从而导致流动和传热规律的变化, 上述厘米级竖直平板的自然对流换热即属于这种情况. 归纳起来, 在连续介质假设仍能适用的条件下, 尺度效应对流动和传热规律性的影响有如下几个方面:

(1) 由于惯性力与物体特征尺寸的一次方成反比, 而黏性力与特征尺寸的二次方成反比, 所以当尺度达到微细程度时, 惯性力与黏性力之比值越来越小, 就导致自然对流中的惯性力与黏性力之比值与 $Gr$ 数成正比, 而常规尺度条件下的自然对流, 其惯性力与黏性力之比则与 $Gr$ 数的平方根成正比. 与此相应, 微细尺度情况下的 $Nu$ 数正比于 $(GrPr)^{1/2}$, 而常规尺度情况下 $Nu$ 数正比于 $(GrPr)^{1/4}$. 此外, 在微细尺度下, 混合对流换热中反映自然对流与受迫对流相对重要性的判据为 $Gr/Re$, 而不是常规尺度下的 $Gr/Re^2$.

(2) 由于尺度的微细化, 面积 – 体积比增大, 从而使表面作用增强. 表面作用包括黏性力、表面张力、换热强度等. 例如, 由于离心力与特征尺度的平方成正比, 所以在微机械中利用离心力来驱动流体不再合适, 而利用表面黏性力来泵送流体则是可取的. 又比如, 由于热现象的惯性很大, 所以在常规尺度条件下, 很难利用热现象去驱动和控制流动介质, 然而当尺度微小化后, 表面换热大大增加, 时间常数很小, 将传热现象应用于流动控制就成为可能.

(3) 对于微细尺度的情况, 流动和传热的边缘效应和端部效应特别明显, 其流动和传热规律与常规尺度情况相比有很大不同. 这种情况下三维效应的作用增加, 从而导致传热出现明显的强化效果. 所以, 一般情况下微细尺度的对象不能简化为二维或一维问题来处理.

总之, 微尺度传热学所重点关注的是, 当空间和时间相对微细化后, 物质内部传热与流动现象及其规律性的变化. 在微尺度传热过程中, 分子作用、界面效应、离散性甚至量子效应等都可能成为重要的影响因素, 从而导致不同于宏观传递过程的规律出现. 由于实际问题的复杂性, 很多微观认识目前尚不够深入, 有待于未来的科学发现. 作为对微/纳米尺度传热学的入门, 本章仅对微尺度传热学中最基本的一些研究成果作扼要介绍, 更详细的内容请读者参考有关文献.

# 8.2 微尺度传热的分析方法

对于微尺度条件下的传热与流动过程, 传统的唯象分析方法已经不能满足研究的需要, 必须由微观角度下能量输运的本质入手, 揭示微观结构中能量传递的机制. 适用于微尺度传热与流动分析的基本方法包括玻尔兹曼输运理论、分子动力学理论、蒙特卡罗 (Monte-Carlo) 模拟方法以及量子分子动力学等. 其中玻尔兹曼方法被认为最具有普适性, 可用于连续介质和量子过程的理论分析.

## 8.2.1 玻尔兹曼输运理论

随着微观认识的深入, 玻尔兹曼方程由最初的气体分子运动研究, 扩展到流体、固体以及多相系统, 适用范围不断扩大, 已经成为具有普适性的微尺度传热与流动的理论分析方法. 几乎所有的宏观输运方程, 如傅里叶定律、欧姆定律、费克定律以及质量、动量和能量守恒方程等, 均可由玻尔兹曼方程推导出来. 可见其适用的广泛程度. 下面以气体分子模型为例, 简单推导玻尔兹曼方程. 类似的推导过程也适于流体和固体的情况.

考虑某气体分子受到 $m\boldsymbol{a}$ 的外力作用 ($m$ 为分子质量, $\boldsymbol{a}$ 为分子的加速度), 该力的大小与时间 $t$ 和位置 $\boldsymbol{r}$ 有关. 在时间 $(t, t + \mathrm{d}t)$ 之内, 该分子不与其他分子发生碰撞, 则分子速度由 $\boldsymbol{v}$ 改变为 $\boldsymbol{v} + \boldsymbol{a}\mathrm{d}t$, 同时位置由 $\boldsymbol{r}$ 改变为 $\boldsymbol{r} - \boldsymbol{v}\mathrm{d}t$, (注意, 上述参量 $\boldsymbol{r}$、$\boldsymbol{v}$、$\boldsymbol{a}$ 等均为矢量). 在时刻 $t$, 落入体积单元 $(\boldsymbol{r}, \mathrm{d}\boldsymbol{r})$ 和速度范围 $(\boldsymbol{v}, \mathrm{d}\boldsymbol{v})$

的分子集合数为 $f(\boldsymbol{v}, \boldsymbol{r}, t)\,\mathrm{d}\boldsymbol{v}\mathrm{d}\boldsymbol{r}$, 其中 $f(\boldsymbol{v}, \boldsymbol{r}, t)$ 为分子的分布函数. 同样, 在时刻 $t + \mathrm{d}t$, 相同的分子将落入体积 $(\boldsymbol{r} + \boldsymbol{v}\mathrm{d}t, \mathrm{d}\boldsymbol{r})$ 和速度 $(\boldsymbol{v} + \boldsymbol{a}\mathrm{d}t, \mathrm{d}\boldsymbol{v})$ 的范围之内, 分子集合数为 $f(\boldsymbol{v} + \boldsymbol{a}\mathrm{d}t, \boldsymbol{r} + \boldsymbol{v}\mathrm{d}t, t + \mathrm{d}t)\mathrm{d}\boldsymbol{v}\mathrm{d}\boldsymbol{r}$. 在实际情况下, 由于分子之间可能发生碰撞, 初期集合中的分子偏离, 也可导致其他分子偏转并成为终态集合的分子, 所以初、终态集合的分子数可能是不同的. 由于分子碰撞而发生的分子分布函数的改变率可表示为 $(\partial f/\partial t)_{\mathrm{scat}}$, 下标 scat 代表 "散射". 于是, 初、终态集合分子数的净增量, 应等于分布函数的改变率与 $\mathrm{d}\boldsymbol{v}\mathrm{d}\boldsymbol{r}\mathrm{d}t$ 的乘积. 那么, 经过 $\mathrm{d}t$ 时间增量之后, $\mathrm{d}\boldsymbol{v}\mathrm{d}\boldsymbol{r}$ 内的分子集合数的变化为

$$[f(\boldsymbol{v} + \boldsymbol{a}\mathrm{d}t, \boldsymbol{r} + \boldsymbol{v}\mathrm{d}t, t + \mathrm{d}t) - f(\boldsymbol{v}, \boldsymbol{r}, t)]\,\mathrm{d}\boldsymbol{v}\mathrm{d}\boldsymbol{r} = \left(\frac{\partial f}{\partial t}\right)_{\mathrm{scat}}\mathrm{d}\boldsymbol{v}\mathrm{d}\boldsymbol{r}\mathrm{d}t$$

上式两边同除以 $\mathrm{d}\boldsymbol{v}\mathrm{d}\boldsymbol{r}\mathrm{d}t$, 并令 $\mathrm{d}t$ 趋于零, 即导出关于分子分布函数 $f$ 的玻尔兹曼方程, 其形式为

$$\frac{\partial f}{\partial t} + v_x\frac{\partial f}{\partial x} + v_y\frac{\partial f}{\partial y} + v_z\frac{\partial f}{\partial z} + a_x\frac{\partial f}{\partial v_x} + a_y\frac{\partial f}{\partial v_y} + a_z\frac{\partial f}{\partial v_z} = \left(\frac{\partial f}{\partial t}\right)_{\mathrm{scat}} \tag{8-1}$$

式 (8-1) 左边若以矢量形式表示, 则方程可化为

$$\frac{\partial f}{\partial t} + \boldsymbol{v}\cdot\frac{\partial f}{\partial \boldsymbol{r}} + \boldsymbol{a}\cdot\frac{\partial f}{\partial \boldsymbol{v}} = \left(\frac{\partial f}{\partial t}\right)_{\mathrm{scat}} \tag{8-2}$$

通常, 玻尔兹曼方程的一般形式为

$$\frac{\partial f}{\partial t} + \boldsymbol{v}\cdot\nabla f + \boldsymbol{F}\cdot\frac{\partial f}{\partial \boldsymbol{p}} = \left(\frac{\partial f}{\partial t}\right)_{\mathrm{scat}} \tag{8-3}$$

其中 $f(\boldsymbol{r}, \boldsymbol{p}, t)$ 代表在时间 $t$、位置 $\boldsymbol{r}$、具有动量 $\boldsymbol{p}$ 的粒子的统计分布函数, $\boldsymbol{F}$ 表示作用于粒子的外力, $\boldsymbol{v}$ 表示粒子速度. 根据参量性质, 式 (8-3) 左边称为漂移项, 右边则称为散射项.

　　$f$ 作为表示分子分布特征的函数, 通过修正可以适用于更一般的分子模型. 如为球形对称的转动分子, $f$ 只依赖于 $\boldsymbol{r}$、$\boldsymbol{v}$、$t$ 及角速度; 对于一般分子, $f$ 将包含更复杂的变量, 以表征分子的方位及其性质. 玻尔兹曼方程的基本形式虽然由气体分子模型导出, 但对于服从统计分布的微观粒子, 如电子、离子、声子等均适用.

　　玻尔兹曼方程微分形式复杂, 求解非常困难, 因此常常需要进行适当简化, 以得到理论分析解. 一种有效的途径是采用所谓的碰撞间隙理论 (即松弛时间近似理论) 进行求解. 碰撞间隙的概念由 Majumdar 在 1998 年首先提出. 若两次碰撞之间的时间间隔为 $\tau$(即松弛时间), 取 $\mathrm{d}t$ 为 $\tau$ 内的微分间隔, 假设在给定的微元体积内

有 $\mathrm{d}t/\tau$ 个分子发生碰撞, 则玻尔兹曼方程的散射项可写为

$$\left(\frac{\partial f}{\partial t}\right)_{\mathrm{scat}} = \frac{f_0 - f}{\tau} \tag{8-4}$$

其中 $f_0$ 为平衡态下的分布函数; $\tau(\boldsymbol{r}, \boldsymbol{p})$ 为松弛时间, 是位置 $\boldsymbol{r}$ 和动量 $\boldsymbol{p}$ 的函数. 在这样的前提下, 玻尔兹曼方程得以线性化, 简化了方程的求解. 式 (8-4) 表示系统在偏离平衡态的情况下, 也即 $f - f_0$ 不为零时, 碰撞使得该动力学过程按照指数衰减 $f - f_0 \approx \exp(-t/\tau)$ 恢复到平衡态.

特别地, 当没有力场 $\boldsymbol{F}$ 的作用时, 玻尔兹曼方程 (8-2) 简化为

$$\frac{\partial f}{\partial t} + \boldsymbol{v} \cdot \frac{\partial f}{\partial \boldsymbol{r}} = \frac{f_0 - f}{\tau} \tag{8-5}$$

此式的精确解为

$$f = \int_0^\infty e^{-t'/\tau} f_0 \left(\boldsymbol{v}, \boldsymbol{r} - \boldsymbol{v}t', t - t'\right) \tau^{-1} \mathrm{d}t' \tag{8-6}$$

需要注意的是, 碰撞间隙理论作为求解玻尔兹曼方程的一种简化方式, 其适用性也因此受到限制. 玻尔兹曼方程最初用于分析非平衡态的理想气体的性质, 气体状态可由分布函数 $f(\boldsymbol{r}, \boldsymbol{p}, t)$ 确定, 气体的各种性质必须在求解了分布函数 $f$ 之后才能得到. 分布函数 $f$ 由六维空间 $x, y, z, p_x, p_y, p_z$ 决定, 它因受到外场 (力场、电场或温度场等) 的影响而改变, 因此需要区分外场作用和碰撞效应的不同影响, $f$ 随时间的改变率表示为两种作用之和

$$\frac{\mathrm{d}f}{\mathrm{d}t} = \left.\frac{\mathrm{d}f}{\mathrm{d}t}\right|_{\mathrm{field}} + \left.\frac{\mathrm{d}f}{\mathrm{d}t}\right|_{\mathrm{scat}} \tag{8-7}$$

在稳态条件下, $f$ 随时间的改变率等于零, 即

$$\frac{\mathrm{d}f}{\mathrm{d}t} = \left.\frac{\mathrm{d}f}{\mathrm{d}t}\right|_{\mathrm{field}} + \left.\frac{\mathrm{d}f}{\mathrm{d}t}\right|_{\mathrm{scat}} = 0 \tag{8-8}$$

基于玻尔兹曼方程的普适性, 可用以推导出传热过程中所涉及的几乎所有守恒方程. 为了研究微观粒子的能量输运特性, 通过求解玻尔兹曼方程, 获得分布函数 $f(\boldsymbol{r}, \boldsymbol{p}, t)$ 之后, 系统内单位面积的能量流率可写作

$$\boldsymbol{q}(\boldsymbol{r}, t) = \sum_p \boldsymbol{v}(\boldsymbol{r}, t) \cdot f(\boldsymbol{r}, \boldsymbol{p}, t) \cdot \varepsilon(\boldsymbol{p}) \tag{8-9}$$

其中 $\boldsymbol{q}$ 为能流密度矢量, $\boldsymbol{v}$ 为速度矢量, $\varepsilon$ 为基于动量 $\boldsymbol{p}$ 的粒子能量. 在动量空间内, 上述求和可转化为积分形式

$$\boldsymbol{q}(\boldsymbol{r}, t) = \int \boldsymbol{v}(\boldsymbol{r}, t) \cdot f(\boldsymbol{r}, \boldsymbol{p}, t) \cdot \varepsilon(\boldsymbol{p}) \cdot \mathrm{d}\boldsymbol{p} \tag{8-10}$$

　　关于热传导的傅里叶定律亦可从玻尔兹曼方程导出. 在满足所考虑问题的时间尺度 $t$ 远大于松弛时间 $\tau$、所考察对象的尺度 $L$ 远大于分子平均自由程 $l_m$ 的前提下, 玻尔兹曼方程中分布函数的梯度项可以近地取为平衡态的梯度项, 即 $\nabla f \approx \nabla f_0$, 从而能够由式 (8-5) 求出一维玻尔兹曼方程 (稳态) 的解为

$$f = f_0 - \tau v_x \frac{\partial f_0}{\partial x} \tag{8-11}$$

由于平衡状态的分布函数 $f_0$ 只是温度的单元函数, 则有

$$\frac{\partial f_0}{\partial x} = \frac{\mathrm{d} f_0}{\mathrm{d} T} \frac{\partial T}{\partial x} \tag{8-12}$$

　　将式 (8-11)、式 (8-12) 代入式 (8-10) 可以推导出热流密度为 (注意 $f_0$ 在所有方向上对动量 $p$ 的积分等于零, 因而其积分项消去)

$$q_x(x) = -\frac{\partial T}{\partial x} \int v_x^2 \tau \frac{\mathrm{d} f_0}{\mathrm{d} T} \varepsilon D(\varepsilon) \, \mathrm{d}\varepsilon \tag{8-13}$$

式中, $D(\varepsilon)$ 为关于粒子能量的密度函数, 代表具有能量 $\varepsilon$ 的粒子数. 式 (8-13) 即为描述物体导热规律的经典的傅里叶定律, 其中的积分部分就是导热系数 $k$. 若假设松弛时间 $\tau$ 和粒子速度 $v_x$ 都独立于粒子能量, 那么式 (8-13) 中代表导热系数的积分部分变为

$$\begin{aligned} k &= -\int v_x^2 \tau \frac{\mathrm{d} f_0}{\mathrm{d} T} \varepsilon D(\varepsilon) \, \mathrm{d}\varepsilon \\ &= -v_x^2 \tau \int \frac{\mathrm{d} f_0}{\mathrm{d} T} \varepsilon D(\varepsilon) \, \mathrm{d}\varepsilon = \frac{1}{3} C_v v_x^2 \tau \end{aligned} \tag{8-14}$$

式中, $C_v$ 为物体的定容比热. 由于粒子平均自由行程 $l_m$ 与松弛时间 $\tau$ 的关系为 $l_m = v_x \tau$, 所以, 上式与分子动力学理论所推导出的导热系数的表达式 $k = C_v l_m v / 3$ 完全一致. 采用与此类似的推导, 还可以得到费克扩散定律和各种守恒方程.

### 8.2.2　分子动力学理论

　　随着计算机技术的快速发展, 包括分子动力学理论在内的多种数值计算方法已成为分析微尺度物理问题的通用工具, 它们已经在材料的微尺度输运性质计算和生物学、化学等领域取得令人瞩目的研究结果. 与宏观连续介质的研究体系不同, 分子动力学计算是按照分子系统的时间演化进行的, 其计算结果给出相互作用的各个分子的详细的轨道图景. 而系统的宏观物理量, 比如物性参数、压力、温度和热流密度等, 都来自于对系统中分子行为的计算结果.

　　在分子动力学模拟中, 通常假设分子的动力学行为遵循经典运动方程, 这在典型分子的 de Broglie 波长远小于分子平均间距的平移运动中是符合实际的, 这种情况下存在一个容易达到的能态的基本连续分布. 上述波长的限制条件可以表示为

$$\frac{h}{(3m k_B T)^{1/2}} \ll (V/N)^{1/3} \tag{8-15}$$

式中 $h$ 为普朗克常量, $k_B$ 为玻尔兹曼常量, $m$ 为粒子质量, $V$ 为系统的体积, $N$ 为粒子数. 对于存在转动的问题也可按经典方法处理, 只要保证转动能隙小于 $k_B T$ 且分子处于其振动基态, 这对于大多数分子都是正确的.

分子动力学方法所采用的模拟计算形式有多种, 最常见的是对牛顿运动方程 $\boldsymbol{a} = \mathrm{d}^2 \boldsymbol{r}/\mathrm{d}t^2 = \boldsymbol{F}/m$ 进行数值积分. 位置矢量 $\boldsymbol{r}$ 随时间的变化是被求解量, 作用在每一分子上的力由势函数 $\phi(\boldsymbol{r})$ 确定. 构建微/纳米尺度下液–液、液–气、液–固及固–气等情况下分子之间的作用势方程, 是一件很困难的事情, 需要借助于理论物理分析和精密实验来得到. 目前能够真实反映分子间相互作用的势函数极为稀少, 已经得到成功应用的势函数有 Stillinger-Weber 势和 Lennard-Jones 势, 其中 Lennard-Jones 势的表达式为 (Heyes, 1998)

$$\varphi(r) = 4\varepsilon \left( \left( \frac{\sigma}{r} \right)^{12} - \left( \frac{\sigma}{r} \right)^{6} \right) \tag{8-16}$$

式中 $\varepsilon$ 为势作用的最大深度 (阱深), $\sigma$ 为势曲线与横坐标轴的交点坐标. 粒子对之间的作用力用 $\mathrm{d}\phi/\mathrm{d}r$ 表示, 定义与作用力有关的如下 $f_{ij}$ 函数:

$$f_{ij} = -\frac{1}{r_{ij}} \frac{\mathrm{d}\varphi(r_{ij})}{\mathrm{d}r_{ij}} = 24\varepsilon \left[ 2\left( \frac{\sigma}{r_{ij}} \right)^{12} - \left( \frac{\sigma}{r_{ij}} \right)^{6} \right] \frac{1}{r_{ij}^2} \tag{8-17}$$

式中 $r_{ij} = r_i - r_j$, 于是, 对于粒子 $i$ 而言, 它在 $x$ 方向上所受到的总的作用力为

$$F_{x,i} = \sum_{\substack{j=1 \\ j \neq i}}^{N} r_{x,ij} f_{ij} \tag{8-18}$$

式中 $r_{ij} = r_i - r_j$, $r_{x,ij}$ 是 $r_{ij}$ 在 $x$ 方向的分量. 通常, 分子动力学模拟程序 90%以上的计算时间, 都是花在评估作用力或其他成对的附加性质上面.

分子动力学方法的主要目标之一是对分子统计性质进行计算机模拟, 在这方面已经获得了较大成功. 这些统计性质在宏观上体现为实验可测的输运性质, 如自扩散系数、导热系数和流体黏度等. 输运性质刻画物体在外加宏观梯度作用下的动力学响应行为. 物理学的研究表明, 流体能量和动量的传输取决于分子的实际运动、分子之间的相互作用力以及两者之间的关联情况. 而幸运的是, 控制输运性质的分子过程通常发生在分子动力学能够准确处理的皮秒 (1ps=$10^{-12}$s) 时间尺度内, 因此为分子动力学方法提供了用武之地. 通过对各个分子在某一个时间段内运动行为的追踪, 分子动力学模拟结果给出分子的时空变化, 包括空间位置 $\boldsymbol{r}_i$、速度 $\boldsymbol{v}_i$、及相互作用力 $\phi_{ij}$ 的演变历史, 在此基础上就可以计算统计意义上的宏观物性. 这里给出由分子动力学模拟采用较多的 Green-Kubo 控制方程所导出的自扩散系数

$D$ 和导热系数 $k$ 的表示式, 它们分别为

$$D = \lim_{t \to \infty} \frac{1}{3} \int_{t_0}^{t_0+t} \langle v_i(\tau) \cdot v_i(0) \rangle (1 - \tau/t) \mathrm{d}\tau \tag{8-19}$$

$$k = \frac{V}{k_\mathrm{B} T^2} \lim_{t \to \infty} \int_{t_0}^{t_0+t} \langle J_x(\tau) \cdot J_x(0) \rangle (1 - \tau/t) \mathrm{d}\tau \tag{8-20}$$

$$J_x = \frac{1}{V} \left[ \sum_{i=1}^{N} e_i v_{xi} + \sum_{i=1}^{N-1} \sum_{j=i+1}^{N} r_{xij} \phi'_{ij} (r_{ij} \cdot v_i) \right] \tag{8-21}$$

式中 $\langle v_i(\tau) v_i(0) \rangle = \lim\limits_{t' \to \infty} \dfrac{1}{t'} \int_0^{t'} v_i(s) \cdot v_i(s+\tau) \mathrm{d}s$, 为第 $i$ 个分子在两个时刻下速度乘积的积分平均值; $e_i = \dfrac{1}{2} m_i v_i^2 + \dfrac{1}{2} \sum\limits_{j \neq i} \phi_{ij}$, 代表第 $i$ 个粒子的总能量. 系统的温度由下式给出:

$$T = \frac{m}{3Nk_\mathrm{B}} \sum_{i=1}^{N} v_i^2 \tag{8-22}$$

分子动力学求解方法所采用的一般推进格式按照预测 —— 修正方式进行, 首先根据给定位置、速度、加速度等当前值, 预测出下一个时刻 $t + \mathrm{d}t$ 的相应值, 在新位置处评估力和加速度, 以新加速度对预测的位置、速度、加速度进行修正, 同时计算需要的物理变量等, 然后再进行下一个时刻的预测. 只要确切知道所考察系统的分子相互作用势, 分子动力学方法就可以处理包括相变问题在内的各种热力过程. 但是如前所述, 正确选择作用势有很大的难度, 仍然有待于更深入的研究.

分子动力学方法应用了牛顿定律以及原子间相互作用势的概念, 因此较玻尔兹曼方法更加直观和易于理解. 但是, 由于分子动力学使用的都是经典理论, 所以只在温度高于德拜温度[①]的固体中严格成立. 此外, 一般分子动力学模型中都不包含电子和声子这两种载流子, 所以不能计算发生在半导体中的相互作用. 而且, 在复杂材料结构的模拟方面, 由于不得不采用经典的粒子模型和经验或半经验的势函数, 很难给出微观粒子相互作用的准确表达, 因此, 分子动力学方法目前还不大可能取代玻尔兹曼方法在微观现象研究中的主导地位.

### 8.2.3    直接蒙特卡罗模拟方法

衡量气体介质的连续性的一个重要准则数叫做 Knudsen 数, 记为 $Kn$, 它被定义为气体分子的平均自由行程 $l_m$ 与分析对象的宏观定性尺寸 $L$ 之比值. 一般而言,

---

① 德拜温度是固体比热理论中的一个参量, 因美籍荷兰物理学家德拜而得名. 不同固体的德拜温度不同. 当温度远高于德拜温度时, 固体的摩尔比热容遵循经典的杜隆–珀替定律, 是一个与构成固体的具体物质无关的常量. 反之, 当温度远低于德拜温度时, 固体的摩尔比热容将遵循量子力学规律, 与热力学温度的三次方成正比, 随着温度接近绝对零度而迅速趋近于零.

$Kn < 0.01$ 时为连续介质流, 可以采用连续介质流体力学理论来分析; $Kn > 10$ 时为分子之间不发生碰撞的自由分子流, 而介于二者之间的范围, 属于过渡流态, 也称为 "稀薄气体流". 一旦进入稀薄气体状态, 单位体积中的分子数目大大降低, 连续介质模型转为离散分子模型, 常规的基于宏观统计性质的温度、压力、密度和流体速度等概念都需要进行修正. 以通道内的流动为例, 由于标准状态下大气的平均自由行程 $l_m$ 的数量级约为 $5 \times 10^{-8} m$, 如果通道尺度小到 $5 \mu m$ 以下, 壁面上的流动边界条件就必须由无滑移条件改成滑移流条件.

　　当 $Kn > 0.2$ 时, 气体的稀薄程度已经很高, 必须用描述分子模型的玻尔兹曼方程来代替连续介质的 Navier-Stokes 方程, 通过求解玻尔兹曼方程以获得分子速度的分布函数. 然而, 由于玻尔兹曼方程所涉及的独立变量同时包含空间、时间和速度, 采用传统的有限元方法或有限差分方法求解非常困难, 人们希望找到能够处理较宽范围 Knudsen 数的直接物理模拟方法, 其中被研究者广泛接受的一种方法是 Bird 等在 1998 年发展出来的 "直接蒙特卡罗模拟方法", 这是一种强大的通过分子碰撞求解玻尔兹曼方程的数值模拟技术. 之后人们发现, 这种方法不但在研究微器件内部流动问题上有效, 而且在一维激波结构求解及 Magellan 飞船进入金星过程的研究中也非常有用. 现在人们开始尝试将直接蒙特卡罗模拟方法应用于同时含有连续介质和稀薄气体的跨区问题.

　　直接蒙特卡罗模拟方法是一种模拟真实气流的计算机方法, 根据分子的碰撞力学来计算实际的气流问题. 真实气体采用成千上万个模拟分子来代表, 这些分子的位置、速度及初始状态由计算机存储, 并在分子移动、碰撞过程中随着时间不断调整. 直接蒙特卡罗模拟方法中时间是真实的物理时间, 这可使分子运动和分子碰撞的问题得以解耦; 所有的计算均处理为非定常的, 稳态问题是非定常流的渐近稳定解. 另外, 计算时以每个模拟分子代表一定数量的真实分子, 从而分子的运动轨迹和碰撞数目得以大大降低, 而物理速度、分子尺寸及内能则在模拟中保留. 所有的碰撞都作为三维事件计算. 分子之间的碰撞以及有代表性的边界作用均以一种随机的方式计算, 方法本身要用到大量的随机数.

　　直接蒙特卡罗模拟方法的基本步骤是:

　　(1) 将物理空间划分为一系列 "元胞", 各元胞进一步划分为一定数量的子元胞;

　　(2) 对元胞中的分子进行检索, 选择碰撞对;

　　(3) 计算碰撞过程和碰撞之后的分子性质;

　　(4) 对流场和表面量进行采样、存储;

　　(5) 增加时间步长, 重复分子运动.

　　虽然直接蒙特卡罗模拟方法适合求解微尺度问题, 但是应用中也遇到一系列的实际困难. 诸如计算条件与实际物理条件难以完全适合的问题, 元胞尺寸的要求所导致的元胞数量庞大, 从而计算费用昂贵的问题, 以及存在化学反应时分子界面处理的困难性等问题, 都是直接蒙特卡罗方法所面临的挑战, 但同时也是它获得持续发展的动力所在.

## 8.3    微/纳米介质中的热传导

### 8.3.1    傅里叶定律的适用性问题

在经典传热学中, 热传导现象由傅里叶定律描述, 对于各向同性材料, 傅里叶定律的形式为

$$q = -k \cdot \mathrm{grad} T \tag{8-23}$$

其中 $q$ 为热流密度矢量, $\mathrm{grad} T$ 为温度梯度矢量, $k$ 为导热系数. 傅里叶定律来自于对实验的观察与总结, 是建立在连续介质假设基础上一种唯象理论. 傅里叶定律绕过了介质的微观行为, 但对于常规的工程应用有足够的精度. 在连续介质假设的条件下, 介质内部能够满足 "局域平衡" 的要求, 而局域平衡是建立温度、压力等基本概念的前提条件. Tamma 和 Zhou(1998) 认为连续介质假设成立的标度, 是热载子的 Knudsen 数之倒数和相对时间 (物理时间 $t$ 与松弛时间 $\tau$ 之比) 都远大于 1 的量级, 同时温度 $T$ 远高于绝对零度, 即

$$\frac{L}{l_m} \gg O(1), \quad \frac{t}{\tau} \gg O(1), \quad T \gg 0\mathrm{K} \tag{8-24}$$

所谓热载子, 在气体中为分子, 在纯金属中为电子, 在绝缘体和半导体中为声子. 当物理对象在微/纳米尺度下, 式 (8-24) 中的第一个条件由于宏观尺寸 $L$ 的减小而不能得到满足, 另一方面, 当物体温度接近于绝对零度时热载子的平均自由程会明显变长 (超导现象), 这两者都导致热载子将以弹道型轨迹运动, 而不是连续介质状态时的扩散运动. 也就是说, 微/纳米介质中的导热, 已经不再是局域平衡的问题, 而是一个 "非局域平衡" 的问题, 因此傅里叶定律不再适用. 这时热传递过程将涉及单个的, 而非统计性质的热载流子的具体行为.

对于遵循统计规律的连续介质, 动力学理论给出的介质导热系数可表示为

$$k = \frac{1}{3} C_V v l_{\mathrm{m}} \tag{8-25}$$

即导热系数由定容比热、载热流子的平均速度和平均自由行程的乘积决定. 现在设想如图 8-1 所示的薄层介质, 上下两图分别表示介质连续的和非连续的不同情形. 可以看出, 随着相对比率 $l_{\mathrm{m}}/L$ 的增大, 边界散射效应会逐渐增强. 由于边界的散射效应, 热载流子实际的平均自由程小于其正常的平均自由程, 因为在没有完成行程之前很可能撞到边界上. 那么, 根据式 (8-25) 推断, 导热率将会小于正常值. 如果 $l_{\mathrm{m}} \ll L$, 边界散射效应就可以忽略.

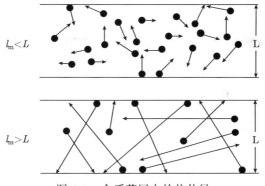

图 8-1 介质薄层中的热传导

微/纳米尺度下热载流子平均自由程除了边界散射的影响之外, 也可能在一个自由行程之内经历大的温度变化, 这取决于沿程的温度梯度. 这样, 导热率就与器件的形状、尺寸及其受热情况相联系, 变成了一个不是单单反映材料物性的物理量. 同时, 热流密度也不再保持与温度梯度的线性比例关系, 而可能出现强烈的非线性. 此时的热量传递过程就不能再用导热微分方程和傅里叶定律来描述, 而是要从描述微观粒子行为的 Boltzmann 方程着手, 通过求解载热流子的时空分布, 得到热量传递的具体情况. 当 Boltzmann 方程用于描述载热流子的时空分布时, 其形式为

$$\frac{\partial f}{\partial t} + \boldsymbol{v} \cdot \nabla_x f + \boldsymbol{a} \cdot \nabla_q f = \left(\frac{\partial f}{\partial t}\right)_{\text{scat}} \tag{8-26}$$

式中 $\boldsymbol{v}$、$\boldsymbol{a}$ 分别代表热载流子的群速度和加速度, 下标 $x, q$ 及 scat 分别代表空间、波矢量及散射项.

## 8.3.2 热传导的边界散射效应

前已述及, 固体材料都存在一个划分有无量子效应产生的临界温度 —"Debye 温度". 当固体温度远高于 Debye 温度时, 其摩尔比热容遵循热力学经典定律, 是一个和具体物质无关的常数; 当温度远低于 Debye 温度时, 其摩尔比热容遵循量子力学规律, 与绝对温度 $T$ 的三次方成正比, 随着绝对温度趋于零而趋近于零. 与此相对应, 在很低的温度下, 物体的导热、导电能力将大大增加, 出现所谓的超导现象. 那么, 物体能否出现随着比热容趋于零, 其导热系数趋于无穷大的情况呢? 实验证明这种情况不会出现, 其原因是, 虽然随温度的降低载热流子的平均自由程 $l_m$ 逐渐增大, 导致导热能力增强, 但是, 当 $l_m$ 大到一定程度时, 必然会面临平均自由程大于容器尺度从而导致边界面上产生散射效应, 因为容器总是有限大小的. 前已述及, 边界散射效应导致真实自由程减小, 对导热系数产生负面影响. 这样一来, 平均自由程的正面作用和边界散射效应的负面作用相互制约, 所谓低温下的超导总是有极限值的.

　　在绝缘材料或半导体材料中, 声子 (它是晶格振动弹性波的量子化表示) 作为主要的热载流子对热传导产生影响. 实验表明, 对于很多晶体材料, 热载流子的边界散射效应都会影响导热率. 对于由晶体微粒构成的多晶材料, 当微晶颗粒接近微米尺度时, 声子的平均自由程相对值就变得很大, 微晶颗粒内部和边界上的散射共同导致材料导热率的降低. 图 8-2 是 Thacher 在 1965 年经过实验得到的 LiF 晶体导热率与晶体横截面尺寸的关系 (Berman, 1976), 二者近似地呈正比例变化.

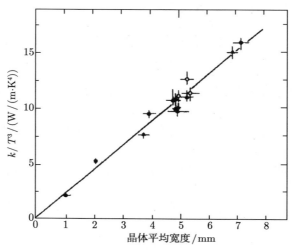

图 8-2　LiF 晶体导热率随尺寸的变化关系

　　由于边界散射效应是发生在界面上的, 可以推断它对导热率产生的影响不但和器件的形状有关, 而且还应该是各向异性的, 事实也的确如此. 在一个长晶体硅中, 相对于晶轴的不同取向上能够观察到 1.8:1 的导热率比率. 另一方面, 非金属晶体中的边界散射效应基本上是一种低温现象, 因为在高温下以高频声子为主, 它们的平均自由程很短, 通常在 $10^{-9} \sim 10^{-10}$m 量级, 不足以引起明显的边界散射效应. 然而, 当晶体中含有大量的点缺陷时, 点缺陷尺度与平均自由程的量级相当, 就有可能造成高频声子的有效散射, 从而引起导热率的变化. 晶体内部的点缺陷可以用放射体辐照的方法产生. Savvides 和 Goldsmid(1972, 1973) 就采用这种方法测定了在高温下单晶硅导热率因散射效应所产生的变化. 采用 $20 \sim 346\mu$m 厚度的单晶硅, 在辐照之前所测得的导热率是与厚度无关的, 见表 8-1. 而图 8-3 所示的辐照之后的

表 8-1　单晶硅在辐照之前的导热率(单位: W/(m·K))

| 厚度/$\mu$m | 20 | 50 | 100 | 346 |
| --- | --- | --- | --- | --- |
| $k$(在 295K 时) | 145 | 145 | 145 | 145 |
| $k$(在 200K 时) | 232 | 233 | 232 | 233 |

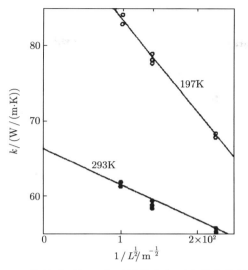

图 8-3　单晶硅受辐照之后导热率与厚度的依赖关系

导热率则与厚度有很明显的依赖关系. 尽管斜率不同, 197K 和 293K 下导热系数 $k$ 值都随厚度的减小而减小.

### 8.3.3　导热率的尺寸效应

　　大量的实验观察表明, 随着薄膜材料厚度的降低, 其导热率也随之减小, 而 $0.01 \sim 100\mu m$ 的薄膜的导热率决定着微电子器件中的传热特性, 从而影响器件的可靠性. 图 8-4 为 Nath 和 Chopra(1974) 对不同厚度的铜薄膜在温度 $100 \sim 500K$ 范围内导热率的实验测量结果. 当膜厚为 $1200 \sim 8000$Å时, 导热率随膜厚的减小而减小,

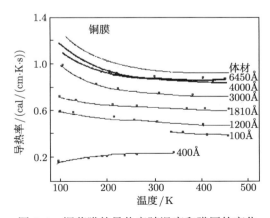

图 8-4　铜薄膜的导热率随温度和膜厚的变化

大约从 500K 时的常规值 1.0cal/(cm·K·s) 降低到 0.5cal/(cm·K·s), 400Å 以下随温度的变化出现反常规律.

现有研究认为, 产生导热率尺度效应的物理机制, 一方面来自于边界上的散射效应, 另一方面也与内部的晶格缺陷有关. 当采用实验手段研究薄膜导热率的尺度效应时, 很难区分这两种物理机制影响的相对大小. 另外, 在微尺度导热率测量中所涉及的不确定性是相当严重的, 因为传感器的定位和测量距离已经远超出薄膜厚度. 而且, 由于薄膜的微尺度属性, 样品中热流的准确测量也具有很大的挑战性. 这就是除了实验研究微尺度传热特性之外, 玻尔兹曼输运理论和分子动力学模拟方法亦广泛受到重视的原因所在.

以往对薄膜导热率的理论研究主要集中在导电率的分析上, 因为相对于导热率 $k$ 而言, 导电率 $\sigma$ 的确定较为容易, 而导电率能够通过玻尔兹曼方程的求解得到. 导热率和导电率的联系, 由 Wiedemann-Franz 定律给出, 其形式为

$$\frac{k}{\sigma T} = \frac{\pi^2}{3} \frac{k_{\mathrm{B}}^2}{e^2} \tag{8-27}$$

式中 $k_{\mathrm{B}}$ 和 $e$ 分别为玻尔兹曼常数和电荷. 上式表明, 某种材料在一定温度下导热率和导电率之比值是一个常数. 理论和实验研究都表明, 上式对纯金属是成立的, 但对薄膜材料是否仍然成立尚未得到证明. 总体来看, 尺度效应由于涉及微观结构和粒子运动, 对于现有的测量技术和经典理论都产生了很大挑战, 对其充分的认识仍有待于更深入的研究.

### 8.3.4   薄膜比热容的尺寸效应

根据量子物理学理论, 晶体固体的内能 U 可以依据其晶格振动的波特性在 Debye 假设下估计出, 即

$$U = 3 \sum_k \frac{\hbar \theta k}{\exp\left(\dfrac{\hbar \theta k}{k_{\mathrm{B}} T}\right) - 1} \tag{8-28}$$

其中 $\theta$ 为 Debye 温度, $k$ 为波矢量, 它只能取与晶格长度有关的某些离散值 (即量子化), $\hbar$ 为普朗克常量除以 $2\pi$, 求和是对所有可能的 $k$ 值进行. 连续波矢的差值与晶格谐振子的状态数有关, 状态数越多, 波矢差值就越小. 而谐振子的状态数是由原子的排列层数决定的, 排列层数多, 状态数就多. 处在体材状态的晶体, 可以近似看做是由无穷多的原子组成, 这样连续波矢之差趋于无穷小, 能级表现出非量子化的连续性质, 于是, 式 (8-28) 的求和可以改写成积分的形式

$$u_{\mathrm{bulk}} = 9 n k_{\mathrm{B}} T \left(\frac{T}{\theta}\right)^3 \int_0^{x_D} \frac{x^3}{\exp(x) - 1} \mathrm{d}x \tag{8-29}$$

式中 $u_{\mathrm{bulk}}$ 是固体体材单位容积的 $U$ 值, 而定容比热可简单地由公式 $C_V = (\partial u/\partial T)_{V=\mathrm{const}}$ 求出, $n$ 为单位体积内原子数密度, $x_{\mathrm{D}}$ 为与 Debye 温度对应的积分

限. 改成积分的后果, 是只计及了来自体材内部的声子模式对比热的贡献, 表面声子的贡献忽略了, 这对于体材状态的比热计算是足够精确的, 因为在固体体材中表面声子的作用确实小到可以忽略不计. 然而, 随着材料样品尺寸的减小, 表面声子的作用越来越明显, 式 (8-29) 所表示的连续模型的误差就越来越大, 因此必须再回到式 (8-28) 的求和模式. 在分析薄膜比热容的尺寸效应的研究方面, Prasher 和 Phelan(1998) 两人做出了重要贡献, 他们给出的三维晶格中固体材料单位体积内能 $u$ 的量子化表示为

$$u = \frac{U}{V} = 3\frac{\varepsilon\hbar\theta}{(2\pi)^3}\sum_{k_x}\sum_{k_y}\sum_{k_z}\frac{\sqrt{k_x^2+k_y^2+k_z^2}}{\exp\left(\dfrac{\hbar\theta\sqrt{k_x^2+k_y^2+k_z^2}}{k_BT}\right)-1}\Delta k_x\Delta k_y\Delta k_z \quad (8\text{-}30)$$

$k_x$、$k_y$、$k_z$ 分别代表波矢在三个坐标轴上的分量, $\varepsilon$ 为实际 $k$ 空间内量子点的数目与以 $k$ 为半径的圆形区域内量子点数目的比值, 它是一个为了衡量在不同方向上原子数目的相差程度而定义的参量. 应用上式, Prasher 和 Phelan 计算了 10K、50K 和 300K 时六种材料定容比热的尺寸效应, 将它们表示成以常规体材的 $C_V$ 为基准的相对比热随原子层数的变化关系. 这六种材料包括铜 (Cu)、铝 (Al)、银 (Ag)、钻石 (D)、硅 (Si) 和砷化镓 (GaAs), 计算结果见图 8-5.

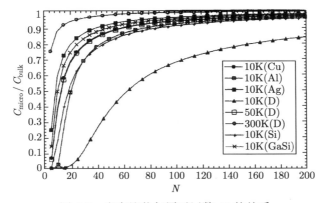

图 8-5  定容比热与原子层数 $N$ 的关系

纵坐标参数中下标 micro 代表薄膜, bulk 代表体材, 图例中的 D 代表钻石

由图 8-5 中可以看出, 几十层原子所构成的薄膜形式下, 定容比热随薄膜厚度的变化剧烈, 随着薄膜厚度的减小会迅速趋向于零. 除了 10K 下的钻石之外, 其他材料在原子层数大于 110 层之后, 定容比热都能达到其相应的体材比热的 90% 以上. 由此也可以看出, 所谓热物性的微尺度效应, 实质上就是器件尺度小到可与原子尺度相比拟时的量子化效应.

### 8.3.5　微/纳尺度导热的非傅里叶效应

常规导热问题分析的基础, 是基于傅里叶定律的固体导热微分方程式, 也就是基于 "物体中某一点的热流密度与该点的温度降度成正比" 这一理念之上的数学描述, 其形式为

$$\rho c_{\mathrm{p}} \frac{\partial T}{\partial t} = \nabla \cdot (k \nabla T) + Q\,(\boldsymbol{r}, t) \tag{8-31}$$

式中 $Q$ 代表内热源. 从数学性质上说, 式 (8-31) 是一个 "抛物型" 的偏微分方程 —— 温度的一阶时间微分与其二阶空间微分相联系. 它所对应的物理现象, 是一类空间上波速度为无限大、时间上向下游步进的传递过程. 如果过程是稳态的, 则方程中只体现温度对空间的二阶导数项, 与时间变量无关, 从而转化成一个 "纯扩散" 问题. 所有这些性质, 都是在 "温度载体是连续介质" 这个前提之下才存在的. 在微/纳米尺度下, 能量载子的平均自由程相对于器件的尺度来说不是小量, 能量传递的 "间歇性" 效应开始出现, 从而连续介质的假设不再成立. 在微/纳米尺度下, 传递现象本身及其对应的数学描述都不同于傅里叶定律所描述的常规导热现象, 这就是所说的 "导热非傅里叶效应".

从时间上考虑, 有两个方面的变化导致非傅里叶效应的出现, 一是当热作用的瞬时时间极短, 达到皮秒甚至飞秒[①]量级时, 就需要考虑能量载子的松弛行为; 二是当所研究的瞬态时间可与能量载子的松弛时间相比拟时, 由于在这一时间框架下热渗透深度可能只覆盖几个纳米, 与热量输运的特征长度相当, 因此需要考虑空间上的微/纳米尺度效应. 在上述情况下, 导热过程需要借助于波动理论来分析. 根据导热波动理论, 热流矢量和温度梯度不是同步的, 二者之间存在一个时间延迟, 即

$$\boldsymbol{q}\,(\boldsymbol{r}, t + \tau) = -k \nabla T\,(\boldsymbol{r}, t), \quad \tau > 0 \tag{8-32}$$

式中的时间延迟 $\tau$ 代表发生于微尺度下的声子碰撞所需要的时间 (松弛时间). 假设 $\tau$ 与瞬态过程的响应时间 $t$ 相比是一个小量, 则式 (8-32) 可通过一阶 Taylor 级数近似展开为

$$\boldsymbol{q}\,(\boldsymbol{r}, t) + \tau \frac{\partial \boldsymbol{q}\,(\boldsymbol{r}, t)}{\partial t} \approx -k \nabla T\,(\boldsymbol{r}, t), \quad \tau \ll t \tag{8-33}$$

式 (8-33) 由 Cattaneo 和 Vernotte 在 1958 年分别独立提出, 因此被称为 CV 波模型. 设 $c$ 为热波的传播速度, $a$ 为材料的热扩散率, 它们与时间延迟 $\tau$ 的关系为

$$\tau = \frac{a}{c^2} \tag{8-34}$$

CV 模型的进步意义在于, 在热流矢量与温度梯度的联系中引入了微观意义上的延迟时间, 从而消除了傅里叶定律所假设的热波传播速度无穷大的矛盾. 并且,

---

① 1 皮秒 $=10^{-12}$ 秒, 1 飞秒 $=10^{-15}$ 秒

模型与傅里叶定律是同一的, 因为在 $c$ 趋于无穷大的情况下, CV 模型简化为傅里叶定律.

与 CV 模型相对应的导热微分方程式, 可以通过将式 (8-33) 与一般性的能量守恒方程相结合而得到. 对于含内热源的瞬态导热过程, 能量守恒方程的形式为

$$\rho c_p \frac{\partial T(\boldsymbol{r}, t)}{\partial t} = -\nabla \cdot \boldsymbol{q}(\boldsymbol{r}, t) + Q(\boldsymbol{r}, t) \tag{8-35}$$

将式 (8-33) 与式 (8-35) 结合, 即得到波动型 (又称为 "双曲型") 热传导方程

$$\rho c_p \left( \frac{\partial T}{\partial t} + \tau \frac{\partial^2 T}{\partial t^2} \right) = \nabla \cdot (k \nabla T) + Q(\boldsymbol{r}, t) + \tau \frac{\partial Q(\boldsymbol{r}, t)}{\partial t} \tag{8-36}$$

显热, 双曲型导热方程不同于常规导热方程的根本特征, 在于式 (8-36) 左端与时间延迟 $\tau$ 有关的二阶时间导数项. 双曲方程所描述的是物理学中的波动现象, 也就是说, 此时热量是以温度波动形式传播的, 因此它具有普通波的所有特性, 包括温度的起伏、反射、透射、叠加和共振等. 如果松弛时间 $\tau$ 相对于瞬态时间尺度 $t$ 而言极小从而可以忽略, 那么式 (8-36) 就退化为常规的固体导热微分方程.

一个关于热波存在的实验性验证, 来自于 Bertman 和 Sandiford(1970) 所做的研究工作. 它们采用 1K 温度的超流液氦做实验, 通过电脉冲加热, 在某一固定点用探针记录其温度响应, 由示波器显示. 测量结果表明, 液氦中存在一个以定常速度向前行进的温度波, 其时间延迟明显, 现象不能够用传统的扩散理论解释. 这一实验结果经常被作为波动导热的实验证据.

波动方程所描述的都是呈周期性变化的瞬态过程, 这种瞬态变化不是由边界条件的周期变化引起的, 而是这类物理现象的内在属性. 波动型导热的实质是微/纳米尺度下热量传递的量子化行为, 它与亚微结构中能量载子之间相互作用的时间间隔 (松弛时间) 有关, 在导热过程中体现为时间延迟. 时间延迟可以由多孔介质中的孔隙或绝缘体的声子散射引起, 也可以由极端低温状态下分子的惯性行为引起. 例如, 液氦在 1~4K 温度时分子惰性增强, 需要一定的时间才能积累起来发生传热所需要的活化能. 在常温条件下不同材料的热松弛时间不同, 对于气体 $\tau$ 大约为 $10^{-10}$s, 对于金属约为 $10^{-14}$s, 流体和绝缘体的 $\tau$ 值则处于二者之间. 在激光脉冲加工过程或微电子高速运行器件中, 特征时间达到亚纳秒和皮秒量级, 此时传热的波动效应不能忽略. 与常规热扩散过程相比, 热波动效应带来的后果是产生更大的温度和热应力极值, 它们都对加工质量和微电子器件的可靠性产生重要影响.

# 8.4 微尺度对流传热

## 8.4.1 微槽内的单相对流传热

微尺度对流换热的例子可以在诸如微凹槽、微热管、微控制器以及一些生物反

应器中找到. 目前人们普遍认识到, 微器件中体现出的行为与通常所熟知的常规物体的情况非常不同, 比如, 惯性力可以非常小而表面效应起主导作用; 由周围流体引起的摩擦力、静电力以及粘性效应的重要性不断增大等等. 但是, 对此类现象的规律性尚未达到充分认识. 对微尺度对流传热的研究, 通常集中在微尺度内的冷却特性、表面热流及其相关的表面过热、流体质量、可压缩性、组分和相态影响、液体物性以及微槽道几何结构等方面. 需要指出的是, 用实验方法研究微流体的热行为存在很多困难, 一方面其质量流率非常小 ($10^{-13} \sim 10^{-12}$ kg/s), 难以测定, 另一方面压力和温度的逐点测量非常困难, 迄今很少有人从实验上得到压力分布的数据. 还有, 微槽道的尺寸和形状很难刻画, 而精确描述微槽道的尺寸对于准确评估槽道的传热系数和摩擦阻力特性相当重要. 所有这些, 都为微尺度传热提供了广阔的未来研究空间.

较早验证微管内换热不同于常规尺度管内换热的研究是 1984 年 Wu 和 Little 所做的实验. 他们测量了氮气流过四个微槽道的换热系数, 槽道高度 89~97μm, 宽度 312~572μm. 在 $Re > 3000$ 的紊流区, 他们得到的实验结果拟合为下式:

$$Nu = 0.00222 Re^{1.09} Pr^{0.4} \tag{8-37}$$

宏观尺度的光滑管内充分发展的紊流换热, 代表性的计算式是 Dittus-Boelter 公式, 即

$$Nu = 0.023 Re^{0.8} Pr^{0.4} \tag{8-38}$$

而对于人工粗糙管 (用 60° 的三角形粗糙元制成), 一种换热关联式为

$$Nu = 0.102 Re_{\mathrm{T}}^{0.914} Pr^{0.4} \tag{8-39}$$

式中 $Re_{\mathrm{T}}$ 采用剪切速度计算, 剪切速度取为 $U^* = v(f/2)^{1/2}$, $v$ 为流体速度, $f$ 为摩擦因子. 显热, Wu 和 Little 的微槽道实验结果, 既不同于紊流光滑管也不同于紊流粗糙管, 其包含的 $Re$ 的指数相对于后二者都大, 反映出 Nu 数受 $Re$ 数的影响更强烈.

Peng 和 Peterson(1996) 采用水力直径为 0.133~0.367mm 的矩形微槽道 (也是四个微槽道并联), 进行单相对流换热实验, 对于高宽比为 $H/W$、三面加热的微槽道, 在层流工况下所建立的对流换热关联式为

$$Nu = 0.1165 \left( \frac{D_h}{W_c} \right)^{0.81} \left( \frac{H}{W} \right)^{-0.79} Re^{0.62} Pr^{1/3} \tag{8-40}$$

$D_h$ 为水力直径, $W_c$ 为相邻微槽道的中心距离. 比较发现, 式 (8-40) 中 $Re$ 的指数, 既小于前述粗糙通道, 也小于光滑通道. 另外, 由于 $D_h = 2WH/(W+H)$, 如果近

似取指数 0.81 和 0.79 相等, 则式 (8-40) 中的关于结构尺寸的两项合并之后化为 $[2W^2/W_c(W+H)]^{0.8}$, 随着 $H$ 在 0 到 $W$(对应于极扁平槽道和正方形槽道) 之间变化, 该项的取值范围是 $(2W/W_c)^{0.8} \sim (W/W_c)^{0.8}$. 可见, 槽道尺度结构的影响实质上是槽道宽度与槽道间距相对大小的影响.

大多数微槽道的实验都采用矩形截面的、几排并列的微槽道进行, 因此无法排除高宽比及槽道间距引起的附加效应. 考虑到上述原因, Adams 等 (1998) 采用直径 $D$ 在 0.102mm 到 1.09mm 范围内的单根圆形微通道进行了水的受迫对流实验, 其测试段结构见图 8-6. 整个测试段在一个铜圆柱上加工而成, 其中的流道采用放电加工技术形成. 在实验参数范围为 $2.6 \times 10^3 \leqslant Re \leqslant 2.3 \times 10^4$, $1.53 \leqslant Pr \leqslant 6.43$ 的范围内, 他们得到的准则关联式是在常规通道的 Gnielinski 关联式的基础上进行修正的形式

$$Nu = Nu_{Gn}(1 + F) \tag{8-41}$$

式中 $F$ 为修正系数, 由下式给定:

$$F = 7.6 \times 10^{-5} Re \left[1 - (D/1.164)^2\right] \tag{8-42}$$

式中管径 $D$ 的单位取 mm. 显热, 由于 $F$ 大于零, 所以式 (8-41) 表明单根圆形微通道的换热高于按 Gnielinski 关联式计算的常规通道的值, $Nu_{Gn}$ 的计算式为

$$Nu_{Gn} = \frac{(f/8)(Re - 1000)Pr}{1 + 12.7(f/8)^{1/2}(Pr^{2/3} - 1)} \tag{8-43}$$

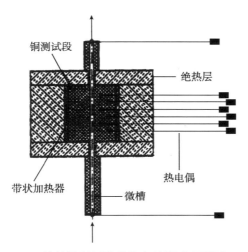

图 8-6　Adams 等单管微通道传热实验测试段详图

$Nu_{Gn}$ 的计算需要用到管内流体流动的摩擦因子 $f$, $f$ 由 Filonenko 关系式决定

$$f = (1.82 \log Re - 1.64)^{-2} \tag{8-44}$$

### 8.4.2 微尺度下气体可压缩性及稀薄效应

当气体介质在微通道内流动时, 会导致两个明显区别于常规通道流动的重要特征 —— 气体的可压缩性与稀薄效应的出现, 二者对流动和传热有重要影响. 常规通道内的气体流动, 当 Mach 数小于 0.3 时通常被看做是 "不可压流". Mach 数定义为流体的流动速度 $v$ 与流体介质的当地声速 $c$ 之比,

$$Ma = \frac{v}{c} \tag{8-45}$$

当地声速取决于介质的温度, 对于理想气体, 其声速可表示为

$$c = \sqrt{\gamma RT} \tag{8-46}$$

式中 $\gamma$ 为气体的比热比, $R$ 为气体常数. 由于在微通道内每单位体积的流体所负担的摩擦面积大大增加, 以及微通道壁面的相对粗糙度也大大高于常规通道, 导致微通道内气体流动的摩擦作用非常显著, 于是压降所引起的气体可压缩性开始显现. Guo 和 Wu(1997) 的研究发现, 微管流动气体可压缩性所产生的影响表现在如下几个方面:

(1) 与常规管流相比, 微管内气流摩擦可以产生很大的压力梯度和加速度, 致使壁面处的速度梯度持续增大, 从而造成高于常规通道的流动摩擦系数.

(2) 可压缩性导致气流径向速度分布沿着轴向不断变化, 难以形成充分发展流动, 摩擦因子与 $Re$ 数的乘积不再为常数, 而是 $Re$ 数的函数.

(3) 因速度场与温度场的关联性, 表征壁面换热强度的局部 $Nu$ 数也不再是沿程不变的常数, 而是越往下游越大, 不会出现热充分发展段.

(4) 微管入口处的 Mach 数对摩擦系数和 $Nu$ 数有很大影响, 入口 Mach 数越大, 摩擦系数和 $Nu$ 数也越大.

在 8.2.3 节中曾经述及 Knudsen 数与稀薄气体的关系, 通常将 $Kn$ 数介于 0.01 和 10 之间的气体流动划分在过渡流态, 也称为 "稀薄气体流". 在稀薄效应的作用下, 气体流动所表现出来的压降、剪切应力及换热系数等不能再用常规通道的流动和传热模型进行预测, 需要针对具体的微通道结构作专门研究. Pfahler 等 (1991) 采用水力直径 8µm、长度 11mm 的微槽道, 在 $0.50 \leqslant Re \leqslant 20$, $0.001 \leqslant Kn \leqslant 0.363$ 范围内, 研究了进出口 Mach 数的变化. 在进口–出口压力比为 10 的情况下, 可以测量到相对于入口而言明显提高的出口 Mach 数, 最高可以达到 0.7. 显热, 这种变化不会在常规通道流动中出现. 此外, 稀薄效应还可导致一种称为 "热蠕现象" 的出现,

在槽道表面上切向温度梯度的作用下, 气体分子从冷端向着热端缓慢爬行, 从而实现温差驱动下的流动. 热蠕现象可以引起沿管轴向的压力变化, 这在某些场合下可能是重要的.

### 8.4.3 关于边界速度滑移与温度跃变

由于缺乏描述微尺度流动的本构方程, 也由于玻尔兹曼方程求解上的困难, 人们仍寄希望于采用对 Navier-Stokes 方程的适当修正来求解微尺度下的对流换热问题, 这在 $Kn$ 数较小的情形下 (如 $Kn < 0.01$) 被证明是可行的. 此时近似认为气体仍然遵从连续介质的流动规律, 可以通过 Navier-Stokes 方程来描述其流动行为, 不过原先与连续介质流相对应的 "边界无滑移" 条件和 "边界流体温度等于相邻的壁面温度" 条件需要进行修正.

所谓连续介质, 是一个分子平均自由程与宏观尺度相比为无穷小的抽象概念. 对于微尺度下的气体流动, 介质的非连续性显现出来, 在边界处的反射和散射作用大大增加, 从而表现为边界速度和温度的不连续. 这种边界不连续性, 直接影响到微尺度下气体流动和传热规律的变化. Bestkok 和 Karniadakis(1994) 采用 Taylor 级数展开法, 推导了单原子气体流过固体壁面时边界上速度阶跃和温度阶跃. 假设接近壁面处的气体分子, 一半来自平均自由程 $l_m$ 之外的气体层, 一半来自壁面的反射, 而来自壁面反射的分子, 又有 $\sigma_v$ 的部分为散射 (散射速度等于近壁面处的平均切向速度), $1 - \sigma_v$ 的部分为镜面反射, 那么, 边界处的速度阶跃和温度阶跃可表示为

$$v_g - v_w = \frac{2 - \sigma_v}{\sigma_v} \frac{Kn}{1 - Kn} \frac{\partial v_g}{\partial n} + \frac{3(\gamma - 1)}{2\pi\gamma} \frac{Kn^2 Re}{Ec} \frac{\partial T}{\partial s} \tag{8-47}$$

$$T_g - T_w = \frac{2 - \sigma_v}{\sigma_v} \frac{2\gamma}{\gamma + 1} \frac{Kn}{Pr} \frac{\partial T}{\partial n} \tag{8-48}$$

式中下标 $g$ 和 $w$ 分别代表气体和壁面, 偏导数中的 $n$ 代表法向, $s$ 代表切向, $Re$、$Pr$ 和 $Ec$ 分别为 Reynolds 数、Prandtl 数和 Eckert 数, $\partial T/\partial s$ 为槽道表面的切向温度梯度. 式 (8-47) 中等式右端第一项反映壁面对气体分子的反射效应, 第二项反映分子的热蠕效应.

### 参 考 文 献

过增元. 2000. 国际传热研究前沿 —— 微细尺度传热. 力学进展, 30(1): 1-6.

刘静, 2002. 微米/纳米尺度传热学. 北京: 科学出版社.

吕曜, 宋青林, 夏善红. 2004. 固体微/纳米尺度传热理论研究进展. 物理学进展, 24(4): 424-433.

马哲树, 姚寿广, 明晓. 2003. 微细尺度传热学及其研究进展. 自然杂志, 25(2): 76-79.

Allen M P, Tildesley D J. 1987. Computer Simulation of Liquids. Oxford: Clarendon Press.

Adams T M, Abdel-Khalik S I, Jeter S M, et al. 1998. An experimental investigation of single-phase forced convection in microchannels. Int J Heat Mass Transfer, 41: 851-857.

Bertman B, Sandiford D J. 1970. Second sound in solid Helium. Scientific American, 222: 92-101.

Berman R. 1976. Thermal Conduction in Solids. Oxford: Clarendon Press.

Bestkok A, Karniadakis G E. 1994. Simulation of heat and momentum transfer in complex microgeometries. J Thermophysics and Heat Transfer, 8: 647-655.

Bird G A. 1998. Recent advances and current challenges for DSMC. Computers Math Applic, 35: 1-14.

Cattaneo C. 1958. A form of heat conduction equation which eliminates the paradox of instantaneous propagation. Compte Rendus, 247: 431-433.

Cercignani C. 1988. The Boltzmann Equation and Its Applications. Springer-Verlag.

Guo Z Y, Wu X B. 1997. Compressibility effect on the gas flow and heat transfer in a microtube. Int J Heat Mass Transfer, 40: 3251-3254.

Gad-el-Hak M. 1999. The fluid mechanics of microdevices-the freeman scholar lecture. ASME Journal of Fluids Engineering, 121: 5-33.

Heyes D M. 1998. The Liquid State-Applications of Molecular Simulations. John Wiley & Sons.

Kumar S, Vradis G C. 1994. Thermal conductivity of thin metallic films. ASME J of Heat Transfer, 116: 28-34.

Michelson I. 1970. The Science of Fluids. Van Nostrand Reinhold Company.

Majumdar A. 1998. Microscale energy transport in solids, in microscale energy transport. *In* : Tien C L, Majumdar A, Gerner F M. Taylor & Francis: 3-94.

Nath P, Chopra K L. 1974. Thermal conductivity of copper films. Thin Solid Films, 20: 53-63.

Pfahler J, Harley J, Bau H, et al. 1991. Gas and liquid flow in small channels. American Society of Mechanical Engineering Journal, 32: 49-59.

Polsky Y, Bayazitoglu Y. 1995. Derivation of the casimir limit phonon distribution using the Boltzmann transport equation. ASME J Heat Transfer, 117: 751-755.

Peng X F, Peterson G P. 1996. Convective heat transfer and flow friction for water flow in microchannel structures. Int J Heat Mass Transfer, 39: 2599-2608.

Prasher R S, Phelan P E. 1998. Size effects on the thermodynamic properties of thin solid films. ASME J Heat Transfer, 120: 1078-1081.

Savvides N, Goldsmid H J. 1972. Boundary scattering of phonons in silicon crystals at room temperature. Physics Letters, 41A: 193, 194.

Savvides N, Goldsmid H J. 1973. The effect of Boundary scattering on the high-temperature thermal conductivity of silicon. J Phys C: Solid State, 6: 1701-1707.

Stillinger F H, Weber T A. 1985. Phys Rev B, 31: 52-62.

Satoh A. 1995. Molecular dynamics simulations on internal structures of normal shock waves in Lennard-Jones liquids. ASME Journal of Fluids Engineering, 117: 97-103.

Tien C L, Chen G. 1994. Challenges in microscale conductive and radiative heat transfer. ASME J Heat Transfer, 116: 799-807.

Tamma K K, Zhou X. 1998. Macroscale and microscale thermal transport and thermo-mechanical interactions—some noteworthy perspectives. J Thermal Stress, 21: 405-449.

Vernott P. 1958. Les paradoxes dela theorie continue de léquation dela chaleur. Compte Rendus, 246: 3154-3155.

Wu P, Little W A. 1984. Measurement of the heat transfer characteristics of gas flow in fine channel heat exchanger used for microminiture refrigerators. Cryogenics, 24: 415-421.

Ziman J M. 1963. Electrons and Phonons—The Theory of Transport Phenomena in Solids. Oxford Press.

# 附录　高斯误差函数及其性质

### 误差函数 erf(x) 及其补函数 erfc(x) 表

$$\text{erf}(x) = \frac{2}{\sqrt{\pi}} \int_0^x e^{-\eta^2} d\eta, \ \text{erfc}(x) = 1 - \text{erf}(x)$$

| $x$ | $\text{erf}(x)$ | $\text{erfc}(x)$ | $x$ | $\text{erf}(x)$ | $\text{erfc}(x)$ |
|------|------|------|------|------|------|
| 0.00 | 0.0000000 | 1.0000000 | 1.30 | 0.9340079 | 0.0659921 |
| 0.05 | 0.0563720 | 0.9436280 | 1.40 | 0.9522851 | 0.0477149 |
| 0.10 | 0.1124629 | 0.8875371 | 1.50 | 0.9661051 | 0.0338949 |
| 0.15 | 0.1679960 | 0.8320040 | 1.60 | 0.9763484 | 0.0236516 |
| 0.20 | 0.2227026 | 0.7772974 | 1.70 | 0.9837905 | 0.0162095 |
| 0.25 | 0.2763264 | 0.7236736 | 1.80 | 0.9890905 | 0.0109095 |
| 0.30 | 0.3286268 | 0.6713732 | 1.90 | 0.9927904 | 0.0072096 |
| 0.35 | 0.3793821 | 0.6206179 | 2.00 | 0.9953223 | 0.0046777 |
| 0.40 | 0.4283924 | 0.5716076 | 2.10 | 0.9970205 | 0.0029795 |
| 0.45 | 0.4754817 | 0.5245183 | 2.20 | 0.9981372 | 0.0018628 |
| 0.50 | 0.5204999 | 0.4795001 | 2.30 | 0.9988568 | 0.0011432 |
| 0.55 | 0.5633234 | 0.4366766 | 2.40 | 0.9993115 | 0.0006885 |
| 0.60 | 0.6038561 | 0.3961439 | 2.50 | 0.9995930 | 0.0004070 |
| 0.65 | 0.6420293 | 0.3579707 | 2.60 | 0.9997640 | 0.0002360 |
| 0.70 | 0.6778012 | 0.3221988 | 2.70 | 0.9998657 | 0.0001343 |
| 0.75 | 0.7111556 | 0.2888444 | 2.80 | 0.9999250 | 0.0000750 |
| 0.80 | 0.7421010 | 0.2578990 | 2.90 | 0.9999589 | 0.0000411 |
| 0.85 | 0.7706681 | 0.2293319 | 3.00 | 0.9999779 | 0.0000221 |
| 0.90 | 0.7969082 | 0.2030918 | 3.10 | 0.9999884 | 0.0000116 |
| 0.95 | 0.8208908 | 0.1791092 | 3.20 | 0.9999940 | 0.0000060 |
| 1.00 | 0.8427008 | 0.1572992 | 3.30 | 0.9999969 | 0.0000031 |
| 1.10 | 0.8802051 | 0.1197949 | 3.40 | 0.9999985 | 0.0000015 |
| 1.20 | 0.9103140 | 0.0896860 | 3.50 | 0.9999993 | 0.0000007 |

高斯误差函数具有下列性质:

(1) $\text{erf}(\infty) = 1$ 和 $\text{erf}(-x) = -\text{erf}(x)$.

(2) 误差函数的导数为

$$\frac{d}{dx}\text{erf}(x) = \frac{2}{\sqrt{\pi}} e^{-x^2}$$

$$\frac{\mathrm{d}^2}{\mathrm{d}x^2}\mathrm{erf}(x) = -\frac{4}{\sqrt{\pi}}x\mathrm{e}^{-x^2}$$

$$\cdots$$

(3) 误差函数的重积分定义为

$$\mathrm{i}^n\mathrm{erfc}(x) = \int_x^\infty \mathrm{i}^{n-1}\mathrm{erfc}(\eta)\mathrm{d}\eta, \quad n = 0, 1, 2, \cdots$$

且

$$\mathrm{i}^{-1}\mathrm{erfc}(x) = \frac{2}{\sqrt{\pi}}\mathrm{e}^{-x^2}$$

$$\mathrm{i}^0\mathrm{erfc}(x) = \mathrm{erfc}(x)$$

从而可得

$$\mathrm{ierfc}(x) = \frac{1}{\sqrt{\pi}}\mathrm{e}^{-x^2} - x\mathrm{erfc}(x)$$

$$\mathrm{i}^2\mathrm{erfc}(x) = \frac{1}{4}\left[(1 + 2x^2)\mathrm{erfc}(x) - \frac{2}{\sqrt{\pi}}x\mathrm{e}^{-x^2}\right]$$

(4) 误差函数的级数展开式为

$$\mathrm{erf}(x) = \frac{2}{\sqrt{\pi}} \cdot \sum_{n=0}^\infty (-1)^n \frac{x^{2n+1}}{n!(2n+1)}$$

当 $x$ 值很大时, 可得余补误差函数的渐近表达式为

$$\mathrm{erfc}(x) = 1 - \mathrm{erf}(x) \cong \frac{\mathrm{e}^{-x^2}}{\sqrt{\pi}x}\left[1 + \sum_{n=1}^\infty (-1)^n \frac{1 \cdot 3 \cdots (2n-1)}{(2x^2)^n}\right]$$

误差函数、它的导数以及积分值都已经列成表格形式, 可从数学手册中查到.